高维稀疏数据聚类知识发现理论

武　森　高学东　单志广　著

科学出版社

北京

内 容 简 介

本书面向数据库知识发现的聚类任务，针对高维数据普遍具有的稀疏特征，系统阐述高维稀疏数据聚类知识发现的理论和方法。全书共12章，第1章和第2章系统总结聚类知识发现、高维稀疏数据聚类知识发现理论体系；第3～5章阐述高维稀疏数据聚类原理及分类属性数据、数值属性数据的系列聚类算法；第6～10章将高维稀疏数据聚类原理拓展到不完备数据、大规模数据、过程调整和参数自适应聚类；第11章阐述聚类趋势发现；第12章介绍高维稀疏数据聚类知识发现面向管理问题的应用、面向数据组织的应用及相关实现技术。

本书适用于数据挖掘领域的研究人员和应用人员，也可作为相关专业博士研究生、硕士研究生和本科生的参考书。

图书在版编目（CIP）数据

高维稀疏数据聚类知识发现理论 / 武森，高学东，单志广著. —北京：科学出版社，2022.10

ISBN 978-7-03-073490-7

Ⅰ. ①高… Ⅱ. ①武… ②高… ③单… Ⅲ. ①数据处理-聚类分析-研究 Ⅳ. ①TP274

中国版本图书馆CIP数据核字（2022）第191893号

责任编辑：王喜军 李 娜 / 责任校对：王 瑞

责任印制：吴兆东 / 封面设计：无极书装

科 学 出 版 社 出版

北京东黄城根北街16号

邮政编码：100717

http://www.sciencep.com

固安县铭成印刷有限公司 印刷

科学出版社发行 各地新华书店经销

*

2022年10月第 一 版 开本：720×1000 1/16

2023年 1 月第二次印刷 印张：14 3/4

字数：297 000

定价：98.00元

（如有印装质量问题，我社负责调换）

前　言

聚类是一种基本的人类行为，聚类分析得到的知识构成人类总体知识的基础。对人类社会生产活动产生的数据运用聚类分析技术发现支持管理决策的潜在知识，是近年来数据挖掘领域的重要研究内容。

虽然聚类问题的研究与应用已经取得了长足的进展，但从高维数据中发现潜在的、有价值的类，一直是聚类研究的重点和难点，尤其在高维数据稀疏的情况下，发现高质量的聚类知识就更加困难。

本书针对数据挖掘的聚类任务，以实际生产管理过程中高维数据普遍具有的稀疏特征为切入点，系统阐述高维稀疏数据聚类知识发现的理论和方法，包括二值属性高维稀疏数据聚类原理及高维稀疏数据聚类在不同类型数据、不完备数据、大规模数据、聚类过程调整、参数自适应等方面的拓展与推广。

高维稀疏数据聚类的核心思想是从集合的角度定义差异度计算方法，反映一个集合内所有高维稀疏数据对象间的总体差异程度，不需要计算两两对象之间的距离，并且通过对象集合的特征向量对数据进行有效压缩精简，保留了高维稀疏数据对象的全部聚类相关信息，在不影响数据质量的情况下，使得数据处理量大规模减少，只需进行一次数据扫描就可以生成聚类结果，聚类过程对类的形状、大小、数目和密度等没有特定要求，聚类结果不受异常值的影响。

本书针对高维稀疏数据聚类问题系列研究成果，重点在于提高高维数据处理能力，同时考虑大规模数据处理能力、不同类型数据处理能力、异常值处理能力、数据输入顺序的独立性、聚类结果的表达与解释、方法的去参数化。

博士研究生何慧霞参与了本书第 1 章的资料整理，高晓楠博士参与了书稿的讨论及部分实验验证，在此一并表示感谢！在本书的撰写过程中，作者参阅了大量的国内外文献，在此向文献的作者表示感谢！

由于作者水平有限，书中不足之处在所难免，恳请读者批评指正。

作　者

2022 年 3 月 20 日

目　　录

第1章　聚类知识发现

本章介绍数据库知识发现及其主要任务——聚类知识发现，给出聚类知识发现任务实现过程中不同取值类型数据差异度的计算方法，讨论几种主要的经典聚类方法及聚类方法的一些新进展。

1.1　数据库知识发现

本节首先介绍数据库知识发现的产生与发展及以数据挖掘为核心环节的处理过程，然后给出数据库知识发现的主要任务，最后讨论数据仓库与数据挖掘。

1.1.1　数据库知识发现的产生与发展

数据库的广泛应用和数据量的飞速增长，使人们迫切地感到需要新的技术和工具以支持从大量的数据中自动地、智能地抽取出有价值的信息或知识，于是数据库知识发现(knowledge discovery in database，KDD)技术应运而生。

数据库知识发现是从大量原始数据中挖掘出隐含的、有用的、尚未发现的信息和知识，其不仅被许多研究人员看作是数据库系统和机器学习等方面一个重要的研究课题，而且被许多工商界人士看作是一个能带来巨大回报的重要领域[1,2]。“数据库知识发现”一词第一次出现是在1989年8月美国底特律召开的第十一届国际人工智能联合会议的专题讨论会上。1991年、1993年和1994年又分别举行过数据库知识发现专题讨论会。由于参加会议的人数逐渐增多，所以从1995年开始，每年都要举办一次数据库知识发现国际会议。随着研究的不断深入，人们对数据库知识发现的理解越来越全面，对数据库知识发现的定义也不断修改，下面是对数据库知识发现比较公认的一个定义：数据库知识发现是从数据集中识别出可信、有效、新颖、潜在有用以及最终可理解模式的高级处理过程。

作为一门交叉性学科，数据库知识发现受到来自各种研究领域学者的关注，所以有很多不同的名称。其中，最常用的术语是数据库知识发现和数据挖掘。相对来讲，数据挖掘[3]主要流行于统计学、数据分析、数据库和管理信息系统界；而数据库知识发现则主要流行于人工智能和机器学习界。随着数据库知识发现的迅速发展和逐渐被各界所了解，较为普遍的观点认为：数据挖掘是数据库知识发现中专门负责发现知识的核心环节；而数据库知识发现是一个交互式、循环反复的整体过程，除了包括数据挖掘，还包括数据准备和发现结果的解释评估等诸多环节。

1.1.2 数据库知识发现的处理过程

数据库知识发现的处理过程如图 1-1 所示，整个过程可以理解为三个阶段：数据准备(data preparation)、数据挖掘(data mining)、解释评估(interpretation and evaluation)[4]。

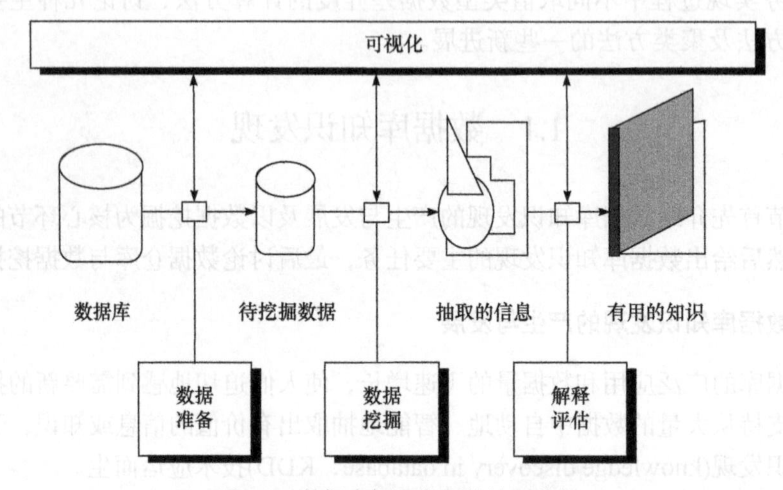

图 1-1 数据库知识发现的处理过程

数据准备阶段的工作包括四个方面的内容：数据的净化、数据的集成、数据的应用变换和数据的精简。

数据的净化是清除数据源中不正确、不完整或其他方面不能达到数据挖掘质量要求的数据，如推导计算缺值数据、消除重复记录等。数据净化可以提高数据的质量，从而得到更准确的数据挖掘结果。

数据的集成是在数据挖掘所应用的数据来自多个数据源的情况下，将数据进行统一存储，并需要消除其中的不一致性。

数据的应用变换就是为了使数据适用于计算的需要而进行的数据转换。这种变换可能是现有数据不满足分析需求而进行的，也可能是所应用的具体数据挖掘算法对数据提出的要求。

数据的精简是对数据的数量进行缩减，或从初始特征中找出真正有用的特征来消减数据的维数，从而提高数据挖掘算法的效率与质量。

数据挖掘阶段首先要确定挖掘的任务或目的，如数据总结、分类、聚类、关联规则发现或序列模式发现等。在确定了数据挖掘任务后，就要决定使用什么样的数据挖掘算法。同样的，数据挖掘任务可以用不同的数据挖掘算法来实现，一般要考虑多方面的因素来确定具体的挖掘算法，例如，不同的数据有不同的特点，因此需要采用与之相关的算法来挖掘；用户对数据挖掘有着不同的要求，有的用户可能希望获取描述性的、容易理解的知识，而有的用户(或系统)的目的是获取预测准确度尽可能高的预测性知识。

需要指出的是，尽管数据挖掘算法是数据库知识发现的核心，也是目前研究人员主要努力的方向，但要获得好的挖掘效果，必须对各种数据挖掘算法的要求或前提假设有充分的理解。

数据挖掘阶段发现得到的模式，经过用户或机器的评估，可能存在冗余或无关的模式，这时需要将其剔除；也有可能模式不满足用户要求，这时则需要整个发现过程退回到发现阶段之前，如重新选取数据、采用新的数据变换方法、设定新的数据挖掘参数值，甚至换一种数据挖掘算法。另外，数据库知识发现最终是面向用户的，因此可能要对发现的模式进行可视化，或者把结果转换为用户易懂的方式进行表达。

1.1.3　数据库知识发现的主要任务

数据库知识发现的核心部分——数据挖掘，按照挖掘任务可以分为聚类知识发现、分类知识发现、关联规则发现、数据总结、序列模式发现、依赖关系或依赖模型发现、异常发现和趋势预测等。

聚类是一种基本的人类行为，在悠久的人类发展史中发挥着不可替代的作用[5]，其将数据对象分成若干个类或簇(cluster)，使得同一类中的对象具有较高的相似度，而不同类中的对象差异度较大，进而识别隐藏在数据中的内在结构，应用非常广泛[6-8]，既可作为独立的方法来分析数据的分布情况，也可作为其他分析方法的数据预处理工具[9]。聚的依据是“物以类聚”，即按个体或数据对象间的相似性，将研究对象划分为若干类。在数据挖掘之前，数据类划分的数量与类型均是未知的，因此在数据挖掘后需要对数据挖掘结果进行合理的分析与解释。

分类知识发现是根据样本数据寻求相应的分类规则，然后根据获得的分类规则确定某一非样本个体或对象是否属于某一特定的组或类。在这种分类知识发现中，样本个体或对象的类标记是已知的。数据挖掘的任务在于从样本数据的属性中发现个体或对象分类的一般规则，从而根据该规则对非样本数据对象进行分类应用。

关联规则发现是在数据库中寻找数据对象间的关联模式，例如，在购买个人计算机的顾客中，90%也购买了打印机就是一种关联模式。关联规则发现主要用于零售业交易数据分析，以进行物品更合理的摆放，最终提高销售量，该方法此时也直接称为货篮分析。

数据总结是将数据库中的大量相关数据从较低概念层次抽象到较高概念层次的过程。计数、求和、求平均值、求最大值和最小值等计算都是数据总结的具体化。由于数据库中的数据所包含的信息往往是最原始、最基本的信息，而有时人们需要从较高的层次上浏览数据，这就要求从不同的层次上对数据进行总结以满足分析需要。

序列模式发现是在数据库中寻找基于一段时间区间的关联模式，例如，在某一时间购买个人计算机的所有顾客中，60%会在三个月内购买应用软件就是一种序列模式。序列模式与关联模式非常相似，区别在于序列模式表述基于时间的关系，而不是基于数据对象间的关系，在有些文献中也称其为基于时间的关联规则发现。

依赖关系或依赖模型发现是通过对数据库中数据的分析，获取数据间的某种因果联系。这种因果联系既可能是内在的某种概率分布关系的描述，也可能是数据对象间存在的确定的函数关系。

异常发现用于在数据库中发现数据中存在的偏差或异常。例如，下列几种偏差或异常就应引起人们的关注：不符合任何一个标准类的异常，有时可能意味着严重的错误或欺诈；相邻时间段内信息的异常变动，如二月份与一月份相比销售收入的骤然升高。

趋势预测是根据数据库中的历史信息对未来信息做出估计。实际上，预测这一数据挖掘任务并不一定是独立的。一般来讲，上述几种数据挖掘任务的结果皆可以在分析后用于趋势预测。

1.1.4　数据仓库与数据挖掘

数据挖掘与数据库新技术——数据仓库（data warehouse）[10,11]有着密切的关系。数据仓库技术是近年来信息技术领域迅速发展起来的一种数据组织和管理技术。数据仓库是面向主题的、综合的、不同时间的、稳定的数据集合，它主要用于支持经营管理中的决策制定过程。数据仓库中存储面向分析型应用的集成数据，一般包含5～10年的历史数据。

数据仓库技术源于数据库技术，它的主要设计思想是将分析决策所需的大量数据从传统的操作环境中分离出来，把分散的、难以访问的操作数据转换成集中统一的、随时可用的信息而建立的一种数据库存储环境。可以说，数据仓库是一种专门的数据存储，用于支持分析型的数据处理。如何将数据仓库与数据挖掘结合在一起来更好地支持分析决策也得到了研究人员的普遍关注。数据仓库为数据挖掘提供了数据基础，在数据仓库中进行数据挖掘也对数据挖掘算法提出了更高的要求。

(1) 数据仓库中集成和存储着来自若干异构的数据源的信息。这些数据源本身就可能是一个规模庞大的数据库，有着比一般数据库系统更大的数据规模。这就要求在数据仓库中进行数据挖掘的算法必须更有效、更快速。

(2) 在一般的数据库中，为了提高系统的效率，一般会尽可能少地保留历史信息。而数据仓库具有一个重要的特征，即具有长时间的历史数据存储。存储长时间历史数据的目的就是进行数据长期趋势的分析，数据仓库为决策者的长期决策行为提供了有力的数据支持。然而，数据仓库中的数据在时间轴上的特征，在一定程度上增加了数据挖掘的难度。

另外，数据仓库也为数据挖掘创造了更方便的数据条件，体现在如下方面。

(1) 从一个企业的角度来看，数据仓库集成了企业内各部门全面的、综合的数据。数据挖掘要面对企业全局模式的知识发现。从这一点上讲，基于数据仓库的数据挖掘能更好地满足高层战略决策的要求，而且数据仓库大大地降低了数据挖掘的障碍。数据挖掘一般要求大量的数据准备工作，而数据仓库中的数据已经被充分收集起来，进行了整理、合并，并且有些还进行了初步的分析处理。这样，可以集中精力在数据挖掘核心处理阶段。另外，数据仓库中对数据不同粒度的集成和综合，更有效地支持了多层次、多种知识的挖掘。

(2) 数据仓库是面向决策支持的，因此它的体系结构努力保证查询和分析的有效性；而一般的联机事务处理系统则主要要求更新的实时性。一般的数据仓库设计成只读方式，最终用户不能更新数据。数据仓库中的数据更新由专门的一套机制来实现。数据仓库对查询的强大支持使数据挖掘效率更高，挖掘过程可以做到实时交互，使决策者的思维保持连续，有可能发现更深入、更有价值的知识。

数据仓库完成了数据的收集、集成、存储、管理等工作，数据挖掘面对经过初步加工的数据，能更专注于知识的发现过程；另外，由于数据仓库所具有的新特点，又对数据挖掘技术提出了更高的要求。可以说，数据挖掘技术和数据仓库技术结合起来，能够更充分地发挥其潜力。

1.2　数据类型及差异度计算

聚类的主要依据是对象间的相似性。确定对象之间是否相似，一般是通过计算对象之间的差异度来完成的。当对象属性取值类型不同时，差异度的计算方法也不相同。下面给出对象属性取值分别为二值属性、分类属性、数值属性和混合属性时的差异度计算方法。

1.2.1　二值属性

二值属性(binary attribute)是指只能有两种取值的属性，一般用 1 来表示其中的一种取值，用 0 来表示另外一种取值。

假设有n个对象，描述每个对象的m个属性值皆为二值属性，则计算对象i与对象j($i,j\in\{1,2,\cdots,n\}$)之间的差异度需要通过下面两个步骤来完成。

1. 统计二值属性取值

二值属性取值统计如表 1-1 所示，其中，a为对象i和对象j取值皆为 1 的属性个数，b为对象i取值为 1 而对象j取值为 0 的属性个数，c为对象i取值为 0 而对象j取值为 1 的属性个数，d为对象i和对象j取值皆为 0 的属性个数。a、b、c、d的和为每个对象的属性总数m。

表 1-1 二值属性取值统计

对象 i	对象 j		合计
	1	0	
1	a	b	$a+b$
0	c	d	$c+d$
合计	$a+c$	$b+d$	$a+b+c+d=m$

2. 根据统计结果进行差异度的计算

对象i与对象j之间的差异度可以通过下面的公式来计算：

$$d(i,j)=\frac{i\text{与}j\text{取值不同的属性个数}}{\text{属性总数}}=\frac{b+c}{a+b+c+d}=\frac{b+c}{m} \tag{1-1}$$

实际上，式(1-1)更适用于二值属性取值对称的情况，即二值属性取值为 1 或 0 是同等重要的，没有主次之分，因此a(i和j同时取值为 1)和d(i和j同时取值为 0)两个统计值处于同等地位。而在实际应用中，很多二值属性取值并不是对称的，例如，身体检查指标的阴性与阳性、产品检验的合格与不合格等，我们更关注其中的一个取值，并将该取值定义为 1，另一个取值定义为 0。在二值属性取值不对称的情况下，差异度的计算方法如下所示：

$$d(i,j)=\frac{i\text{与}j\text{取值不同的属性个数}}{i\text{与}j\text{取值不同或同时为1的属性个数}}=\frac{b+c}{a+b+c} \tag{1-2}$$

其中，i和j同时取值为 0 的情况被认为是不重要的，因此相应的统计值d可以忽略不计。

1.2.2　分类属性

分类属性(categorical attribute)的不同属性值之间的差异程度难以直接进行度量，如产品的品牌、地区名称等。分类属性的相似性度量可以转化为多个二值属性来计算。还有一种更有效的简单匹配策略常用于解决分类属性的差异度度量问题。假设有 n 个对象，描述每个对象的 m 个属性值为分类属性，对于对象 $x_1,x_2,\cdots,x_n$，描述其第 k 个属性的属性值分别为 $x_{1k},x_{2k},\cdots,x_{nk}$，那么对象 i 与 j 之间的差异度 $d(i,j)$ 可以采用下面的公式进行计算：

$$d(i,j)=\frac{\sum_{k=1}^{m}d_{ij}^{k}}{m} \tag{1-3}$$

其中，d_{ij}^{k} 的计算方法为

$$d_{ij}^{k}=\begin{cases}0, & x_{ik}=x_{jk}\\ 1, & x_{ik}\neq x_{jk}\end{cases}$$

1.2.3　数值属性

数值属性(numeric attribute)一般取值为线性度量值，如高度、长度、宽度、重量等，都是数值属性。

假设有 n 个对象，描述第 i 个对象的 m 个属性值分别对应于数值属性值 $x_{i1},x_{i2},\cdots,x_{im}$，描述第 j 个对象的 m 个属性值分别对应于数值属性值 $x_{j1},x_{j2},\cdots,x_{jm}$，$i,j\in\{1,2,\cdots,n\}$，则对象 i 与对象 j 之间的差异度一般用它们之间的距离 $d(i,j)$ 来表示。距离越近，表明对象 i 与对象 j 之间越相似，差异越小；距离越远，表明对象 i 与对象 j 之间越不相似，差异越大。距离 $d(i,j)$ 的计算主要有如下四种方法。

1. 欧几里得距离(Euclidean distance)

欧几里得距离是比较常用的距离计算方法。实际上，在人的肉眼可以辨识的三维空间中，物体之间距离的计算采用的就是欧几里得距离，其具体计算方法为

$$d(i,j)=\sqrt{|x_{i1}-x_{j1}|^2+|x_{i2}-x_{j2}|^2+\cdots+|x_{im}-x_{jm}|^2} \tag{1-4}$$

$$i\in\{1,2,\cdots,n\},\quad j\in\{1,2,\cdots,n\}$$

2. 曼哈顿距离(Manhattan distance)

曼哈顿距离，又称为绝对值距离，是一种比较常见的距离计算方法，其具体

的计算方法为

$$d(i,j)=|x_{i1}-x_{j1}|+|x_{i2}-x_{j2}|+\cdots+|x_{im}-x_{jm}| \tag{1-5}$$

$$i\in\{1,2,\cdots,n\},\quad j\in\{1,2,\cdots,n\}$$

3. 切比雪夫距离(Chebyshev distance)

切比雪夫距离在模糊 c-均值(fuzzy c-means，FCM)聚类算法中得到了有效应用。其计算公式如下：

$$d(i,j)=\max(|x_{i1}-x_{j1}|,|x_{i2}-x_{j2}|,\cdots,|x_{im}-x_{jm}|) \tag{1-6}$$

$$i\in\{1,2,\cdots,n\},\quad j\in\{1,2,\cdots,n\}$$

式(1-6)的另外一种形式为

$$d(i,j)=\lim_{p\to\infty}\left(|x_{i1}-x_{j1}|^p+|x_{i2}-x_{j2}|^p+\cdots+|x_{im}-x_{jm}|^p\right)^{\frac{1}{p}} \tag{1-7}$$

4. 闵可夫斯基距离(Minkowski distance)

闵可夫斯基距离的计算如式(1-8)所示，其中 p 为正整数。

$$d(i,j)=\left(|x_{i1}-x_{j1}|^p+|x_{i2}-x_{j2}|^p+\cdots+|x_{im}-x_{jm}|^p\right)^{\frac{1}{p}} \tag{1-8}$$

$$i\in\{1,2,\cdots,n\},\quad j\in\{1,2,\cdots,n\}$$

欧几里得距离、绝对值距离和切比雪夫距离都是闵可夫斯基距离的特殊形式。在 $p=1$ 时，闵可夫斯基距离转化为绝对值距离；在 $p=2$ 时，闵可夫斯基距离转化为欧几里得距离；在 p 为正无穷时，闵可夫斯基距离转化为切比雪夫距离。

不论采用上述哪一种距离计算方法，数值属性的计量单位越小，度量值越大，对距离计算的影响也就越大，从而使得差异度也越大；数值属性的计量单位越大，度量值越小，对距离计算的影响也就越小，从而使得差异度也越小。为了避免计量单位对差异度计算的这种影响，可以对属性值进行标准化处理。

1.2.4 混合属性

前面所考虑的都是最基本、最理想化的情况，即所有属性的取值都为同一种数据类型，并且所有属性的取值处于同等重要的地位(不对称的二值属性除外)，具有同样的权重。在实际的应用中，往往并不是这种理想化的情况，各属性的取值类型一般是不同的，各属性的重要程度也不完全相同。

对于属性取值类型不同且需统一进行差异度计算的情况，在计算之前需要对各属性的取值进行标准化。

假设有 n 个对象，描述每个对象的 m 个属性值为数值属性、二值属性或分类属性，对于对象 $x_1,x_2,\cdots,x_n$，描述其第 k 个属性的属性值分别为 $x_{1k},x_{2k},\cdots,x_{nk}$，则对象 i 与对象 j 之间的差异度 $d(i,j)$ 可以采用下面的公式进行计算：

$$d(i,j)=\frac{\sum_{k=1}^{m}\delta_{ij}^{k}d_{ij}^{k}}{\sum_{k=1}^{m}\delta_{ij}^{k}} \tag{1-9}$$

其中，

$$d_{ij}^{k}=\begin{cases}\dfrac{|x_{ik}-x_{jk}|}{\max\{x_{1k},x_{2k},\cdots,x_{nk}\}-\min\{x_{1k},x_{2k},\cdots,x_{nk}\}}, & \text{属性}k\text{为数值属性}\\ 0, \quad \text{属性}k\text{为二值属性或分类属性且}x_{ik}=x_{jk} & \\ 1, \quad \text{属性}k\text{为二值属性或分类属性且}x_{ik}\neq x_{jk} & \end{cases}$$

$$\delta_{ij}^{k}=\begin{cases}0, & \text{属性}k\text{为不对称二值属性且}x_{ik}=x_{jk}=0\\ 1, & \text{其他}\end{cases}$$

d_{ij}^{k} 表明了在各属性取值标准化后对象 i 和对象 j 在第 k 个属性上的距离。δ_{ij}^{k} 表明了在计算对象 i 和对象 j 之间的距离时是否考虑第 k 个属性的影响，从 δ_{ij}^{k} 的取值情况可以看出：如果属性 k 为不对称二值属性且对象 i 和对象 j 在属性 k 上的取值皆为 0，那么在差异度的计算上不考虑该属性的影响；否则，考虑该属性的影响。

在各属性的取值类型不同且需要考虑权重的情况下，假设赋予第 k 个属性的权重为 w_k，$k\in\{1,2,\cdots,m\}$，则对象 i 与对象 j 之间的差异度 $d(i,j)$ 可以采用下面的公式进行计算：

$$d(i,j)=\frac{\sum_{k=1}^{m}w_{ij}^{k}d_{ij}^{k}}{\sum_{k=1}^{m}w_{ij}^{k}} \tag{1-10}$$

其中，d_{ij}^{k} 的计算同式(1-9)，而 w_{ij}^{k} 的计算方法为

$$w_{ij}^{k}=\begin{cases}0, & \text{属性}k\text{为不对称二值属性且}x_{ik}=x_{jk}=0\\ w_k, & \text{其他}\end{cases}$$

1.3 主要的聚类方法

本节首先讨论几种主要的聚类方法，包括分割聚类、层次聚类和基于密度的聚类，然后对其他经典聚类方法进行概括性介绍。

1.3.1 分割聚类

分割聚类是发展比较早，也比较基本的一大类聚类方法。它是一种基于原型(prototype)的聚类方法，其基本思路是：首先从数据对象集合中随机地选择几个对象作为聚类的原型，然后将其他对象分别分配到由原型所代表的最相似，也就是距离最近的类中。对于分割聚类，一般需要一种迭代控制策略，对原型不断进行调整，从而使得整个聚类得到优化，如使得各对象到其原型的平均距离最短。

根据所采用的原型不同，分割聚类主要包括 k 均值(k-means)聚类算法和 k 中心点(k-medoids)聚类算法两大类。

1. k-means 聚类算法

假设有 n 个对象需要分成 k 类，则在 k-means 聚类算法[12]中，首先随机地选择 k 个对象代表 k 个类，每一个对象作为一个类的中心，根据距离中心最近的原则将其他对象分配到各个类中。在完成首次对象的分配之后，以每一个类中所有对象的各属性均值(means)作为该类新的中心，进行对象的再分配，重复该过程直到没有变化为止，从而得到最终的 k 个类。

在 k-means 聚类算法中，聚类的个数 k 必须是预先指定的参数。聚类的过程可以通过下述几个步骤来描述。

步骤 1：随机地选择 k 个对象，每一个对象作为一个类的中心，分别代表即将分成的 k 个类。

步骤 2：根据距离中心最近的原则，将其他对象分配到各个相应的类中。

步骤 3：针对每一个类，计算其所有对象的平均属性值，作为该类新的中心。

步骤 4：根据距离中心最近的原则，重新进行所有对象到各个相应类的分配。

步骤 5：若由步骤 4 得到的新的类划分与原来的类划分相同，则停止计算；否则，转步骤 3。

另外，k-means 聚类算法还有一种拓展算法，称为 k 众数(k-modes)聚类算法[13]，该算法是将 k-means 聚类算法的思想应用于分类属性的情况。

2. k-medoids 聚类算法

在 k-medoids 聚类算法中，首先选择中心点(medoids)作为各个类的原型，再根据距离中心点最近的原则将其他对象分配到各个类中。那么，什么是中心点呢？假设有 n 个对象需要分成 k 类，则中心点是分别接近于 k 个类的中心，并且按照一定的标准使聚类的质量达到最优的 k 个对象。比较著名的 k-medoids 聚类算法有围绕中心点的划分(partitioning around medoids，PAM)算法[14]和大型应用聚类(clustering large applications，CLARA)算法[14]及基于随机搜索的大型应用聚类(clustering large applications based on randomized search，CLARANS)算法[15]。

PAM 算法是比较基本的 k-medoids 聚类算法。在 PAM 算法中，最为关键的是寻找这 k 个代表对象。为此，PAM 算法首先随机地选取 k 个对象作为 k 个类的代表中心点，并将其他对象分配到与其距离最近的中心点所代表的类中。然后按照一定的质量检验标准选择一个中心点对象和另一个非中心点对象进行交换，使得聚类的质量得到最大限度的提高。重复上述对象交换过程，直到质量无法提高为止，并将此时的 k 个中心点作为最终的 k 个中心点，进行非中心点对象的分配，形成最终的聚类。

CLARA 算法是比较早立足于处理大规模数据集的一种算法。在 CLARA 算法中，类的代表对象中心点不是从整个数据对象集合中选择的。该算法首先从整个数据对象集合中抽取一个样本，然后针对样本集应用 PAM 算法寻找类的代表对象中心点。如果样本的抽取比较合适，那么从样本中得到的代表对象中心点就近似于从整个数据对象集合中得到的中心点。这样，既可以减少计算量，又基本不影响聚类的质量。

CLARANS 算法也是对 PAM 算法的一种改进，但是改进的算法与 CLARA 算法有所不同。同 CLARA 算法类似，CLARANS 算法也采用抽样的方法减少数据量，并采用 PAM 算法寻找代表对象中心点，但是抽样的内容和寻找中心点过程与 CLARA 算法不同。CLARA 算法在固定的样本中寻找代表对象中心点，进行中心点对象和非中心点对象的替换；而 CLARANS 算法寻找代表对象中心点并不局限于样本集，而是在整个数据对象集合中随机抽样寻找。CLARANS 算法是从数据挖掘的角度提出的比较早的聚类算法之一。实验结果表明，CLARANS 算法比 PAM 算法和 CLARA 算法更有效。

总体来讲，在聚类的形状为凸形，大小和密度相似，并且聚类的数目可以合理估计的情况下，上述各种分割聚类算法都是比较有效的，能够形成合理的聚类结果。除了上述常用的分割聚类算法，还有一些其他分割聚类算法，如图聚类、模糊聚类等[16]。

图聚类[17]把一个图 $G=(V,E,w)$ 划分为 k 个不相交的子图 $G_i=(V_i,E_i,w_i)$，$i=1,2,\cdots,k$ 。其中，V 是顶点的集合，E 是边的集合，$w:E\to\mathbb{R}$ 是一个边权重函数，把一条边映射成一个实数域上的权重。如果一个图是无权图，那么每条边的权重就是 1。谱聚类[18]是一种典型的基于图的聚类算法，将样本聚类问题转化为以样本为顶点、样本间相似性为顶点连接边权重的带权无向图的划分问题。谱聚类算法能够发现任意形状的类，并且收敛于全局最优解[19]。

1981 年，模糊 c-均值算法[20]首次实现，是图像分割领域应用较广泛的聚类算法[21]。传统的划分是一种硬划分，把每个待处理的对象严格地划分到某个类中。而现实中大多数的对象并没有严格的属性，这种硬划分并不能真正反映对象和类之间的实际关系。人们提出了要对待处理的对象进行软划分。FCM 聚类算法就是一种基于软划分的聚类过程[22]，使用隶属度来确定样本点的相似性，是一种基于目标函数的模糊聚类算法。

1.3.2　层次聚类

层次聚类也是发展比较早，应用比较广泛的一大类聚类分析方法，它是采用“自顶向下(top-down)”或“自底向上(bottom-up)”的方法在不同的层次上对对象进行分组，形成一种树形的聚类结构。如果采用“自顶向下”的方法，则称为分解型层次聚类；如果采用“自底向上”的方法，则称为聚结型层次聚类。

层次聚类与分割聚类的不同之处在于：分割聚类一般需要一种迭代控制策略，使得整个聚类逐步优化；层次聚类并不是试图寻找最佳的聚类结果，而是按照一定的相似性判断标准，合并最相似的部分，或者分割最不相似的两个部分。如果合并最相似的部分，那么从每一个对象作为一个类开始，逐层向上进行聚结；如果分割最不相似的两个部分，那么从所有的对象归属在唯一的一个类中开始，逐层向下分解。

在层次聚类中，判断各个类之间相似程度的准则是：假设 C_i 和 C_j 是聚结过程中同一层次上的两个类，n_i 和 n_j 分别是 C_i 和 C_j 两个类中的对象数目，$p^{(i)}$ 为 C_i 中的任意一个对象，$p^{(j)}$ 为 C_j 中的任意一个对象，f_i 为 C_i 中对象的平均值，f_j 为 C_j 中对象的平均值，那么下面四种距离比较广泛地用于计算两个类之间的差异度。

(1) 平均值距离：$d_{\text{mean}}(C_i,C_j)=d(f_i,f_j)$ 。

(2) 平均距离：$d_{\text{average}}(C_i,C_j)=\dfrac{1}{n_i n_j}\sum\limits_{p^{(i)}\in C_i,p^{(j)}\in C_j} d(p^{(i)},p^{(j)})$ 。

(3) 最大距离：$d_{\max}(C_i,C_j)=\max\limits_{p^{(i)}\in C_i,p^{(j)}\in C_j} d(p^{(i)},p^{(j)})$ 。

(4) 最小距离：$d_{\min}(C_i,C_j)=\min\limits_{p^{(i)}\in C_i,p^{(j)}\in C_j} d(p^{(i)},p^{(j)})$。

比较传统的层次聚类算法有凝聚嵌套(agglomerative nesting，AGNES)算法[14]和分裂分析(divisive analysis，DIANA)算法[14]，它们分别为聚结型层次聚类算法和分解型层次聚类算法。传统的层次聚类算法比较简洁，易于理解和应用，但是聚类的结果受各个类的大小和其中对象分布形状的影响，适用于类的大小相似且对象分布为球形的聚类。在对象分布形状比较特殊的情况下，可能会产生错误的聚类结果。另外，每一次类的聚结或分解都是不可逆的，并直接影响下一步的聚结或分解。如果某一步的聚结或分解不理想，形成聚类的质量就可能很差。

除了上述两种传统的层次聚类算法，还有一些典型的层次聚类算法，一般采用聚结型层次聚类，例如，基于层次的平衡迭代约简和聚类(balanced iterative reducing and clustering using hierarchies，BIRCH)算法[23]、基于代表的聚类(clustering using representatives，CURE)算法[24]、基于链接的鲁棒聚类(robust clustering using links，ROCK)算法[25]和变色龙(chameleon)算法[26]。

BIRCH 算法是 1996 年专门针对大规模数据集提出的聚结型层次聚类算法。BIRCH 算法引入了聚类特征和聚类特征树的概念对数据进行压缩，不但减少了需要处理的数据量，而且压缩后的数据能够满足 BIRCH 算法聚类过程的全部信息需要，不影响聚类的质量。该算法通过对数据集的一次扫描就可以形成质量比较好的聚类，并且可以通过追加扫描进一步提高聚类的质量，适用于大规模数据的聚类。但是，该算法采用了半径或直径的概念来限制类的分布范围，所以适用于对象分布为球形的情况。另外，该算法在数据输入顺序不同的情况下聚类的结果可能会有所不同。

CURE 算法是 1998 年提出的用于处理大规模数据集的聚结型层次聚类算法。该算法不受对象分布形状的限制，能够处理类的大小差别比较大、球形、非球形以及混合型等许多复杂形状的聚类，并且能够更灵活地处理异常值。CURE 算法还采用抽样和分割策略给出了有效的预聚类方案，不仅降低了需要处理的数据量，提高了算法的效率，而且不影响聚类的质量。但是，总体而言，该算法的参数设置对聚类结果有比较大的影响。

ROCK 算法是 1999 年提出的用于对分类属性进行聚类的聚结型层次聚类算法。该算法首先构筑一个稀疏图(sparse graph)，然后采用互连度(interconnectivity)度量两个类之间的相似性。而互连度的计算依赖不同的类拥有共同邻居(neighbor)的数据点的数目。

chameleon 算法也是 1999 年提出的聚结型层次聚类算法。该算法是在 ROCK 算法的基础上提出的，它采用互连度和接近度(closeness)来度量两个类之间的相似性。在聚类的过程中，如果两个类之间的互连度和接近度与类的内部对象间的互连度和接近度高度关联，则进行合并。该算法处理不规则形状聚类的能力非常强。

1.3.3 基于密度的聚类

基于密度的聚类以局部数据特征作为聚类的判断标准。类被看作是一个数据区域，在该区域内对象是密集的，对象稀疏的区域将各个类分隔开来。多数基于密度的聚类算法形成的聚类形状可以是任意的，并且一个类中对象的分布也可以是任意的。

基于密度的聚类比较经典的算法有：1996 年提出的基于密度的噪声应用空间聚类(density-based spatial clustering of applications with noise, DBSCAN)算法[27]及其改进算法，1998 年提出的小波聚类(wavecluster)算法[28]、基于密度的聚类(density-based clustering，DENCLUE)算法[29]、探索聚类(clustering in quest，CLIQUE)算法[30]，1999 年提出的基于点排序识别聚类结构(ordering points to identify the clustering structure，OPTICS)算法[31]等。wavecluster 算法、DENCLUE 算法和 CLIQUE 算法既是基于密度的，也是基于网格的。

DBSCAN 算法的主要思想可以通过其要求的两个输入参数(半径 ε 和对象的最小数目 minpts)来进行描述，即一个对象在其半径为 ε 的邻域内包含至少 minpts 个对象，则该对象附近被认为是密集的。DBSCAN 算法中的类被看作是按一定的规则确定的密集区域，这些密集区域被稀疏区域分离开来，没有被包含在任何类中，即存在于稀疏区域中的对象被认为是噪声。DBSCAN 算法不受聚类形状的限制，并且不受异常值的影响[32]。但是，该算法需要事先给定聚类参数 ε 和 minpts，并且聚类的结果对这两个参数非常敏感。

OPTICS 算法是在 DBSCAN 算法的基础上提出来的，该算法并不明确地生成数据类，而是基于密度建立对象的一种排序，通过该排列给出对象的内在聚类结构，通过图形直观地显示对象的分布及内在联系。OPTICS 算法的基本结构与 DBSCAN 算法的基本结构是一致的。

wavecluster 算法是将信号处理技术中小波变换的方法应用到了聚类分析中。该算法首先在数据空间中建立多维的网格结构，对每一个网格单元汇总落入该网格的数据点的信息。然后采用小波变换对原始特征空间进行变换，在变换后的空间中寻找密集区域。wavecluster 算法能够处理大规模数据集，也能够处理任意形状的聚类，并且不受数据输入顺序和异常值的影响，也没有预先输入参数的要求。

DENCLUE 算法利用密度分布函数通过识别密度吸引点(density attractor)的方法进行聚类。密度吸引点是密度函数的局部极值点。DENCLUE 算法也采用了网格单元来保存数据点的信息，并且用树形结构对这些单元进行管理，因此更有效。另外，该算法不受异常值的影响。

CLIQUE 算法是适用于高维空间的一种聚类算法。该算法针对高维空间数据集采用了子空间的概念来进行聚类，算法的主要思想体现在：如果一个 k 维数据区域是密集的，那么其在 $k-1$ 维空间上的投影也一定是密集的，所以可以通过寻找 $k-1$ 维空间上的密集区来确定 k 维空间上的候选密集区，从而大大地减小了需要搜索的数据空间。CLIQUE 算法适用于处理高维数据，也可应用于大规模数据集。另外，该算法给出了用户易于理解的聚类结果最小表达式。但是，该算法的处理简化对聚类的结果有一定的影响。

近年来，基于密度的聚类又有了一些新的进展。2014 年，在 *Science* 上发表了密度峰值(density peak，dpeak)聚类算法[33]。该算法基于两个基本假设：聚类中心点之间的相对距离较远，聚类中心点的局部密度大于其周围非中心点的局部密度。通过定义局部密度和相对距离快速定位聚类中心，进而高效完成聚类。dpeak 聚类算法可识别出任意形状数据，能直观地找到类的数目，也能非常容易地发现异常点。但该算法的复杂度 $O(n^2)$ 较高，精度易受数据结构影响，并且高维数据适用性不强[34]。

除了上面提到的分割聚类、层次聚类和基于密度的聚类，基于网格的聚类也比较常见。基于网格的聚类是将对象空间划分为一定数目的网格，形成网格结构，从而使得所有的聚类操作都针对网格来进行。基于网格的聚类与网格的数目有关，而不依赖对象的数目，因此处理速度一般比较快。比较典型的基于网格的聚类有统计信息网格(statistical information grid，STING)聚类算法[35]、最优网格(optigrid)聚类算法[36]等。另外，还可以将数学模型用于聚类，如采用高斯混合模型[37,38]等进行聚类处理。

对某一个聚类算法而言，往往是多种聚类思想融合的结果，并不能简单地将其归为上述某一类算法，而且不同的聚类算法也可以进行结合，结合后的聚类算法可能具有更好的聚类效果。

1.4　聚类方法的新进展

分割聚类、层次聚类、密度聚类等是较为经典的聚类方法。在当前大数据时代背景下，数据量不断增加及数据形态日益多样化，对聚类任务提出了更高的要求。近年来，聚类研究又有了长足的发展和进步，产生了一些新的聚类方法，如智能聚类和大数据聚类等。

1.4.1　智能聚类

智能聚类是在人工智能、智能优化算法等基础上形成的聚类技术，主要包含深度聚类(deep clustering)与智能搜索聚类(intelligent search clustering)等。

得益于深度学习的蓬勃发展，越来越多优秀的深度聚类算法应运而生。深度聚类是一种将特征表示和聚类过程结合到一个统一的深度神经网络中，从而优化学习到的特征以获得更优的聚类性能的方法[39]。迄今，深度聚类大致可以分为两种形式：一种形式是两阶段聚类框架，它将嵌入式表示学习和聚类视为两个独立的过程。这种形式侧重于直接使用现有的表示学习方法，如经典的主成分分析(primary component analysis，PCA)[40]或自动编码器[41]网络，用于聚类问题中的特征学习。深度聚类的另一种形式是联合优化框架，旨在同时优化聚类和表示学习，比较经典的是深度嵌入聚类(deep embedding clustering，DEC)方法[42]。与两阶段聚类框架相比，联合优化框架由于其专门为聚类设置的损失项而更有利于完成聚类任务。深度聚类为处理大规模复杂数据聚类问题提供了方案，但具有计算量大与可解释性不足等缺陷。

智能搜索聚类算法是指运用智能优化技术搜索解空间的启发式聚类算法。多数聚类算法通常把聚类问题归结为一种基于优化目标函数的优化问题，如 k-means 聚类算法、FCM 聚类算法等。借助先进的智能搜索算法对目标函数进行优化，能够提高得到全局最优解的概率，克服聚类算法陷入局部最优解的缺点。代表性的智能搜索算法有遗传算法、模拟退火算法、粒子群优化算法及其他生物觅食算法(如蜂群算法、鱼群算法、蚁群算法)等[43]。一般而言，每提出一种新型智能搜索算法，就会很快应用于某种聚类算法的应用领域，对应产生一种新的智能搜索聚类算法。

1.4.2 大数据聚类

大数据聚类是针对大规模数据的聚类技术，旨在以最小化地降低聚类质量为代价，提高算法的可扩展性与执行速度，主要包含并行聚类[44](parallel clustering)、分布式聚类[45](distributed clustering)和高维聚类[46](high-dimensional clustering)等。

并行聚类和分布式聚类将数据划分到多台机器分开执行聚类，合称为多机聚类。两者的区别在于：并行聚类的数据划分与处理过程是人为干预下执行的；分布式聚类的数据划分与处理过程是由分布式框架自动执行的。多机聚类算法的执行过程是波浪式、循环、不断前进的构造聚类簇的过程：第一，划分数据到不同的机器，执行分组聚类；第二，综合并分析分组聚类的结果；第三，依据分析的结果，自动改进聚类过程；第四，重新进行分组聚类。依次循环执行，直到符合判定准则或者满足终止条件。典型的分布式聚类算法有基于密度的分布式聚类(density based distributed clustering，DBDC)算法[47]、基于 MapReduce 的快速密度峰值搜索聚类(MapReduce based clustering by fast search and find of density peaks，MRCSDP)算法[48]等。相较于分布式聚类算法，并行聚类算法的实现较为困难，代表性算法有并行 k 均值(parallel k-means，PK-means)聚类算法[49]、并行谱聚类(parallel spectral clustering，PSC)算法[50]等。

高维聚类主要包括基于降维的聚类、子空间聚类、稀疏特征聚类等。基于降维的聚类，就是把数据点映射到更低维的空间上，利用聚类算法对低维空间上的数据进行聚类。常用的降维方法有：PCA、自组织映射(self-organizing map，SOM)[51]、局部线性嵌入(locally linear embedding，LLE)[52]等。基于降维的聚类会不可避免地造成重要聚类信息损失，对极高维数据的处理有着很大的局限性。子空间聚类首先选取密切相关的维，然后在对应的子空间中进行聚类。典型的子空间聚类算法包括 CLIQUE 算法、稀疏子空间聚类(sparse subspace clustering，SSC)算法[53]等。这类聚类算法的弊端在于计算复杂度很高。稀疏特征聚类是对高维数据的稀疏特征直接进行聚类的方法，也是本书的重点内容，将在后续章节进行详细介绍。

近年来，随着对聚类知识发现研究的不断深入，新的聚类算法还在涌现。但是，每一种聚类算法都有其优点和特色，却也都存在着一定的不足。实际的应用需求对聚类任务提出了更高的要求，聚类方法的研究也面临着新的挑战。

1.5　本章要点

本章介绍了数据库知识发现及其主要任务之一——聚类知识发现，给出了不同类型数据及差异度计算方法，讨论了几种主要的经典聚类方法及聚类方法的一些新进展。

(1) 数据库知识发现是从数据集中识别出可信、有效、新颖、潜在有用以及最终可理解模式的高级处理过程。

(2) 聚类是一种基本的人类行为，在悠久的人类发展史中发挥着重要的作用，其将数据对象分成若干类，使得同一类中的对象具有较高的相似度，而不同类中的对象差异度较大，进而识别隐藏在数据中的内在结构。

(3) 聚类的主要依据是对象间的相似性，一般通过计算对象间的差异度来完成。对象属性类型不同，差异度的计算方法也不相同，比较常见的是数值属性、分类属性、二值属性和混合属性差异度计算方法。

(4) 分割聚类、层次聚类、基于密度的聚类等是较为经典的聚类方法。在当前大数据时代背景下，数据量不断增加及数据形态日益多样化，对聚类任务提出了更高的要求，产生了一些新的聚类方法，如智能聚类和大数据聚类等。

第2章 高维稀疏数据聚类知识发现理论体系

对高维数据的处理能力一直是聚类研究的一个重点和难点内容，尤其在数据稀疏的情况下，发现高质量的聚类知识就更加困难。本章讨论聚类研究的重点和难点，给出高维稀疏数据聚类问题描述，系统总结二值属性高维稀疏数据聚类原理及其在不同类型数据、不完备数据、大规模数据、聚类过程调整、参数自适应等方面的拓展推广。

2.1 聚类研究的重点和难点

在聚类知识发现的研究中，有许多问题还有待进一步解决，聚类研究的重点和难点主要体现在如下几个方面。

1. 大规模数据处理能力

随着信息技术的发展和广泛的数据积累，聚类研究和应用所面对的经常是大规模数据集，需要从中挖掘出聚类知识信息。许多聚类分析算法只适用于处理数据量比较小的情况，由于计算复杂度比较高，不适用于处理大规模数据集的情况。通过抽取样本降低数据量是比较常见的处理大规模数据集的方法。但是，在样本选择不当的情况下，通过样本对象形成的聚类结果与实际的聚类结果可能存在着较大的偏差。另外，全球大数据与数字经济竞相发展，全球创建和捕获的数据量飞速增长。大规模数据处理能力仍然是聚类研究的一个重要内容。

2. 高维数据处理能力

具有对高维数据的处理能力是聚类研究的一个重点和难点内容，尤其在高维数据稀疏的情况下，聚类就更加困难。许多聚类应用中面对的是高维数据，即聚类的对象可能有成百上千个属性甚至更多，如货篮分析数据、电子商务用户评价数据、文档检索数据、网站访问数据等。随着属性数目(也称为维数)的增加，数据会变得异常稀疏。高维数据是比较常见的一种数据形式，这方面的研究也取得了一定的成果。但总体而言，许多聚类算法在属性维数比较低的情况下能够生成质量比较高的聚类结果，却难以应用于高维数据的情况。

3. 对象分布形状不规则的处理能力

多数聚类算法适用于处理各个类的对象分布为球形，并且各个类的大小基本相同的情况。在类的大小差别比较大，或对象分布为非球形，如椭圆形、连接成串形及其他更复杂的形状或混合形状时，许多算法会形成错误的聚类结果。而实际聚类问题中对象的分布形状可能是任意的，因此提高对不规则形状的处理能力也是聚类知识发现的重要研究内容。

4. 异常值处理能力

异常值，有时也称为噪声，指的是对象取值远远偏离于常见取值的情况。异常值是在数据集中普遍存在的现象，这可能是由主观错误引起的，也可能是客观实际，一般情况下难以避免。异常值的存在往往会给聚类的结果造成比较大的影响，甚至产生错误的聚类结果。一些传统的聚类算法对异常值的处理能力比较弱，如经典的 k-means 聚类算法。在后续的研究成果中，出现了一些算法能够比较好地排除异常值对聚类结果的影响。

5. 对数据输入顺序的独立性

有一些算法的聚类结果会受到数据输入顺序的影响，也就是说，同一个数据集应用同一个聚类算法，在数据输入顺序不同的情况下会产生不同的聚类结果。这很显然是算法不理想的一个方面。实际上，许多算法能够独立于数据的输入顺序，聚类的结果不受影响，但往往计算复杂度比较高，或者聚类的结果会受到初始聚类中心的选择等其他因素的影响。

6. 聚类结果的表达与解释

在聚类完成之前，对象类的划分是未知的。在聚类完成之后，需要将聚类的结果以用户可以理解的方式表达出来，并进行合理的分析与解释。在属性维数比较低的情况下，比较容易采用可视化的方法表达聚类的结果。但是，在属性维数比较高的情况下，聚类结果的表达就比较困难。有些算法给出了聚类结果的可视化描述，也有一些算法给出了某种表达式的形式，用以表达该算法形成的聚类结果。

7. 对先决知识或参数的依赖性

许多聚类算法在运行之前需要输入一定的参数，如需要生成的聚类的个数、样本的大小、代表对象的数目、基于密度的聚类算法中有关密度的参数等。这些参数的设置往往对聚类的结果有着非常大的影响。参数设置得合适，会得到比较满意的聚类结果；参数设置得不合适，则会产生不同的，甚至是错误的聚类结果。在得到聚类结果之前，可能形成的聚类的数目、大小、对象的分布情况等相关信息都是未知的，因此较难合理地给出聚类算法所要求的参数。

2.2　高维稀疏数据聚类问题

聚类是用于发现在数据库中未知的对象类。这种对象类的划分，是通过考察对象间的相似性来完成的。对象间相似性的计算同各对象在各属性维的取值密切相关。假设有 n 个对象，描述每个对象的属性有 m 个，每一个属性对应一个维，则对这 n 个对象的聚类就是一个 m 维的聚类问题。当 m 比较大时，该聚类问题就是一个高维数据聚类问题。

高维数据是比较常见的一种数据形式，而且在很多情况下具有稀疏特征。例如，在零售商业的货篮分析数据中，一个客户的一次购物行为可以看作一个交易。该客户所购商品的集合构成一个交易记录，形象地称为购物篮。交易数据库中记录着许多客户的交易记录，可以将所有的商品种类看作一个表的列，而客户的一次购物行为看作表的行，如果在该次购物中有某种商品，就在对应的列上标记为“1”(表示有该商品)或一个有意义的其他数值(如商品的件数或价值等)，否则就标记为“0”。这样购物篮数据就是以商品种类为维、以交易为记录的高维数据。而在每一笔交易中购买的商品只是所有商品种类中很少的一部分，数据是稀疏的。电子商务用户评价数据、文档检索数据、网站访问数据等都与货篮分析数据相似，是高维稀疏数据。

例如，一个企业销售 121 个品种的产品，为了分析客户群的购物行为，需要根据订购各种产品的情况对客户进行聚类。相关数据如表 2-1 所示，客户是聚类的对象，各种产品的订购情况是描述客户特征的属性。在该问题中，聚类属性个数 m 为 121，这是一个 121 个属性维的聚类问题。对于这样一个高维的聚类问题，与低维数据相比，在许多方面表现出不同的特征，如果将用于低维数据的聚类算法直接应用于高维数据，往往难以得到满意的聚类结果。

表 2-1　客户订购产品数据　　(单位：t)

客户	碳素镇板	优碳板	低合金板	…	石油管线钢卷
星光钢铁集团上海销售有限公司	8209	0	1848	…	0
达通汽车集团公司供应公司	1940	690	0	…	0
力久工贸公司	2242	0	210	…	0

续表

客户	碳素镇板	优碳板	低合金板	…	石油管线钢卷
中星贸易中心	890	0	0	…	0
通宝石油钢管厂	460	0	0	…	62412
东方国际经济贸易总公司	0	0	0	…	0
汇源物业贸易发展公司	400	0	0	…	0
业民原材料公司	9619	0	80	…	0
艾斯普原材料公司	5455	0	0	…	0
…	…	…	…	…	…
兴达金属材料总公司	13311	586	150	…	0

通过对表 2-1 中的数据进行分析可以发现，该问题具有其特殊性，即所有产品都有客户订购，但是每个客户都只订购少部分产品，而对其他产品的订货量为零，也就是说，每一个客户对象都有很大一部分属性的取值为零，该高维数据聚类问题为高维稀疏数据聚类问题[54]。

假设一个高维数据聚类问题有 n 个对象，描述每个对象的属性有 m 个，如果每个对象都有很大一部分属性的取值为零，那么该高维数据聚类问题为高维稀疏数据聚类问题。

许多聚类算法针对高维数据的聚类处理能力都比较弱，甚至根本就没有高维数据的聚类处理能力，造成这种情况的主要原因有以下几个方面。

(1) 低维数据对象间差异度计算方法不宜直接应用于高维数据聚类问题。在许多情况下，传统的差异度计算方法并不能真正反映高维数据对象间的相似程度，有时甚至是错误的反映，自然难以得到客观的聚类结果。

(2) 频繁的输入/输出(input/output，I/O)操作或对数据的多次扫描影响了算法的效率。在一些算法中，为了进行对象间相似程度的比较，需要进行频繁的 I/O 操作或对数据进行多次扫描，这必然会使算法效率降低。

(3) 许多聚类算法本身的计算复杂度比较高，例如，有的算法在低维数据情况下的计算复杂度为 $O(n^2)$，其中 n 为样本对象的个数，个别算法的计算复杂度还随着属性维数的增长而增加。

(4) 以损失数据质量为代价进行了数据压缩。一些算法为了提高算法的效率，采用网格等形式对数据进行压缩，舍弃了描述对象特征的部分信息。也有算法通过抽取样本降低数据规模，舍弃了部分对象信息。这都可能使得形成的聚类结果与实际的聚类结果存在较大的偏差。虽然算法效率提高了，但是聚类的结果却受到了影响。

为解决高维数据聚类，一般会采用降维方法，即采用特征转换或特征选择方法，以降低数据维度，然后利用传统的聚类算法在较低维的数据空间中完成聚类操作，如主成分分析、小波分析等都是常用的降维方法。但是这种处理方式有明显的不足：一是降维后数据对象的空间分布特征可能发生改变，有可能丢失重要的聚类信息，聚类质量无法得到保障；二是经特征转换后数据各维的直观意义很难解释，聚类结果可理解性和实用性较差。

一些学者针对高维数据空间进行了研究，发现子空间思想适用于高维数据聚类。这是因为：由于高维数据的稀疏性，不同的子空间可能包含着不同的类，子空间聚类是寻找在同一数据集的不同子空间中的类群，从而将高维数据聚类问题转化为有效地寻找子空间类的问题。子空间聚类最大的弊端是：当数据维数很高且要求较精确的聚类结果时，子空间的数目会急剧增长，对子空间类的搜索就会成为聚类操作的瓶颈。

另外，关联规则发现的频繁模式思想也应用到了高维数据聚类中，但同样不可避免计算复杂度高的问题。稀疏特征聚类是对高维数据的稀疏特征直接进行聚类的方法，基于稀疏特征向量的聚类算法[55](clustering algorithm based on sparse feature vector，CABOSFV)是针对二值属性高维数据的稀疏特征提出的聚类算法，是目前效率很高的高维数据聚类算法。

2.3　二值属性高维稀疏数据聚类原理

针对高维数据进行聚类的方法，在一定程度上解决了传统聚类算法无法克服的高维数据差异度计算问题，并尽可能减少了I/O操作和数据扫描次数，提高了高维数据的聚类能力。虽然高维数据聚类研究取得了许多成果，但仍有一些问题难以兼顾，最核心的问题体现在如下两个方面。

(1) 方法效率问题。采用子空间聚类等思想可以得到比较合理的高维数据聚类结果，但大多数高维数据聚类算法的计算复杂度都很高。

(2) 聚类质量问题。为了提高效率，有些高维数据聚类算法以损失数据质量为代价进行了数据精简，如采用网格等形式对数据进行压缩，舍弃了描述对象特征的部分信息。虽然聚类效率提高了，但是聚类结果的质量却受到了影响。

针对上述一般聚类算法求解高维数据聚类问题可能存在的不足，CABOSFV给出了求解高维稀疏数据聚类的不同思路，从集合的角度定义一种差异度计算方法，并且对数据进行了有效的压缩精简，在不影响数据质量的情况下，使得数据处理量大规模减少。另外，只需进行一次数据扫描就可以生成聚类结果，算法的效率比较高。在高维数据聚类算法中，CABOSFV的计算复杂度较低，接近

$O(n)$，其中 n 为对象的数目。

CABOSFV 作为高维稀疏数据聚类的基础算法，其聚类原理主要体现在如下几个方面。

(1) 针对二值属性高维稀疏数据聚类问题，给出一种针对一个集合的差异度计算方法，称为集合的稀疏特征差异度(sparse feature distance for a set，SFD)，简称稀疏差异度。集合的稀疏差异度反映一个集合内所有高维稀疏数据对象间的总体差异程度，不需要计算两两对象之间的距离。

(2) 对高维稀疏数据进行有效压缩精简，其压缩精简方式保留了压缩精简前高维稀疏数据对象的全部聚类相关信息，因此不会降低聚类的质量。数据压缩精简是通过定义的稀疏特征向量(sparse feature vector，SFV)来完成的，一个稀疏特征向量可以概括一个高维稀疏数据对象集合所包含的全部聚类相关信息，并且可以方便地计算集合内所有高维稀疏数据对象的总体差异程度。也就是说，CABOSFV 用一个稀疏特征向量来描述一个高维稀疏数据对象集合，在不减少用于聚类信息量的情况下减小了算法需要处理的数据规模。

(3) 稀疏特征向量不但概括了一个高维稀疏数据对象集合的稀疏特征，而且可以方便地度量集合内所有对象稀疏情况的总体差异程度。另外，在两个集合合并时，稀疏特征向量具有可加性，根据这种可加性可以在对象集合合并时方便地进行稀疏特征向量的计算，得到新的集合内所有对象稀疏特征的总体差异程度。对于一个高维稀疏数据对象集合，虽然只需保留其稀疏特征向量，但是并不影响集合的归并及集合的稀疏差异度计算，能提高聚类效率，同时聚类的质量不受影响。

(4) 只进行一次数据扫描，在扫描的过程中基于稀疏特征向量及其可加性同时完成类的创建生成和所有对象到类的分配。也就是说，只进行一次数据扫描就可以生成聚类的最终结果，不需要一一计算所有对象两两间的差异度，也不需要进行距离最近的对象的寻找，可以节省大量的数据扫描和比较计算时间，计算效率比较高。

(5) 对聚类的形状、大小、数目和密度等没有特定要求，算法的聚类结果不受异常值的影响，能够排除孤立对象。

综上所述，二值属性高维稀疏数据聚类不仅通过定义一种针对集合的稀疏差异度计算方法，以及进一步定义集合的稀疏特征向量，对数据进行有效压缩精简，而且只需要进行一次数据扫描就可以生成聚类结果，减少了数据处理量和计算量，可以获得比较高的聚类效率。针对集合的稀疏差异度计算方法和稀疏特征向量是二值属性高维稀疏数据聚类的核心和基础。

2.4 高维稀疏数据聚类拓展

本节系统总结高维稀疏数据聚类原理在分类、数值和混合属性数据，不完备数据，大规模数据，聚类过程调整，参数自适应等方面的拓展推广。

2.4.1 分类、数值和混合属性数据

CABOSFV 中定义了稀疏特征向量的概念，以描述高维稀疏数据的特征，降低了数据存储量和聚类过程中的计算量，基于该特征表示的聚类算法效率高(计算复杂度接近 $O(n)$，其中 n 为对象的数目)，对高维稀疏数据聚类的处理能力很强。但是该方法只能直接处理二值属性，应用领域有一定的局限性。

高维数据聚类算法普遍受到数据类型的限制。在聚类的研究和应用中，主要涉及数值属性、二值属性、分类属性等几种数据类型。在很多应用中数据类型是混合的。目前，聚类算法普遍是针对单一数据类型提出的，其中以对数值属性数据聚类的研究最多。聚类算法对数据类型的要求限制了其应用的范围，在聚类算法适用的情况下可以进行数据类型的转换。数据类型的转换有一些比较成熟的方法，但不具有普适性。实际上，由于聚类算法和数据类型转换方法的灵活性都比较弱，大多数聚类算法的应用都受到了数据类型的制约。

高维稀疏数据聚类原理在不同类型数据的拓展推广形成了不同系列的聚类算法，除了二值属性高维稀疏数据聚类算法 CABOSFV，还包括分类属性基于稀疏特征向量的聚类算法(clustering algorithm based on sparse feature vector for categorical attributes，CABOSFV_C)、基于集合差异度的聚类算法(clustering algorithm based on set dissimilarity，CABOSD)、拓展稀疏差异度聚类算法(clustering algorithm based on extended sparse dissimilarity，CAESD)、稀疏性指数排序聚类算法(CABOSFV considering sort by sparseness index，CABOSFV_CS)、不干涉序列加权排序聚类算法(CABOSFV considering sort by weight，CABOSFV_CSW)、基于位集的聚类算法等系列分类属性高维稀疏数据聚类算法，稀疏特征聚类(sparse feature clustering，SFC)算法、模糊离散化数据聚类算法(CABOSFV based on fuzzy discretizaton，FD-CABOSFV)等系列数值属性高维稀疏数据聚类算法，以及针对分类属性和混合属性的不完备数据聚类算法。

实现高维稀疏数据聚类在不同类型数据的拓展推广，从而形成了不同系列的聚类算法，需要定义不同类型数据的差异度，或在研究高维数据稀疏特征的基础上给出各种数据类型在高维空间中的转换方法，相关内容将在后续第 3～5 章中进行详细介绍。各种数据类型在高维空间中转换的技术路线主要为：分类属性向

二值属性的转换、通过离散化实现数值属性向二值属性或分类属性的转换。

离散化是聚类研究中经常遇到的一个问题。通过离散化可以使数据得到精简，也可以将数值属性转换为二值属性或分类属性。常用的数据离散化方法是单属性离散化方法，需要针对每个属性在整个数据域中不断地寻找离散划分点。实际上，高维数据离散化的本质就是把所有对象看成高维空间中的点，利用垂直于各维的超平面对高维空间进行划分，把这些空间点分别归属于某个区域，形成一定数目的子空间且使得这些子空间是相互可分的。

2.4.2 不完备数据

对不完备数据的处理是聚类等数据挖掘应用中普遍需要解决的问题，常见的是存在缺失数据，而高维数据聚类算法普遍没有考虑数据中存在缺失数据的处理情况。高维数据往往稀疏偏斜，传统的缺失数据处理方法不一定适用，针对高维数据的缺失数据填补方法较少。

对于缺失数据问题，一般采用人工神经网络、概率论与数理统计的方法来处理。在货篮分析数据、电信营销数据等商业数据聚类应用中，缺失数据可能是人为原因、电磁干扰、电源突然中断等造成的，难以知道其原始值。

在目前的研究和应用中，一般是先进行缺失数据的填补，再对填补后数据进行聚类。对于填补缺失数据这类问题，采用人工神经网络等方法的计算成本比较高，所以普遍采用概率方法或其他更硬性的方法，例如：①将缺失的数据从数据集中删除或定义特殊的符号来代替数据集中缺失的数据；②统计正常数据的分布规律，根据其规律填补数据集中的缺失数据；③采用均值法、最大频率法等。

实际上，利用这些方法填补数据在许多情况下质量比较差，主要原因是：主观性太强；算法缺乏柔性；可能增加矛盾信息，掩盖或破坏了信息中隐含的潜性规则。

近年来，粗糙集理论受到了众多学者的高度重视，并在缺失数据填补的研究中得到有效应用。粗糙集是 1982 年由 Pawlak[56]提出的，具有以不完全信息或知识去处理一些不分明现象的能力。基于粗糙集理论研究缺失数据填补的研究成果主要集中于决策信息表缺失数据的填补在粗糙集理论研究的决策信息表中，属性严格分为条件属性和决策属性，关注的是条件属性和决策属性的关系。决策表的数据特征和研究问题都与高维数据聚类不同。

将高维稀疏数据聚类思想在不完备数据进行拓展推广，形成了系列不完备数据聚类算法。针对不完备分类属性数据聚类的方法包括容差集合差异度聚类、约束容差集合差异度聚类、基于约束容差集合差异度聚类的缺失数据填补方法；针对不完备数值属性和分类属性混合数据聚类的相关方法包括对象混合差异度聚类、集合混合差异度聚类、基于集合混合差异度聚类的缺失数据填补方法。容差集合差异度聚类等上述不完备数据聚类算法基于高维稀疏数据聚类思想中集合差异度的形式背景给出存在缺失数据的不完备概念“容差集合差异度”等，不需要预先进行缺失数据填补，直接进行不完备数据聚类得到聚类结果，并可以依据聚类结果进行缺失数据的填补。

容差集合差异度等不完备概念反映在数据填补后可能形成概念的对象集和属性集关系，它与概念有着本质的不同。概念是精确的，一个概念中的所有对象是等价关系；而不完备概念是不精确的，一个不完备概念中的所有对象是相似关系。不完备概念中存在缺失数据，在缺失数据填补后有可能成为概念。实际上，概念是不完备概念的特殊情况。

另外，高维稀疏数据聚类思想在不完备数据的拓展推广是一种数据驱动的方法，它的最大特点是仅利用数据本身所提供的信息，一般不增加关于数据和相应问题的先验知识与附加信息，如隶属度、概率分布等。

2.4.3 大规模数据

对大规模数据的处理能力，关键在于算法的计算复杂度。二值属性高维稀疏数据聚类采用集合的稀疏差异度进行差异度计算，采用稀疏特征向量进行数据有效压缩精简，经过一次数据扫描完成主体聚类过程，算法的计算复杂度约为 $O(n)$，其中，n 为对象的数目，适用于大规模数据聚类，并且适用于并行聚类处理。二值属性高维稀疏数据聚类原理在大规模数据的拓展推广形成了基于抽样的聚类和并行聚类。

基于抽样的聚类首先选择抽样策略进行样本的抽取，然后进行样本对象的聚类。在完成样本对象的聚类后，进一步针对二值属性高维稀疏数据聚类问题给出了类特征的确界表示法，并给出了非样本对象向各个类的分配方法，其中解决问题的核心在于类特征的确界表示。

针对大规模高维稀疏数据聚类问题提出的并行聚类算法 P_CABOSFV (parallel clustering algorithm based on sparseness index sort partition of high dimensional data by extending CABOSFV)，基于稀疏性指数排序对数据进行划分，该数据划分策略有效地将大规模数据对象集合划分为若干子集，并且降低了数据输入顺序对 CABOSFV 聚类结果的影响。算法进一步提出了集合稀疏特征差异度聚类结果合并策略，将各并行计算节点的多个聚类结果进行合并得到最终聚类结果。通过选取加利福尼亚大学尔湾分校(University of California Irvine，UCI)数据库中真实数据集和计算机合成数据集进行实验，利用聚类正确率、运行时间及并行算法加速比等指标，验证了该并行算法良好的聚类质量，具有很强的数据规模可扩展性。

2.4.4　聚类过程调整

经典的基于稀疏特征向量的 CABOSFV 等系列算法可以有效地对高维数据进行聚类，通过定义集合的稀疏差异度，直接对一个集合内所有对象的总体差异程度进行度量，不必计算两两对象之间的距离，利用稀疏特征向量对数据进行有效压缩精简，并通过一次数据扫描得到聚类结果。算法计算复杂度低、效率高，并且不受异常值的影响。但一个对象一旦被归入一个集合，就不再进行调整，这虽然提高了聚类算法的效率，最终结果却受聚类过程中集合归并的影响。

为解决聚类过程不可逆的问题，进一步拓展聚类过程调整的高维稀疏数据聚类算法，给出高维稀疏数据双向聚类和高维稀疏数据优化调整聚类，可以调整用高维稀疏数据聚类形成的中间结果集合，使得同一类中的对象更加相似。

高维稀疏数据双向聚类算法(bidirectional-CABOSFV，B-CABOSFV)提出的双向稀疏特征向量(bidirectional sparse feature vector，B-SFV)不仅具有可加性，而且具有可减性，即在聚类过程中进行集合的归并和分解时双向稀疏特征向量可以通过定义的加法运算和减法运算分别进行增量和减量的计算，使得 B-CABOSFV 的聚类结果可以通过双向稀疏特征向量进行调整，进行数据对象到类的调整，剔除集合中不合适的对象，并将剔除的对象分配到更合适的集合中，保持了高维稀疏数据聚类算法的优势，并且提高了聚类的质量。但 B-CABOSFV 在进行聚类结果调整的过程中需要重新设置稀疏差异度的阈值 b 来控制集合的分解和集合的归并，增加了参数的数量，并且在对一个集合进行分解调整时，只剔除集合中最后一个对象，调整过程受到对象初始顺序的影响。

高维稀疏数据优化调整聚类算法(clustering algorithm based on sparse feature vector with adjustment，ADJ-CABOSFV)在不增加参数数量的情况下，可以将前面形成的集合中的一些对象剔除，然后调整到其他集合，使得调整后的集合具有更小的稀疏差异度，集合内的对象更相似，被剔除的对象也可以归并到更合适的集合中。每次剔除对象的选择都是寻找最适合被剔除的对象，逐一剔除集合中最不合适的对象，使调整集合中对象的相似度最大化。调整方法不受集合中对象顺序的影响，调整过程与对象的初始顺序无关，聚类结果更加稳定。

2.4.5　参数自适应

综合高维稀疏数据聚类在不同类型数据、不完备数据、大规模数据、聚类过程调整的拓展推广，系列研究成果的重点在于高维数据处理能力，并同时考虑大规模数据处理能力、不同类型数据处理能力、异常值处理能力、数据输入顺序的独立性、聚类结果的表达与解释，但上述成果没有解决需要输入参数的问题。

(1) 高维数据处理能力。针对高维稀疏数据，基于数据压缩精简和集合内及集合间差异度进行集合归并，得到聚类结果。这种数据压缩精简至少保留了高维稀疏数据聚类相关的全部信息，因此采用该方法实现高维数据处理能力是可行的，而且采用针对集合定义差异度的思想解决高维稀疏数据聚类问题，不必进行计算复杂度很高的子空间搜索或频繁模式生成，效率很高。

(2) 大规模数据处理能力。高维稀疏数据聚类采用集合的差异度进行差异度计算，采用稀疏特征向量进行数据有效压缩精简，经过一次数据扫描完成主体聚类过程，算法的计算复杂度接近线性，适用于大规模数据聚类，并且适用于并行聚类，给出了基于抽样的聚类算法和并行聚类算法。

(3) 不同类型数据处理能力。通过定义不同类型数据集合的差异度计算方法或进行数据类型的转换，实现二值属性、分类属性、数值属性和混合属性等不同类型数据的高维稀疏数据聚类算法。聚类过程本身对聚类的形状、大小、数目和密度等没有特定要求。

(4) 异常值处理能力。高维稀疏数据聚类结果不受异常值的影响，能够排除孤立对象，并且考虑解决不完备数据聚类问题，包括容差集合差异度聚类、基于不完备数据聚类的缺失数据填补等系列方法。给出存在缺失数据的不完备概念“容差集合差异度”等定义，不进行缺失数据的填补，直接进行不完备数据聚类得到聚类结果，并可以基于不完备数据聚类的结果进行缺失数据填补。

(5) 数据输入顺序的独立性。通过稀疏性指数排序聚类、不干涉序列指数排序聚类、高维稀疏数据双向聚类和高维稀疏数据优化调整聚类等方法，增强数据输入顺序的独立性，提高聚类质量。

(6) 聚类结果的表达与解释。应用集合论中确界的概念，在集合属性维的幂集上给出 CABOSFV 生成高维稀疏类的确界表示，通过类特征的确界表示进行聚类结果的表达与解释，并给出非样本对象向各个类的分配方法，可以实现基于抽样的大规模高维数据聚类。

聚类研究的重点和难点主要体现在大规模数据处理能力、高维数据处理能力、对象分布形状不规则的处理能力、异常值处理能力、数据输入顺序的独立性、聚类结果的表达与解释、对先决知识或参数的依赖性。

对照聚类研究的重点和难点，上述系列研究成果没有解决对先决知识或参数的依赖性，具体来讲，就是都需要预先设定控制类归并的阈值参数。多数聚类算法都有输入参数要求，聚类结果往往受输入参数的影响较大。

为实现不需要输入参数的要求，继续拓展参数自适应的高维稀疏数据聚类算法，给出稀疏差异度启发式聚类、拓展位集差异度聚类、无参数聚类。稀疏差异度启发式聚类从聚结型层次聚类思想的角度出发，定义基于稀疏差异度的内部聚类有效性评价指标进行启发式度量，从而实现对聚类层次的自动选取，有效提高了聚类的准确性和稳定性。拓展位集差异度聚类在提升算法运算效率和聚类质量的同时，基于实验结果给出了确定差异度阈值参数的方法。无参数聚类通过给出稀疏差异度阈值上限的计算方法，可以从理论上而不是从经验上确定阈值范围，进行聚类时只需要输入数据集即可得到最终的聚类结果，不需要用户指定阈值参数，给出的阈值参数确定方法适用于高维稀疏数据聚类系列任何需要设置该阈值参数的算法。

2.5 本章要点

本章讨论了聚类研究的重点和难点，给出了高维稀疏数据聚类问题描述，系统总结了高维稀疏数据聚类知识发现理论体系，包括二值属性高维稀疏数据聚类原理及高维稀疏数据聚类在不同类型数据、不完备数据、大规模数据、聚类过程调整、参数自适应等方面的拓展推广。

(1) 聚类研究的重点和难点主要体现在大规模数据处理能力、高维数据处理能力、对象分布形状不规则的处理能力、异常值处理能力、数据输入顺序的独立性、聚类结果的表达与解释、对先决知识或参数的依赖性。

(2) 聚类知识发现作为数据挖掘的重要任务之一，已在工业生产和商业管理决策中获得成功应用。然而，如何从高维数据中发现潜在的、有价值的类，一直是聚类研究的一个重点和难点，尤其在高维数据稀疏的情况下，发现高质量的聚类知识更加困难。

(3) 针对一般聚类算法求解高维数据聚类问题时可能存在的不足，高维稀疏数据聚类给出了不同思路，从集合的角度定义差异度计算方法，并且对数据进行有效压缩精简，在不影响数据质量的情况下，使得数据处理量大规模减少，只需进行一次数据扫描就可以生成聚类结果，聚类过程对类的形状、大小、数目和密度等没有特定要求，聚类结果不受异常值的影响。

(4) 综合高维稀疏数据聚类在不同类型数据、不完备数据、大规模数据、聚类过程调整、参数自适应等方面的拓展推广，系列研究成果的重点在于高维数据处理能力，同时考虑大规模数据处理能力、不同类型数据处理能力、异常值处理能力、数据输入顺序的独立性、聚类结果的表达与解释、不需要输入参数的要求。

第 3 章　二值属性高维稀疏数据聚类

本章以二值属性高维稀疏数据聚类为基础，阐述高维稀疏数据聚类原理，给出 CABOSFV[55]，用于求解二值属性的高维稀疏数据聚类问题。该算法不仅对二值属性高维稀疏数据进行有效压缩精简，使得数据处理量大大减少，而且只需进行一次数据扫描就可以生成聚类结果。

3.1 概 念 基 础

本节首先给出 CABOSFV 中的差异度——集合的稀疏差异度的计算方法，然后给出 CABOSFV 进行数据压缩精简的概念基础——稀疏特征向量的定义，并给出稀疏特征向量具有可加性的证明，使得该算法在数据压缩精简的情况下通过一次数据扫描就能完成聚类过程。

3.1.1 集合的稀疏差异度

CABOSFV 中差异度的计算是基于集合给出的，其相关定义如下。

定义 3-1(稀疏特征)：假设有 n 个对象，描述第 i 个对象的 m 个属性值分别对应于二值属性、分类属性或数值属性值 $x_{i1}, x_{i2}, \cdots, x_{im}$，都转换为二值属性并表示为 $y_{i1}, y_{i2}, \cdots, y_{im'}$，分类属性的每一个不同的属性值对应一个二值属性，数值属性的转换方法为

$$y_{ij} = \begin{cases} 1, & x_{ij} > 0 \\ 0, & x_{ij} = 0 \end{cases} \tag{3-1}$$

其中，$i \in \{1, 2, \cdots, n\}$；$j \in \{1, 2, \cdots, m'\}$。$y_{ij}$ 表明了都转换为二值属性后各个对象在各属性上的稀疏情况，称为第 i 个对象在第 j 个属性上的稀疏特征。如果 y_{ij}=1，则表明第 i 个对象在第 j 个属性上是非稀疏的；如果 y_{ij}=0，则表明第 i 个对象在第 j 个属性上是稀疏的。实际上，从客户订货的角度来看，如果 y_{ij}=1，则表明第 i 个客户订购了第 j 种产品；如果 y_{ij}=0，则表明第 i 个客户没有订购第 j 种产品。

定义 3-2 (集合的稀疏差异度)：假设有 n 个对象，描述每个对象的属性有 m

个，皆为二值属性，也称为稀疏特征，X 为其中的一个对象子集，其中的对象个数记为$|X|$，在该子集中所有对象稀疏特征取值皆为 1 的属性个数为a，稀疏特征取值不全相同的属性个数为e，二值属性数据对象集合 X 的稀疏特征差异度，简称集合的稀疏差异度，定义为

$$\mathrm{SFD}(X)=\frac{e}{|X|\times a} \tag{3-2}$$

一个集合的稀疏差异度表明了该集合内部所有对象间的总体差异程度。差异度越大，对象间越不相似；差异度越小，对象间越相似。

例如，表 3-1 中为 6 个客户订购 10 种产品的稀疏特征，即有 6 个对象 10 个属性，根据各对象的稀疏特征及集合的稀疏差异度计算公式可得

$$X_1=\{客户\ 1，客户\ 2\}：\mathrm{SFD}(X_1)=\frac{6}{2\times 1}=3$$

$$X_2=\{客户\ 1，客户\ 3\}：\mathrm{SFD}(X_2)=\frac{1}{2\times 6}=0.083$$

$$X_3=\{客户\ 1，客户\ 3，客户\ 6\}：\mathrm{SFD}(X_3)=\frac{2}{3\times 6}=0.111$$

表 3-1　6 个客户订购 10 种产品的稀疏特征

客户对象序号	订购产品序号									
	1	2	3	4	5	6	7	8	9	10
1	1	0	1	1	1	1	0	1	0	0
2	1	0	0	0	0	0	0	0	1	0
3	1	0	1	1	1	1	0	1	0	1
4	1	0	0	0	0	0	0	1	1	0
5	1	1	1	0	0	1	1	0	0	0
6	1	0	1	1	1	1	1	1	0	1

从这三个差异度的比较可以看出：{客户 1，客户 2}集合内客户订购产品的情况最不相似；{客户 1，客户 3}集合内客户订购产品的情况最为相似；{客户 1，客户 3，客户 6}集合内客户订购产品的情况比较相似。

3.1.2　集合的稀疏特征向量

为了减少数据处理量，CABOSFV 对数据进行了有效的压缩精简，通过定义的概念“稀疏特征向量”来实现。集合的稀疏差异度是 CABOSFV 进行数据压缩精简的基础。

定义 3-3 (集合的稀疏特征向量)：假设有n个对象，描述每个对象的属性有m个，皆为二值属性，也称为稀疏特征，X为其一个对象子集，其中的对象个数为$|X|$，在该子集中所有对象稀疏特征取值皆为 1 的属性个数为a，对应的属性序号为$j_{s_1}, j_{s_2}, \cdots, j_{s_a}$，稀疏特征取值不全相同的属性个数为$e$，对应的属性序号为$j_{\text{ns}_1}, j_{\text{ns}_2}, \cdots, j_{\text{ns}_e}$，则二值属性数据对象集合$X$的 SFV 定义为

$$\text{SFV}(X) = \{|X|, S(X), \text{NS}(X), \text{SFD}(X)\} \tag{3-3}$$

其中，$|X|$为集合X中对象的个数；$S(X)$为集合X中所有对象稀疏特征取值皆为 1 的属性序号集合$\{j_{s_1}, j_{s_2}, \cdots, j_{s_a}\}$；$\text{NS}(X)$为集合$X$中所有对象稀疏特征取值不全相同的属性序号集合$\{j_{\text{ns}_1}, j_{\text{ns}_2}, \cdots, j_{\text{ns}_e}\}$；$\text{SFD}(X)$为集合$X$的稀疏差异度，根据定义 3-2(集合的稀疏差异度)可知，$a=|S|$，$e=|\text{NS}|$，所以$\text{SFD}(X)=\dfrac{|\text{NS}|}{|X|\times|S|}$。

当集合X中只包含一个对象时，对象的个数$|X|$为 1，该唯一对象稀疏特征取值为 1 的属性序号集合为S，稀疏特征取值不全相同的属性序号集合 NS 为空集$\varnothing$，稀疏差异度$\text{SFD}(X)$为 0，那么稀疏特征向量$\text{SFV}(X)=\{1, S, \varnothing, 0\}$。

稀疏特征向量概括了一个对象集合的稀疏特征及该集合内所有对象间的稀疏差异度。这样，对于一个对象集合，只需存储其稀疏特征向量就可以描述该集合的稀疏情况，而不必保存该集合中所有对象的信息。稀疏特征向量不仅减少了数据量，而且稀疏特征向量还具有特别好的性质，即在两个集合合并时稀疏特征向量具有可加性。

下面给出稀疏特征向量加法的定义，并进一步证明两个集合进行合并时稀疏特征向量具有可加性。根据稀疏特征向量的这种可加性，可以在对象集合进行合并时方便地计算稀疏特征向量，得到新集合的稀疏差异度。

3.1.3 稀疏特征向量的可加性

定义 3-4(稀疏特征向量的加法)：假设有n个对象，描述每个对象的属性有m个，皆为二值属性，也称为稀疏特征，X和Y为其中不相交的两个对象子集，相应的稀疏特征向量分别为

$$\text{SFV}(X) = \{|X|, S(X), \text{NS}(X), \text{SFD}(X)\}$$

$$\text{SFV}(Y) = \{|Y|, S(Y), \text{NS}(Y), \text{SFD}(Y)\}$$

定义稀疏特征向量的加法如下：

$$\text{SFV}(X) + \text{SFV}(Y) = (N, S, \text{NS}, \text{SFD}) \tag{3-4}$$

其中，

$$N = |X| + |Y|$$

$$S = S(X) \cap S(Y)$$

$$\mathrm{NS} = (\mathrm{NS}(X) \cup \mathrm{NS}(Y) \cup S(X) \cup S(Y)) \setminus (S(X) \cap S(Y))$$

$$\mathrm{SFD} = \frac{|\mathrm{NS}|}{N \times |S|}$$

下面的定理表明，根据上述公式定义的稀疏特征向量加法，在两个集合合并时具有可加性。

定理 3-1(可加性定理)：假设有 n 个对象，描述每个对象的属性有 m 个，皆为二值属性，也称为稀疏特征，X 和 Y 为其中不相交的两个对象子集，X 和 Y 合并后的集合为 $X \cup Y$，相应的稀疏特征向量分别为

$$\mathrm{SFV}(X) = (|X|, S(X), \mathrm{NS}(X), \mathrm{SFD}(X))$$

$$\mathrm{SFV}(Y) = (|Y|, S(Y), \mathrm{NS}(Y), \mathrm{SFD}(Y))$$

$$\mathrm{SFV}(X \cup Y) = (|X \cup Y|, S(X \cup Y), \mathrm{NS}(X \cup Y), \mathrm{SFD}(X \cup Y))$$

$$\mathrm{SFV}(X) + \mathrm{SFV}(Y) = (N, S, \mathrm{NS}, \mathrm{SFD})$$

则有

$$\mathrm{SFV}(X \cup Y) = \mathrm{SFV}(X) + \mathrm{SFV}(Y)$$

证明：

(1) 因为集合 X 和 Y 不相交，且其中的元素个数分别为 $|X|$ 和 $|Y|$，所以集合 $X \cup Y$ 中的元素个数为 $|X| + |Y|$，即

$$|X \cup Y| = |X| + |Y| = N$$

(2) 首先证明 $S(X \cup Y) \subseteq S(X) \cap S(Y)$。对于任意 $j \in S(X \cup Y)$，集合 $X \cup Y$ 中所有对象的第 j 个属性稀疏特征取值皆为 1，因为 $X \subseteq X \cup Y$，所以集合 X 中所有对象的第 j 个属性稀疏特征取值皆为 1，故 $j \in S(X)$，同理有 $j \in S(Y)$，由此得出

$$S(X \cup Y) \subseteq S(X) \cap S(Y)$$

另外，可以证明 $S(X) \cap S(Y) \subseteq S(X \cup Y)$。实际上，对于任意 $j \in S(X) \cap S(Y)$，因为集合 X 中所有对象的第 j 个属性稀疏特征取值皆为 1，而且集合 Y 中所有对象的第 j 个属性稀疏特征取值也皆为 1，那么集合 $X \cup Y$ 中所有对象的第 j 个属性稀疏特征取值一定皆为 1，即 $j \in S(X \cup Y)$，所以有

$$S(X) \cap S(Y) \subseteq S(X \cup Y)$$

这样有

$$S(X \cup Y) = S(X) \cap S(Y) = S$$

(3) 容易证明：

$$S(X \cup Y) \cup \mathrm{NS}(X \cup Y) = \mathrm{NS}(X) \cup \mathrm{NS}(Y) \cup S(X) \cup S(Y)$$

又根据稀疏特征向量的定义，$S(X \cup Y)$ 与 $\mathrm{NS}(X \cup Y)$ 不相交，那么以 $\mathrm{NS}(X) \cup \mathrm{NS}(Y) \cup S(X) \cup S(Y)$ 为全集，则 $S(X \cup Y)$ 与 $\mathrm{NS}(X \cup Y)$ 互为补集，所以有

$$\mathrm{NS}(X \cup Y) = (\mathrm{NS}(X) \cup \mathrm{NS}(Y) \cup S(X) \cup S(Y)) \setminus S(X \cup Y)$$

又因为 $S(X \cup Y) = S(X) \cap S(Y)$，所以有

$$\mathrm{NS}(X \cup Y) = (\mathrm{NS}(X) \cup \mathrm{NS}(Y) \cup S(X) \cup S(Y)) \setminus (S(X) \cap S(Y)) = \mathrm{NS}$$

(4) 根据集合的稀疏差异度的定义及 $S(X \cup Y) = S$ 和 $\mathrm{NS}(X \cup Y) = \mathrm{NS}$，有

$$\begin{aligned}\mathrm{SFD}(X \cup Y) &= \frac{|\mathrm{NS}(X \cup Y)|}{|N(X \cup Y)| \times |S(X \cup Y)|} \\ &= \frac{|\mathrm{NS}|}{N \times |S|} \\ &= \mathrm{SFD}\end{aligned}$$

根据稀疏特征向量的定义，显然有

$$\begin{aligned}\mathrm{SFV}(X \cup Y) &= (|X \cup Y|, S(X \cup Y), \mathrm{NS}(X \cup Y), \mathrm{SFD}(X \cup Y)) \\ &= (N, S, \mathrm{NS}, \mathrm{SFD}) \\ &= \mathrm{SFV}(X) + \mathrm{SFV}(Y)\end{aligned}$$

总结上述，定理得证。

该定理的结论表明，两个不相交集合合并时稀疏特征向量具有可加性。根据稀疏特征向量的这种可加性，可以在对象集合进行合并时方便地计算稀疏特征向量，得到新集合的稀疏差异度。这样，在 CABOSFV 聚类时，可以降低数据存储量和计算量。

3.2 聚类过程

本节给出二值属性高维稀疏数据聚类算法 CABOSFV 自底向上的两层结构聚类过程描述及详细算法步骤，并分析采用压缩存储的概念进行非零值存储的算法输入和以稀疏特征向量为基础的算法输出。

3.2.1 算法的两层结构

CABOSFV 的聚类过程可以用一个自底向上的两层结构来描述，如图 3-1 所示。其中，下层为待聚类的 n 个对象，上层为最后生成的 k 个类，每一个类的稀疏差异度上限为 b。聚类过程说明如下。

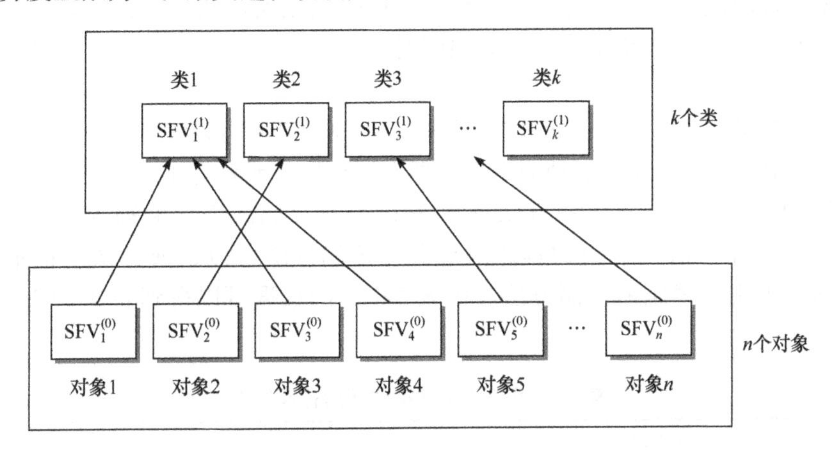

图 3-1　CABOSFV 的两层结构

由待聚类的每一个对象建立一个集合，形成 n 个集合，每个对象的稀疏特征信息以集合的稀疏特征向量来描述。从第一个稀疏特征向量开始进行数据扫描，在扫描的过程中完成类的创建和对象的归并。

首先创建类 1，将对象 1 归入类 1。考察是否可以将对象 2 并入类 1：如果对象 2 并入类 1 后，形成的新类的集合稀疏差异度大于上限 b，则认为对象 2 并入类 1 不可行；否则，认为可行。如果可行，则将对象 2 并入类 1；否则，创建新的类 2，将对象 2 归入类 2。

然后考察是否可以将对象 3 并入已经存在的类 1 或类 2 中：如果可行，将对象 3 并入类 1 或类 2，在对象 3 既可并入类 1 又可并入类 2 时，将对象 3 并入使并入后稀疏差异度最小的类中；否则，创建一个新的类，将对象 3 归入新类。

以此类推，对于扫描到的每一个对象，或将其并入已创建的类中，或由其创建新类，直到所有对象扫描结束。这样，在对象的一次扫描过程中就完成了类的创建和对象到类的归并。

CABOSFV 两层结构的具体输入数据和输出数据说明如下。

1. 输入数据

在一个聚类问题中，假设有 n 个对象，描述每个对象的属性有 m 个，则该聚类问题的输入数据为n个对象的m属性的取值，共$n\times m$个数据。对于高维稀疏数据聚类问题，无论对象属性的取值是数值属性还是二值属性，非零值都只占其中的一小部分，而相当一部分数据的值都为零。在这种情况下，如果存储所有对象的所有属性取值，必然会造成存储空间的浪费，而且会在聚类的过程中延长数据扫描时间。为了降低数据规模，可以采用压缩存储的概念，只存储非零值。当然，除了存储非零值，还必须同时记下该非零值所对应的具体对象和具体属性。

在对象属性取值为二值属性的情况下，数据的存储可以进行进一步的压缩。由于在二值属性的情况下，所有对象的所有属性取值或者为 1 或者为 0，而在稀疏数据的情况下又不必存储零元素，所以需要存储的属性值都为 1。这样，只要记下该非零值所对应的具体对象和具体属性就可以，属性值 1 也不必进行存储。采用上述压缩存储方法，由表 3-1 中的数据可以得到表 3-2 中的存储结果。

表 3-2　表 3-1 中数据的压缩存储结果

客户对象序号	订购产品序号
1	1, 3, 4, 5, 6, 8
2	1, 9
3	1, 3, 4, 5, 6, 8, 10
4	1, 8, 9
5	1, 2, 3, 6, 7
6	1, 3, 4, 5, 6, 7, 8, 10

2. 输出数据

CABOSFV 的输出数据为n个对象的类的归属及各个类的稀疏特征向量相关数据。其中，聚类生成的各个类的稀疏特征向量所包含的信息包括如下几方面：

(1) 该类中所包括的对象的个数；

(2) 该类所有对象稀疏特征相同且取值为 1 的属性序号集合S；

(3) 稀疏特征不全相同的属性序号集合 NS；

(4) 类集合的稀疏差异度。

3.2.2　算法步骤

假设有n个对象，描述第i个对象的m个稀疏特征取值分别对应于二值属性值$x_{i1},x_{i2},\cdots,x_{im}$，类内对象集合的稀疏差异度上限为$b$，则 CABOSFV 处理步骤如下。

输入：由 n 个对象组成的集合 $X=\{x_1,x_2,\cdots,x_n\}$，每个对象由 m 个二值属性描述；类内对象集合的稀疏差异度上限为 b。

输出：由 CABOSFV 聚成的 k 个类。

步骤 1：由每一个对象建立一个集合，分别记为 $X_i^{(0)}$，$i\in\{1,2,\cdots,n\}$。

步骤 2：根据可加性定理，计算 $\mathrm{SFV}(X_1^{(0)}\cup X_2^{(0)})=\mathrm{SFV}(X_1^{(0)})+\mathrm{SFV}(X_2^{(0)})$，如果合并后集合的稀疏差异度不大于一个类内对象集合的稀疏差异度上限 b，那么将 $X_1^{(0)}$ 和 $X_2^{(0)}$ 合并到一个集合，作为一个类，记为 $X_1^{(1)}$；如果合并后集合的稀疏差异度大于类内对象集合的稀疏差异度上限 b，那么将 $X_1^{(0)}$ 和 $X_2^{(0)}$ 分别作为一个类，并记为 $X_1^{(1)}$ 和 $X_2^{(1)}$，将类的个数记为 k。

步骤 3：针对集合 $X_3^{(0)}$，计算

$$\mathrm{SFV}(X_3^{(0)}\cup X_c^{(1)})=\mathrm{SFV}(X_3^{(0)})+\mathrm{SFV}(X_c^{(1)}),\quad c\in\{1,2,\cdots,k\}$$

寻找 c_0，使得

$$\mathrm{SFD}(X_3^{(0)}\cup X_{c_0}^{(1)})=\min_{c\in\{1,2,\cdots,k\}}\mathrm{SFD}(X_3^{(0)}\cup X_c^{(1)})$$

如果 $\mathrm{SFD}(X_3^{(0)}\cup X_{c_0}^{(1)})$ 不大于类内对象集合的稀疏差异度上限 b，那么将 $X_3^{(0)}$ 和 $X_{c_0}^{(1)}$ 合并到一个集合，作为更新后的类，仍然记为 $X_{c_0}^{(1)}$；如果 $\mathrm{SFD}(X_3^{(0)}\cup X_{c_0}^{(1)})$ 大于类内对象集合的稀疏差异度上限 b，那么将 $X_3^{(0)}$ 作为一个新的类，记为 $X_{k+1}^{(1)}$，类的个数 $k=k+1$。

步骤 4：对 $X_i^{(0)}$，$i\in\{4,5,\cdots,n\}$，依次进行类似于步骤 3 的操作。

步骤 5：在最终形成的每一个类 $X_c^{(1)}$，$c\in\{1,2,\cdots,k\}$ 中，包含对象个数较少的类为孤立对象类，从最终形成的类中去除，余下的各类为最终聚类的结果。

假设有 n 个对象，描述对象的平均非稀疏属性数目为 m_c 个，形成的类的个数为 k，由算法的计算步骤可知应用 CABOSFV 的计算复杂度为 $O(nm_ck)$。算法通过位集运算实现时计算时间复杂度与数据的维数无关，算法的计算时间复杂度为 $O(nk)$。因为通常 $k\ll n$，$m_c\ll n$，所以 CABOSFV 的计算时间复杂度接近线性。

3.3 算法示例

以客户订购产品的情况为例，给出二值属性高维稀疏数据聚类问题描述及基于数值例子的详细聚类过程，并进一步给出聚类结果和分析。

3.3.1 聚类过程

设有 15 个客户对象，客户序号记为O_i，$i \in \{1,2,\cdots,15\}$，描述每个客户的属性有 48 个，即该客户对 48 种产品的订购情况，产品序号记为A_j，$j \in \{1,2,\cdots,48\}$，客户订购产品的情况如表 3-3 所示。现在需要根据这 15 个客户对 48 种产品订购的相似情况进行客户的聚类，这是一个 15 个对象 48 个属性维的聚类问题。

表 3-3　15 个客户对 48 种产品的订购情况

客户对象序号	订购产品序号
1	1, 3, 4, 5, 6, 7, 8, 10, 11, 12, 22, 23, 25, 26, 34, 35, 36, 37, 43
2	1, 3, 4, 5, 6, 7, 8, 10, 11, 12, 20, 21, 22, 26, 28, 35, 39
3	1, 3, 6, 7, 22, 24
4	1, 3, 4, 6, 7, 8, 10, 22, 24, 26, 29, 35, 42
5	1, 3, 4, 5, 6, 8, 10, 11, 15, 22, 23, 26, 28
6	1, 8, 22, 23
7	1, 3, 4, 6, 7, 8, 10, 11, 22, 26
8	1, 3, 4, 5, 6, 8, 10, 17, 18, 22, 23, 28
9	1, 3, 4, 5, 8, 22, 26, 28, 29
10	1, 3, 4, 6, 7, 8, 10, 11, 12, 14, 16, 17, 22, 23, 24, 26, 28, 29, 30, 35, 47
11	1, 3, 4, 5, 6, 8, 10, 16, 18, 20, 23, 28, 29, 34, 48
12	1, 3, 4, 5, 6, 7, 8, 10, 11, 13, 22, 28, 41, 45
13	1, 3, 4, 5, 6, 7, 8, 10, 11, 16, 19, 22, 26, 28, 29, 30, 35, 36, 37, 43, 44, 45
14	1, 2, 3, 4, 5, 8, 22, 23, 24, 26, 27, 28, 39
15	1, 3, 4, 5, 6, 8, 10, 11, 22, 26, 28

针对上述问题，应用 CABOSFV 进行聚类。设一个类内对象集合的稀疏差异度上限b=0.5，则 CABOSFV 处理步骤如下。

步骤 1：由每一个客户建立一个集合，分别记为$X_i^{(0)}$，$i \in \{1,2,\cdots,15\}$。

步骤 2：如果将$X_1^{(0)}$和$X_2^{(0)}$合并，则可根据定理 3-1 计算得到集合$X_1^{(0)} \cup X_2^{(0)}$中客户 1 和客户 2 都订购的产品序号集合$S = \{1,3,4,5,6,7,8,10,11,12,22,26,35\}$及客户 1 和客户 2 订购情况不全相同的产品序号集合$\text{NS} = \{20,21,23,25,28,34,36,37,39,43\}$，从而，集合$X_1^{(0)} \cup X_2^{(0)}$的稀疏差异度$\text{SFD}(X_1^{(0)} \cup X_2^{(0)})$为

$$\mathrm{SFD}(X_1^{(0)} \cup X_2^{(0)}) = \frac{|\mathrm{NS}|}{N \times |S|} = \frac{10}{2 \times 13} = 0.385$$

合并后集合的稀疏差异度不大于一个类内对象集合的稀疏差异度上限 0.5，因此将 $X_1^{(0)}$ 和 $X_2^{(0)}$ 合并到一个集合，作为一个类，记为 $X_1^{(1)}$，此时类的个数 k 为 1。

步骤 3：针对集合 $X_3^{(0)}$，如果将 $X_3^{(0)}$ 和 $X_1^{(1)}$ 合并，那么合并后的集合中客户 1、客户 2 和客户 3 都订购的产品序号集合 $S=\{1,3,6,7,22\}$；客户 1、客户 2 和客户 3 订购情况不全相同的产品序号集合 NS={4, 5, 8, 10, 11, 12, 20, 21, 23, 24, 25, 26, 28, 34, 35, 36, 37, 39, 43}，相应的稀疏差异度为

$$\mathrm{SFD}(X_3^{(0)} \cup X_1^{(1)}) = \frac{|\mathrm{NS}|}{N \times |S|} = \frac{19}{3 \times 5} = 1.267$$

$X_3^{(0)}$ 和 $X_1^{(1)}$ 合并后的稀疏差异度大于一个类内对象集合的稀疏差异度上限 0.5，所以将 $X_3^{(0)}$ 作为一个新的类，记为 $X_2^{(1)}$，类的个数 k 变为 2。

步骤 4：针对集合 $X_4^{(0)}$，计算 $\mathrm{SFD}(X_4^{(0)} \cup X_c^{(1)})$，$c \in \{1,2,\cdots,k\}$，寻找 i_0，使得

$$\mathrm{SFD}(X_4^{(0)} \cup X_{i_0}^{(1)}) = \min_{c \in \{1,2,\cdots,k\}} \mathrm{SFD}(X_4^{(0)} \cup X_c^{(1)})$$

如果 $\mathrm{SFD}(X_4^{(0)} \cup X_{i_0}^{(1)})$ 不大于一个类内对象集合的稀疏差异度上限 0.5，那么将 $X_4^{(0)}$ 和 $X_{i_0}^{(1)}$ 合并到一个集合，作为更新后的类，仍然记为 $X_{i_0}^{(1)}$；如果 $\mathrm{SFD}(X_4^{(0)} \cup X_{i_0}^{(1)})$ 大于一个类内对象集合的稀疏差异度上限 0.5，那么将 $X_4^{(0)}$ 作为一个新的类，记为 $X_{k+1}^{(1)}$，且 $k=k+1$。对于 $X_i^{(0)}$，$i \in \{5,6,\cdots,15\}$，依次进行类似操作，直到得到最后的类。

3.3.2 聚类结果及分析

针对上述 CABOSFV 聚类过程得到的聚类结果如表 3-4 所示。在形成的类中，类 $X_2^{(1)}$、$X_4^{(1)}$、$X_6^{(1)}$、$X_7^{(1)}$、$X_8^{(1)}$ 都仅包含一个客户，为孤立对象类，从形成的类中除去。由 CABOSFV 得到的最终聚类结果为 $X_1^{(1)}$、$X_3^{(1)}$、$X_5^{(1)}$ 3 个类，包含的客户分别为{1, 2, 5, 12}、{4, 7, 10}和{8, 9, 15}。

表 3-4　应用 CABOSFV 形成的类

类	客户	客户数	订购相同的产品序号	订购不同的产品序号	SFD
$X_1^{(1)}$	1, 2, 5, 12	4	1, 3, 4, 5, 6, 8, 10, 11, 22	7, 12, 13, 15, 20, 21, 23, 25, 26, 28, 34, 35, 36, 37, 39, 41, 43, 45	0.5000

续表

类	客户	客户数	订购相同的产品序号	订购不同的产品序号	SFD
$X_2^{(1)}$	3	1	1, 3, 6, 7, 22, 24	—	0
$X_3^{(1)}$	4, 7, 10	3	1, 3, 4, 6, 7, 8, 10, 22, 26	11, 12, 14, 16, 17, 23, 24, 28, 29, 30, 35, 42, 47	0.4815
$X_4^{(1)}$	6	1	1, 8, 22, 23	—	0
$X_5^{(1)}$	8, 9, 15	3	1, 3, 4, 5, 8, 22, 28	6, 10, 17, 18, 23, 26, 29	0.3810
$X_6^{(1)}$	11	1	1, 3, 4, 5, 6, 8, 10, 16, 18, 20, 23, 28, 29, 34, 48	—	0
$X_7^{(1)}$	13	1	1, 3, 4, 5, 6, 7, 8, 10, 11, 16, 19, 22, 26, 28, 29, 30, 35, 36, 37, 43, 44, 45	—	0
$X_8^{(1)}$	14	1	1, 2, 3, 4, 5, 8, 22, 23, 24, 26, 27, 28, 39	—	0

从该例及相关分析可以看出，CABOSFV 具有如下优点。

(1) 适用于求解高维数据聚类问题。在本例中的属性维数为 48 维，在实验中曾测试到上千维，算法的应用不受影响。

(2) 算法对聚类的形状、大小、数目和密度等没有特定要求，聚类结果不受异常值的影响，能够排除孤立对象。在本例中，序号为 3、6、11、13、14 的客户为孤立客户，分别归入孤立类 $X_2^{(1)}$ 、$X_4^{(1)}$ 、$X_6^{(1)}$ 、$X_7^{(1)}$ 、$X_8^{(1)}$ 中，对最终的聚类结果不产生影响。

(3) 计算过程简单，复杂度低，效率高。

另外，根据 CABOSFV 的聚类结果可以给出非常简洁明确的类特征描述。由于在数据挖掘之前对象类的划分是预先未知的，各个类的特征也是预先未知的，所以在聚类完成之后需要对聚类的结果进行合理的解释。在属性维数比较高的情况下如何表达聚类的结果是聚类问题研究的一个难点。CABOSFV 能够非常好地解决该问题，并可以用于基于抽样的大规模高维数据聚类，关于 CABOSFV 聚类结果的解释及类的特征描述将在本书 8.1.3 节进行详细讨论。

3.4 本章要点

本章以二值属性高维稀疏数据聚类为基础，阐述了高维稀疏数据聚类原理，给出了 CABOSFV，用于求解二值属性高维稀疏数据聚类问题，是高维稀疏数据聚类的基础算法。以客户订购产品情况为例，给出了二值属性高维稀疏数据聚类过程、聚类结果及分析。

(1) 针对二值属性高维稀疏数据聚类问题，给出针对集合的差异度计算方法，称为集合的稀疏差异度。集合的稀疏差异度反映一个集合内所有高维稀疏数据对象间的总体差异程度，不需要计算两两对象之间的距离。

(2) 通过定义稀疏特征向量来描述一个高维稀疏数据对象集合，对高维稀疏数据进行有效压缩精简，不必保存该集合中所有对象的信息，却保留了压缩精简前高维稀疏数据对象的全部聚类相关信息，包括稀疏特征差异度，因此不会降低聚类的质量，减小了算法需要处理的数据规模。

(3) 在两个数据对象集合合并时稀疏特征向量具有可加性，可以方便地进行稀疏特征向量的计算，得到新的集合内所有对象稀疏特征的总体差异程度。对于一个高维稀疏数据对象集合，虽然只需保留其稀疏特征向量，但是并不影响集合的归并及集合的稀疏差异度的计算，聚类效率得到提高，同时聚类的质量不受影响。

(4) CABOSFV 的聚类过程可以用一个自底向上的两层结构来描述，下层为待聚类的 n 个对象，上层为最后生成的 k 个类。只进行一次数据扫描，基于稀疏特征向量及其可加性同时完成类的创建生成和所有对象到类的分配，得到聚类的最终结果，计算复杂度接近线性，聚类结果不受异常值的影响，能够排除孤立对象。

第 4 章　分类属性高维稀疏数据聚类

二值属性高维稀疏数据聚类原理在不同类型数据的拓展推广形成了系列高维稀疏数据聚类算法。本章将详细给出其在分类属性高维稀疏数据聚类的拓展推广，包括基于稀疏特征向量的聚类、基于集合差异度的聚类、拓展稀疏差异度聚类、稀疏性指数排序聚类、不干涉序列加权排序聚类、基于位集的聚类等系列分类属性高维稀疏数据聚类算法。

4.1　基于稀疏特征向量的聚类

本节针对分类属性高维数据给出 CABOSFV_C 聚类算法[57]。该算法定义分类属性数据对象集合的稀疏特征差异度直接用于度量一个集合内所有对象间的总体差异程度，并在不损失聚类相关信息的前提下，利用“分类属性数据对象集合的稀疏特征向量”对数据进行有效压缩精简，采用数据压缩精简和一次数据扫描策略，算法计算复杂度低，并能有效地处理异常值。需要强调的是，CABOSFV_C 不仅适用于分类属性高维稀疏数据，也适用于非稀疏的分类属性高维数据，最后通过两个数值例子说明这一点以及算法的其他显著特点。

4.1.1　概念基础

定义 4-1 (分类属性数据对象集合的稀疏差异度)：假设有 n 个对象，描述每个对象的属性是 $m(a)$ 个分类属性 $a_1,a_2,\cdots,a_{m(a)}$，每个属性 $a_p,p=1,2,\cdots,m(a)$ 有 l_p 个不同的值；$l_1+l_2+\cdots+l_{m(a)}=m(v)$，即总共有 $m(v)$ 个不同的属性值，表示为 $v_1,v_2,\cdots,v_{m(v)}$；X 为其中的一个对象子集，其中的对象个数记为 $|X|$，$S^v(X)$ 是该对象子集中所有对象取值都相同的属性值的集合 $\{v_{s_1},v_{s_2},\cdots,v_{s_a}\}$，$\mathrm{NS}^v(X)$ 是该对象子集中所有对象取值不全相同的属性值的集合 $\{v_{\mathrm{ns}_1},v_{\mathrm{ns}_2},\cdots,v_{\mathrm{ns}_e}\}$，则分类属性数据对象集合 X 的稀疏差异度(sparse feature dissimilarity for a categorical data set，SFD_C)定义为

$$\mathrm{SFD\_C}(X)=\frac{\left|\mathrm{NS}^{v}(X)\right|}{|X|\times|S^{v}(X)|} \tag{4-1}$$

SFD_C(X) 表示集合中所有对象的差异度。SFD_C(X) 越小，表示集合中的对象越相似；SFD_C(X) 越大，表示集合中的对象越不相似。

实际上，分类属性数据对象集合的稀疏差异度 SFD_C 是 CABOSFV 高维稀疏数据聚类算法中定义的二值属性数据对象集合的稀疏差异度的拓展，而二值属性数据对象集合的稀疏差异度是分类属性数据对象集合的稀疏差异度 SFD_C 的一个特例，即每个分类属性都有两个不同的值，并且这两个不同的值属于二值属性取值为不对称的情况。根据 SFD_C 的定义，当每个属性 $a_p, p=1,2,\cdots,m(a)$ 的属性值的个数 $l_p=2$ 且二值属性取值为不对称的情况时，SFD_C 转化为二值属性数据对象集合的稀疏差异度。

CABOSFV_C 通过分类属性数据对象集合的稀疏特征向量对数据进行有效的压缩精简，该特征向量包含四个分量，涵盖了在 CABOSFV_C 聚类过程中需要的全部信息。

定义 4-2 (分类属性数据对象集合的稀疏特征向量)：假设有 n 个对象，描述每个对象的属性是 $m(a)$ 个分类属性 $a_1,a_2,\cdots,a_{m(a)}$，每个属性 $a_p, p=1,2,\cdots,m(a)$ 有 l_p 个不同的值；$l_1+l_2+\cdots+l_{m(a)}=m(v)$，即总共有 $m(v)$ 个不同的属性值，表示为 $v_1,v_2,\cdots,v_{m(v)}$；X 为其中的一个对象子集，其中的对象个数记为 $\left|X\right|$，$S^{v}(X)$ 是该对象子集中所有对象取值都相同的属性值的集合 $\{v_{s_1}, v_{s_2},\cdots,v_{s_a}\}$，$\mathrm{NS}^{v}(X)$ 是该对象子集中所有对象取值不全相同的属性值的集合 $\{v_{\mathrm{ns}_1},v_{\mathrm{ns}_2},\cdots,v_{\mathrm{ns}_e}\}$，则分类属性数据对象集合 X 的稀疏特征向量(sparse feature vector for a categorical data set，SFV_C)定义为

$$\mathrm{SFV\_C}(X)=(\left|X\right|,S^{v}(X),\mathrm{NS}^{v}(X),\mathrm{SFD\_C}(X)) \tag{4-2}$$

其中，$\left|X\right|$ 为集合 X 中对象的个数；$S^{v}(X)$ 为该对象子集 X 中所有对象取值都相同的属性值的集合 $\{v_{s_1},v_{s_2},\cdots,v_{s_a}\}$；$\mathrm{NS}^{v}(X)$ 为该对象子集 X 中所有对象取值不全相同的属性值的集合 $\{v_{\mathrm{ns}_1},v_{\mathrm{ns}_2},\cdots,v_{\mathrm{ns}_e}\}$；$\mathrm{SFD\_C}(X)=|\mathrm{NS}^{v}(X)|/(|X|\times|S^{v}(X)|)$ 为集合 X 的稀疏差异度。

当集合 X 中只包含一个对象时，对象的个数 $\left|X\right|$ 为 1，该唯一对象的属性值的集合为 $S^{v}(X)$，取值不全相同的属性值的集合 $\mathrm{NS}^{v}(X)$ 为空集 $\varnothing$，稀疏差异度 SFD_C(X) 为 0，那么稀疏特征向量 $\mathrm{SFV\_C}(X)=\{1,S^{v}(X),\varnothing,0\}$。

分类属性数据对象集合的稀疏特征向量概括了一个对象集合内所有对象聚类

相关的全部信息，也包含该对象集合内所有对象间的总体差异程度。这样，对于一个对象集合，只需存储其稀疏特征向量就可以描述该集合的情况，而不必保存该集合中所有对象的信息。稀疏特征向量不仅减少了数据量，存储的信息比集合中所有对象的信息要少得多，而且在两个集合合并时稀疏特征向量具有可加性，新集合的 SFV_C 可直接由原两个集合的稀疏特征向量计算得到。

$$\begin{aligned}&\mathrm{SFV\_C}(X\cup Y)\\&=\mathrm{SFV\_C}(X)+\mathrm{SFV\_C}(Y)\\&=(N,S^{v}(X\cup Y),\mathrm{NS}^{v}(X\cup Y),\mathrm{SFD\_C}(X\cup Y))\end{aligned}\tag{4-3}$$

其中，

$$N=|X|+|Y|$$

$$S^{v}(X\cup Y)=S^{v}(X)\cap S^{v}(Y)$$

$$\mathrm{NS}^{v}(X\cup Y)=(\mathrm{NS}^{v}(X)\cup \mathrm{NS}^{v}(Y)\cup S^{v}(X)\cup S^{v}(Y))\setminus(S^{v}(X)\cap S^{v}(Y))$$

$$\mathrm{SFD\_C}(X\cup Y)=\frac{|\mathrm{NS}^{v}(X\cup Y)|}{N\times|S^{v}(X\cup Y)|}$$

4.1.2 算法步骤

在 CABOSFV_C 聚类过程中，每个对象最初被视为只包含一个对象的特殊集合。对于每一个类或集合，无论它包含一个或多个对象，在聚类过程中保存的最重要和唯一的信息是分类属性数据对象集合的稀疏特征向量。

假设有 n 个对象，描述每个对象的属性是 $m(a)$ 个分类属性 $a_1,a_2,\cdots,a_{m(a)}$，每个属性 $a_p, p=1,2,\cdots,m(a)$ 有 l_p 个不同的值。$l_1+l_2+\cdots+l_{m(a)}=m(v)$，即总共有 $m(v)$ 个不同的属性值，表示为 $v_1,v_2,\cdots,v_{m(v)}$，一个类内对象集合的稀疏差异度上限为 b，那么 CABOSFV_C 处理步骤如下。

输入：n 个对象，每个对象由 $m(a)$ 个分类属性数据描述为 $a_1,a_2,\cdots,a_{m(a)}$，所有对象总共有 $m(v)$ 个不同的属性值 $v_1,v_2,\cdots,v_{m(v)}$；类内对象集合的稀疏差异度上限为 b。

输出：由 CABOSFV_C 聚成的 k 个类。

步骤 1：由每一个对象建立一个集合，分别记为 $X_i^{(0)}$，$i\in\{1,2,\cdots,n\}$，分类属性数据对象集合的稀疏特征向量为

$$\mathrm{SFV\_C}(X_i^{(0)})=\{1,S^{v}(X_i^{(0)}),\varnothing,0\},\quad i\in\{1,2,\cdots,n\}$$

步骤 2：根据稀疏特征向量的可加性，计算

$$\mathrm{SFV\_C}(X_1^{(0)}\cup X_2^{(0)})=\mathrm{SFV\_C}(X_1^{(0)})+\mathrm{SFV\_C}(X_2^{(0)})$$

如果合并后集合的稀疏差异度 $\text{SFD\_C}(X_1^{(0)} \cup X_2^{(0)})$ 不大于类内对象集合的稀疏差异度上限 b，那么将 $X_1^{(0)}$ 和 $X_2^{(0)}$ 合并到一个集合，作为一个类，记为 $X_1^{(1)}$，将类的个数记为 $k=1$；如果合并后集合的稀疏差异度 $\text{SFD\_C}(X_1^{(0)} \cup X_2^{(0)})$ 大于类内对象集合的稀疏差异度上限 b，那么将 $X_1^{(0)}$ 和 $X_2^{(0)}$ 分别作为一个类，并记为 $X_1^{(1)}$ 和 $X_2^{(1)}$，将类的个数记为 $k=2$。

步骤 3：针对集合 $X_3^{(0)}$，计算

$$\text{SFV\_C}(X_3^{(0)} \cup X_c^{(1)}) = \text{SFV\_C}(X_3^{(0)}) + \text{SFV\_C}(X_c^{(1)}), \quad c \in \{1,2,\cdots,k\}$$

寻找 c_0，使得

$$\text{SFD\_C}(X_3^{(0)} \cup X_{c_0}^{(1)}) = \min_{c\in\{1,2,\cdots,k\}} \text{SFD\_C}(X_3^{(0)} \cup X_c^{(1)})$$

如果合并后集合的稀疏差异度 $\text{SFD\_C}(X_3^{(0)} \cup X_{c_0}^{(1)})$ 不大于类内对象集合的稀疏差异度上限 b，那么将 $X_3^{(0)}$ 和 $X_{c_0}^{(1)}$ 合并到一个集合，作为更新后的类，仍然记为 $X_{c_0}^{(1)}$；如果合并后集合的稀疏差异度 $\text{SFD\_C}(X_3^{(0)} \cup X_{c_0}^{(1)})$ 大于类内对象集合的稀疏差异度上限 b，那么将 $X_3^{(0)}$ 作为一个新的类，记为 $X_{k+1}^{(1)}$，类的个数 $k=k+1$。

步骤 4：对 $X_i^{(0)}$，$i \in \{4,5,\cdots,n\}$，依次进行类似于步骤 3 的操作。

步骤 5：在最终形成的每一个类 $X_c^{(1)}$，$c \in \{1,2,\cdots,k\}$ 中，包含对象个数较少的类为孤立对象类，从最终形成的类中去除，余下的各类为最终聚类的结果。

从上面的步骤可知：聚类过程仅通过一次数据扫描就完成了。对于 n 个对象，描述对象的平均非稀疏属性数目为 m_c 个，如果由 CABOSFV_C 聚类得到类的个数为 k，则计算时间复杂度为 $O(nm_ck)$，通常 $k \ll n$，$m_c \ll n$。当算法通过位集运算实现时，计算时间复杂度与数据的维数无关，算法的计算时间复杂度为 $O(nk)$。CABOSFV_C 的计算时间复杂度接近线性。

4.1.3　分类属性数据聚类示例

分类属性数据如表 4-1 所示。对象个数 $n=12$，每个对象由 $m(a)=16$ 个分类属性描述，分别是 A，B，C，D，E，F，G，H，I，J，K，L，M，N，O，P。每个属性有 4 个属性值，所有对象总共有 $m(v)=64$ 个不同的属性值 $v_1,v_2,\cdots,v_{64}$，分别是 A_1，A_2，A_3，A_4，B_1，B_2，B_3，B_4，…，P_1，P_2，P_3，P_4。

表 4-1 分类属性数据

对象	A	B	C	D	E	F	G	H	I	J	K	L	M	N	O	P
1	A_1	B_3	C_2	D_1	E_2	F_3	G_3	H_4	I_1	J_2	K_2	L_4	M_3	N_1	O_3	P_1
2	A_2	B_2	C_1	D_3	E_1	F_4	G_2	H_3	I_2	J_3	K_1	L_2	M_4	N_3	O_2	P_2
3	A_1	B_2	C_1	D_3	E_1	F_4	G_2	H_3	I_2	J_3	K_1	L_2	M_4	N_3	O_2	P_2
4	A_3	B_1	C_3	D_4	E_3	F_2	G_1	H_2	I_3	J_1	K_4	L_1	M_3	N_1	O_4	P_4
5	A_1	B_3	C_2	D_1	E_2	F_3	G_4	H_3	I_1	J_2	K_2	L_4	M_3	N_2	O_3	P_1
6	A_1	B_3	C_2	D_1	E_2	F_3	G_4	H_3	I_1	J_2	K_2	L_4	M_1	N_2	O_3	P_1
7	A_1	B_3	C_2	D_1	E_2	F_3	G_3	H_4	I_1	J_2	K_2	L_4	M_3	N_1	O_3	P_2
8	A_4	B_4	C_3	D_2	E_4	F_1	G_2	H_1	I_4	J_4	K_3	L_3	M_2	N_4	O_1	P_3
9	A_2	B_3	C_4	D_1	E_1	F_2	G_3	H_4	I_1	J_2	K_2	L_1	M_1	N_1	O_4	P_4
10	A_4	B_1	C_3	D_2	E_4	F_1	G_2	H_1	I_3	J_4	K_3	L_3	M_2	N_4	O_1	P_3
11	A_4	B_1	C_3	D_2	E_4	F_1	G_2	H_1	I_3	J_4	K_3	L_3	M_2	N_4	O_1	P_2
12	A_4	B_1	C_3	D_2	E_4	F_1	G_2	H_1	I_3	J_4	K_3	L_3	M_2	N_4	O_1	P_1

假设聚类过程中分类属性数据对象集合的稀疏差异度 SFD_C 上限 b=0.5，通过 CABOSFV_C 对表 4-1 中的分类属性数据进行聚类，得到如表 4-2 所示的聚类结果。

表 4-2 分类属性数据由 CABOSFV_C 聚类得到的结果

类	对象	N	S^v	NS^v	SFD_C(X)
$X_1^{(1)}$	1, 5, 6, 7	4	$A_1, B_3, C_2, D_1, E_2, F_3, I_1, J_2, K_2, L_4, O_3$	$G_3, G_4, H_3, H_4, M_1, M_3, N_1, N_2, P_1, P_2$	0.227273
$X_2^{(1)}$	2, 3	2	$B_2, C_1, D_3, E_1, F_4, G_2, H_3, I_2, J_3, K_1, L_2, M_4, N_3, O_2, P_2$	A_1, A_2	0.066667
$X_3^{(1)}$	4	1	$A_3, B_1, C_3, D_4, E_3, F_2, G_1, H_2, I_3, J_1, K_4, L_1, M_3, N_1, O_4, P_4$	—	0
$X_4^{(1)}$	8, 10, 11, 12	4	$A_4, C_3, D_2, E_4, F_1, G_2, H_1, J_4, K_3, L_3, M_2, N_4, O_1$	$B_1, B_4, I_3, I_4, P_1, P_2, P_3$	0.134615
$X_5^{(1)}$	9	1	$A_2, B_3, C_4, D_1, E_1, F_2, G_3, H_4, I_1, J_2, K_2, L_1, M_1, N_1, O_4, P_4$	—	0

注：N、S^v、NS^v 和 SFD_C(X) 分别是分类属性数据对象集合的稀疏特征向量 SFV_C(X) 的四个分量。

从聚类结果可以看出，类 $X_3^{(1)}$ 中对象 4 和类 $X_5^{(1)}$ 中对象 9 是离群点，应该从最终的聚类结果中删除。在处理了异常值之后，总共有三个类，分别是 $X_1^{(1)}$={对象 1，对象 5，对象 6，对象 7}、$X_2^{(1)}$={对象 2，对象 3}和 $X_4^{(1)}$={对象 8，对象 10，对象 11，对象 12}。

4.1.4　分类属性稀疏数据聚类示例

分类属性稀疏数据如表 4-3 所示。对象个数$n=12$，每个对象由$m(a)=16$个分类属性描述，分别是 A，B，C，D，E，F，G，H，I，J，K，L，M，N，O，P。每个属性有不超过 4 个属性值，所有对象总共有$m(v)=52$个不同的属性值$v_1,v_2,\cdots,v_{52}$，分别是 A_1，A_3，A_4，B_1，B_2，B_3，C_1，C_2，C_3，D_1，D_2，D_3，D_4，E_1，E_3，E_4，F_1，F_2，G_1，G_2，G_3，H_1，H_2，H_3，…，P_2，P_4。

表 4-3　分类属性稀疏数据

对象	A	B	C	D	E	F	G	H	I	J	K	L	M	N	O	P
1	A_4	—	C_3	D_2	—	F_1	G_2	—	—	—	K_3	L_3	M_2	—	—	—
2	—	—	—	D_1	E_1	F_2	G_3	—	—	J_2	K_2	L_1	M_1	—	—	P_4
3	—	B_2	C_1	D_3	E_1	—	—	—	—	J_3	K_1	L_2	—	N_3	O_2	P_2
4	A_3	B_1	C_3	D_4	E_3	F_2	G_1	H_2	I_3	J_1	—	—	—	—	O_4	—
5	A_1	B_3	C_2	—	—	—	—	H_3	I_1	J_2	—	L_4	M_3	N_2	O_3	—
6	A_1	B_3	C_2	D_1	—	—	—	—	I_1	J_2	—	L_4	—	N_2	O_3	—
7	A_1	B_3	C_2	D_1	—	—	—	—	I_1	J_2	—	L_4	—	—	O_3	—
8	A_4	—	C_3	—	—	F_1	G_2	—	I_4	—	K_3	L_3	M_2	—	—	—
9	—	B_2	C_1	D_3	—	—	G_2	—	—	—	—	—	M_4	N_3	O_2	P_2
10	A_1	B_3	C_2	D_1	—	—	—	—	I_1	J_2	—	L_4	—	N_1	—	—
11	—	—	C_3	—	E_4	F_1	G_2	—	—	J_4	K_3	L_3	M_2	—	—	—
12	—	—	C_3	—	—	F_1	G_2	H_1	—	—	K_3	L_3	M_2	N_4	O_1	—

假设聚类过程中分类属性数据对象集合的稀疏差异度 SFD_C 上限$b=0.5$，通过 CABOSFV_C 对表 4-3 中的分类属性稀疏数据进行聚类，得到如表 4-4 所示的聚类结果。从聚类结果中可以看出，类 $X_2^{(1)}$ 中对象 2 和类 $X_4^{(1)}$ 中对象 4 是离群点，应该从最终的聚类结果中删除。在处理了异常值之后，总共有三个类，分别是 $X_1^{(1)}=\{$对象 1，对象 8，对象 11，对象 12$\}$、$X_3^{(1)}=\{$对象 3，对象 9$\}$和$X_5^{(1)}=\{$对象 5，对象 6，对象 7，对象 10$\}$。

表 4-4　分类属性稀疏数据由 CABOSFV_C 聚类得到的结果

类	对象	N	S^v	NS^v	SFD_C(X)
$X_1^{(1)}$	1, 8,11, 12	4	$C_3, F_1, G_2, K_3, L_3, M_2$	$A_4, D_2, E_4, H_1, I_4, J_4, N_4, O_1$	0.333333

续表

类	对象	N	S^v	NS^v	SFD_C(X)
$X_2^{(1)}$	2	1	$D_1, E_1, F_2, G_3, J_2, K_2, L_1, M_1, P_4$	—	0
$X_3^{(1)}$	3, 9	2	$B_2, C_1, D_3, N_3, O_2, P_2$	$E_1, G_2, J_3, K_1, L_2, M_4$	0.500000
$X_4^{(1)}$	4	1	$A_3, B_1, C_3, D_4, E_3, F_2, G_1, H_2, I_3, J_1, O_4$	—	0
$X_5^{(1)}$	5, 6, 7, 10	4	$A_1, B_3, C_2, I_1, J_2, L_4$	$D_1, H_3, M_3, N_1, N_2, O_3$	0.250000

注：N 、S^v 、NS^v 和 SFD_C(X) 分别是分类属性数据对象集合的稀疏特征向量 SFV_C(X) 的四个分量。

为了简洁地说明聚类过程，数值例子仅给出了少量的对象，描述每个对象的维数也仅是十几维。在现实世界的数据中，可能有数百万甚至更多的对象，每个对象可能由数十个、成百上千或更多的维来进行描述。

针对分类属性高维数据给出的 CABOSFV_C 聚类算法，通过定义分类属性数据对象集合的稀疏特征差异度和分类属性数据对象集合的稀疏特征向量，可以直接度量一个集合内所有对象间的总体差异程度，并对数据进行有效压缩精简而不丢失聚类过程中需要的信息，并通过一次扫描即可得到聚类结果，算法的时间复杂度几乎是线性的，这使得它能够有效地处理大规模数据集。该算法可用于对分类属性稀疏数据和一般分类属性数据进行聚类，并能有效地处理异常值，通过两个数值算例说明了这一点。

4.2 基于集合差异度的聚类

针对分类属性高维数据给出 CABOSD[58]，通过定义的集合差异度和集合精简表示，直接进行一个集合内所有对象总体差异程度的计算，而不必计算两两对象间的距离，并且在不影响计算精确度的情况下对分类属性高维数据进行高度压缩精简，只需一次数据扫描即得到聚类结果，算法计算时间复杂度接近线性。

4.2.1 概念基础

定义 4-3（分类属性数据的集合差异度）：在数据表 $\langle X,A,V,f\rangle$ 中，$X=\{x_1,x_2,\cdots,x_n\}$ 为对象集合；$A=\{a_1,a_2,\cdots,a_m\}$ 为描述对象的分类属性集合；$V=\bigcup_{a\in A}V_a$ 为属性值集，V_a 为属性 a 的值域；f 是函数，即对于 $\forall x_i\in X$，$\forall a_l\in A$，有 $a_l(x_i)=f(x_i,a_l)\in V_{a_l}$，$i=1,2,\cdots,n$，$l=1,2,\cdots,m$。对于 X 的子集 Y，$|Y|$ 为集合 Y 中包含的对象数目，$\mathrm{EA}(Y)=\{a_l\mid\forall_{x_i\in Y,x_j\in Y}a_l(x_i)=a_l(x_j)\}$ 为 Y 中所有对象取值都相同的属性的集合，则 Y 集合内所有对象间的集合差异度，简

称集合差异度，定义为

$$\mathrm{SD}(Y)=(m-|\mathrm{EA}(Y)|)/(\sqrt{|Y|}\times|\mathrm{EA}(Y)|) \tag{4-4}$$

集合差异度 $\mathrm{SD}(Y)$ 反映了 Y 集合内所有对象间的总体差异程度。$\mathrm{SD}(Y)$ 越小，表明 Y 集合内对象间越相似；$\mathrm{SD}(Y)$ 越大，表明 Y 集合内对象间越不相似。

定义 4-4(分类属性数据的集合精简表示)：在数据表 $\langle X,A,V,f\rangle$ 中，$X=\{x_1,x_2,\cdots,x_n\}$ 为对象集合；$A=\{a_1,a_2,\cdots,a_m\}$ 为描述对象的分类属性集合；$V=\bigcup_{a\in A}V_a$ 为属性值集，V_a 为属性 a 的值域；f 是函数，即对于 $\forall x_i\in X$，$\forall a_l\in A$，有 $a_l(x_i)=f(x_i,a_l)\in V_{a_l}$，$i=1,2,\cdots,n$，$l=1,2,\cdots,m$。对于 X 的子集 Y，$|Y|$ 为集合 Y 中包含的对象数目，$\mathrm{EA}(Y)=\{a_l\mid\forall_{x_i\in Y,x_j\in Y}a_l(x_i)=a_l(x_j)\}$ 为 Y 中所有对象取值都相同的属性的集合，$\mathrm{EAV}(Y)=\{(l,a_l(x_i))\mid a_l\in\mathrm{EA}(Y)\},\forall x_i\in Y$ 为 Y 中所有对象取值都相同的属性对应的(属性序号，属性值)二元组的集合，$\mathrm{SD}(Y)$ 为集合差异度，则 Y 集合内所有对象聚类相关信息的集合精简表示向量，简称集合精简表示，定义为

$$\mathrm{SR}(Y)=(|Y|,\mathrm{EAV}(Y),\mathrm{SD}(Y)) \tag{4-5}$$

特别地，当 Y 集合中只包含一个对象，即 $|Y|=1$ 时，不妨记 $Y=\{y\}$，则 $\mathrm{SR}(\{y\})=(1,\{(1,a_1(y)),(2,a_2(y)),\cdots,(m,a_m(y))\},0)$。

根据集合差异度和集合精简表示的定义，易知下述两个定理成立。

定理 4-1：在数据表 $\langle X,A,V,f\rangle$ 中，对于 X 的子集 Y，$|\mathrm{EA}(Y)|=|\mathrm{EAV}(Y)|$。

根据定理 4-1，Y 中所有对象取值相同的属性数目与 Y 中所有对象取值相同的属性对应的(属性序号、属性值)二元组的数目是一致的，因此集合差异度也可以通过下式计算：

$$\mathrm{SD}(Y)=(m-|\mathrm{EAV}(Y)|)/(\sqrt{|Y|}\times|\mathrm{EAV}(Y)|)$$

在计算集合差异度的上式中，由于属性数目 m 是已知常数，$|Y|$ 和 $\mathrm{EAV}(Y)$ 是包含在集合精简表示中的前两个分量，所以集合精简表示概括了一个对象集合内计算集合差异度所需的全部对象信息。CABOSD 在聚类过程中只存储集合精简表示，而不存储该集合中所有对象的信息。这使得在处理大数据集时数据处理量大规模减少。

定理 4-2：在数据表 $\langle X,A,V,f\rangle$ 中，对于 X 的子集 Y_1 和 Y_2，并且 $Y_1\cap Y_2=\varnothing$，有

$$\mathrm{SR}(Y_1\cup Y_2)=(|Y_1\cup Y_2|,\mathrm{EAV}(Y_1\cup Y_2),\mathrm{SD}(Y_1\cup Y_2))$$

其中，

$$|Y_1 \cup Y_2| = |Y_1| + |Y_2|$$

$$\mathrm{EAV}(Y_1 \cup Y_2) = \mathrm{EAV}(Y_1) \cap \mathrm{EAV}(Y_2)$$

$$\mathrm{SD}(Y_1 \cup Y_2) = (m - |\mathrm{EAV}(Y_1) \cap \mathrm{EAV}(Y_2)|) / (\sqrt{|Y_1| + |Y_2|} \times |\mathrm{EAV}(Y_1) \cap \mathrm{EAV}(Y_2)|)$$

定理 4-2 表明，当两个不相交的对象集合进行合并时，可以根据集合精简表示方便地计算合并后的集合差异度，因此集合精简表示不仅可以在处理大数据集时大规模降低数据存储量和计算量，同时可以保证在集合进行合并时集合差异度计算的精确性，并且只需一次数据扫描就能完成聚类。

4.2.2 算法步骤

CABOSD 采用自底向上的聚结型聚类，但与一般聚结型聚类算法的多层结构不同，CABOSD 只有底层和顶层，没有中间层。底层将每个对象作为一个类，顶层为最终聚成的类。在一次数据扫描过程中，直接完成顶层新类的创建及底层对象到顶层类的归并，得到聚类结果。是否创建新类取决于预先指定的集合差异度上限 b。如果将当前扫描到的对象并入任何一个已经创建的类都会使得并入后的集合差异度大于集合差异度上限 b，则创建一个新类，仅包含当前扫描到的对象；否则，将当前对象并入使得并入后集合差异度最小的类中。对于每一个已经创建的类，仅保留集合精简表示，而不必保留每个对象的信息。算法具体步骤如下所述。

输入：数据表 $\langle X,A,V,f\rangle$ ($|X|=n$ 为对象数目)；集合差异度上限 b。

输出：由 CABOSD 聚成的 k 个类。

步骤 1：由第 1 个对象建立一个集合，并将其视为第 1 个类 $C_1=\{x_1\}$。

步骤 2：计算 $\mathrm{SR}(C_1 \cup \{x_2\})$。如果 $\mathrm{SD}(C_1 \cup \{x_2\}) \leqslant b$，那么将第 2 个对象并入第 1 个类中，$C_1=\{x_1,x_2\}$，类的数目 $k=1$；否则，创建新类 $C_2=\{x_2\}$，类的数目 $k=2$。

步骤 3：$i=3$。

步骤 4：$t_0=1$，$t=2$，计算 $\mathrm{SR}(C_{t_0} \cup \{x_i\})$。

步骤 5：计算 $\mathrm{SR}(C_t \cup \{x_i\})$。

步骤 6：如果 $\mathrm{SD}(C_t \cup \{x_i\}) \leqslant \mathrm{SD}(C_{t_0} \cup \{x_i\})$，则 $t_0=t$。

步骤 7：如果 $t<k$，那么 $t=t+1$，转步骤 5。

步骤 8：如果 $\mathrm{SD}(C_{t_0} \cup \{x_i\}) \leqslant b$，那么将第 i 个对象并入第 t_0 个类中，$C_{t_0}=C_{t_0} \cup \{x_i\}$；否则，创建新类 $C_{k+1}=\{x_i\}$，类的数目 $k=k+1$。

步骤 9：如果 $i<n$，那么 $i=i+1$，转步骤 4。

步骤 10：输出 $C_t, t=1,2,\cdots,k$ 为最终聚类结果。

从上述计算步骤可知：CABOSD 对n个对象仅需一次数据扫描，扫描到的每个对象至多与k个类进行并入后集合精简表示的计算以完成聚类过程，描述类的平均相同属性数目为m_c，算法的计算时间复杂度是$O(nm_ck)$。在实际数据挖掘应用中，一般k和m_c都远小于n，可以认为 CABOSD 的计算时间复杂度是接近线性的。

该算法定义的集合差异度反映了一个集合内所有对象间的总体差异程度。在数据扫描的过程中，算法总是将扫描到的当前对象并入满足阈值的要求且使得并入后集合差异度最小的类中，使得每个集合内的所有对象间的总体差异程度尽可能小，即每个集合内的所有对象间尽可能相似，从而达到聚类的目的。

4.2.3 算法示例

采用 UCI 中的 soybean_small 数据集进行 CABOSD 检验。soybean_small 数据集广泛用于聚类算法的有效性检验，其中，共有 47 个对象、35 个属性，各属性的值都统一用从“0”开始的数字符号表示，有 14 个属性在各对象中取值都相同。所有对象分为 4 个类，每一类对应一种大豆作物病害。

将该数据集中的 47 个对象随机排序，在仅考虑各对象取值不全相同的 21 个属性的情况下，聚类结果见表 4-5，与 soybean_small 数据集中类的归属完全一致。

表 4-5　应用 CABOSD 进行聚类的结果($b = 0.450$)

聚类结果	集合精简表示		
	$\|Y\|$	EAV(Y)	SD(Y)
$C_1=\{x_8, x_9, x_3, x_6, x_5, x_2, x_1, x_4, x_7, x_{10}\}$	10	{(2,0), (3,2), (4,1), (12,1), (21,3), (23,1), (24,1), (25,0), (26,0), (27,0), (28,0), (35,0)}	0.237
$C_2=\{x_{18}, x_{13}, x_{20}, x_{12}, x_{17}, x_{14}, x_{11}, x_{15}, x_{16}, x_{19}\}$	10	{(2,0), (3,0), (8,1), (12,1), (21,0), (22,3), (23,0), (24,0), (25,0), (26,2), (27,1), (28,0), (35,0)}	0.195
$C_3=\{x_{22}, x_{29}, x_{25}, x_{27}, x_{28}, x_{23}, x_{21}, x_{30}, x_{24}, x_{26}\}$	10	{(3,2), (4,0), (7,1), (21,1), (22,1), (23,0), (24,1), (26,0), (27,0), (28,3)}	0.348
$C_4=\{x_{36}, x_{47}, x_{33}, x_{41}, x_{43}, x_{37}, x_{45}, x_{38}, x_{46}, x_{32}, x_{39}, x_{40}, x_{31}, x_{34}, x_{35}, x_{42}, x_{44}\}$	17	{(2,1), (12,1), (22,2), (23,0), (25,0), (26,0), (27,0), (28,3), (35,1)}	0.323

为具体说明 CABOSD 的特点，表 4-6 和表 4-7 进一步针对随机排序后的前 6 个对象给出了完整数据表及聚类过程。

表 4-6　随机排序的前 6 个数据对象

序号	对象	a_1	a_2	a_3	a_4	a_5	a_6	a_7	a_8	a_9	a_{10}	a_{12}	a_{20}	a_{21}	a_{22}	a_{23}	a_{24}	a_{25}	a_{26}	a_{27}	a_{28}	a_{35}
1	x_8	3	0	2	1	0	1	0	2	1	2	1	0	3	0	1	1	0	0	0	0	0
2	x_{18}	5	0	0	2	1	2	2	1	0	2	1	1	0	3	0	0	0	2	1	0	0
3	x_{22}	2	1	2	0	0	3	1	2	0	1	0	0	1	1	0	1	0	0	0	3	0
4	x_{36}	1	1	2	1	0	0	1	2	1	1	1	0	2	2	0	0	0	0	0	3	1
5	x_{47}	0	1	2	1	0	3	1	1	0	2	1	0	1	2	0	0	0	0	0	3	1
6	x_9	6	0	2	1	0	3	0	1	1	1	1	0	3	1	1	1	0	0	0	0	0

表 4-7　应用 CABOSD 进行聚类的过程($b=0.450$)

序号	对象	Y	$\|Y\|$	$\|\mathrm{EAV}(Y)\|$	$\mathrm{SD}(Y)=\dfrac{21-\|\mathrm{EAV}(Y)\|}{\sqrt{\|Y\|\times\|\mathrm{EAV}(Y)\|}}$	新类的创建及对象到类的归并
1	x_8	$\{x_8\}$	—	—	—	新类 $C_1=\{x_8\}$
2	x_{18}	$C_1\cup\{x_{18}\}$	2	6	$1.768>b$ (*)	新类 $C_2=\{x_{18}\}$
3	x_{22}	$C_1\cup\{x_{22}\}$	2	9	$0.943>b$ (*)	新类 $C_3=\{x_{22}\}$
		$C_2\cup\{x_{22}\}$	2	4	3.005	—
4	x_{36}	$C_1\cup\{x_{36}\}$	2	10	0.778	新类 $C_4=\{x_{36}\}$
		$C_2\cup\{x_{36}\}$	2	4	3.005	—
		$C_3\cup\{x_{36}\}$	2	12	$0.530>b$ (*)	
5	x_{47}	$C_1\cup\{x_{47}\}$	2	9	0.943	—
		$C_2\cup\{x_{47}\}$	2	7	1.414	—
		$C_3\cup\{x_{47}\}$	2	13	0.435	—
		$C_4\cup\{x_{47}\}$	2	15	$0.283\leqslant b$ (*)	$C_4=C_4\cup\{x_{47}\}=\{x_{36},x_{47}\}$; SR($C_4$) =(2, {(2,1), (3,2), (4,1), (5,0), (7,1), (12,1), (20,0), (22,2), (23,0), (24,0), (25,0), (26,0), (27,0), (28,3), (35,1)}, 0.283)
6	x_9	$C_1\cup\{x_9\}$	2	16	$0.221\leqslant b$ (*)	$C_1=C_1\cup\{x_9\}=\{x_8,x_9\}$; SR($C_1$) =(2, {(2,0), (3,2), (4,1), (5,0), (7,0), (9,1), (12,1), (20,0), (21,3), (23,1), (24,1), (25,0), (26,0), (27,0), (28,0), (35,0)}, 0.221)
		$C_2\cup\{x_9\}$	2	6	1.768	
		$C_3\cup\{x_9\}$	2	11	0.643	
		$C_4\cup\{x_9\}$	3	8	0.938	

表 4-7 中(*)表示：如果将当前扫描到的对象并入已经创建的各类，并入后的各类中集合差异度最小的情况。如果其大于b，则创建新类，仅包含当前对象；否则，将当前对象并入使得并入后的集合差异度最小的类中。由该聚类过程可知，CABOSD 进行一次数据扫描，每个扫描到的对象至多与k个类进行并入后集合精简表示的计算以完成聚类过程。这与算法的计算时间复杂度是一致的。

进行 20 次对象随机排序的聚类实验，每次实验都调整阈值b使得聚类达到最佳效果。在考虑各对象取值不全相同的 21 个属性和全部 35 个属性的情况下，聚类平均正确率分别是 94.89%和 96.91%。其中，正确率定义为正确聚类的对象数占全部对象数的比例。

高维数据聚类一直是数据挖掘领域研究的难点和重点之一。本节给出的 CABOSD 针对分类属性高维数据，通过定义的集合差异度和集合精简表示对数据进行高度压缩精简，不损失聚类所需信息，保证了聚类的质量。在聚类过程中，不需要计算两两对象间的距离，根据集合差异度直接完成新类的创建及对象到类的归并，仅需一次数据扫描，计算时间复杂度接近线性。CABOSD 的聚类结果受阈值b的影响，b逐渐增加，会使类的数目减少而类内的对象数目增加，因此通过b可以调整类的规模和大小。CABOSD 的聚类结果还受数据输入顺序的影响，在数据输入顺序不同的情况下，聚类结果趋同，但不一定完全一致。

4.3　拓展稀疏差异度聚类

在 CABOSFV_C 分类属性高维稀疏数据聚类的基础上，定义集合的拓展稀疏差异度概念，并以集合的拓展稀疏差异度为核心给出针对分类属性高维稀疏数据的 CAESD 聚类算法[59]。该算法针对分类属性高维稀疏数据将集合的稀疏差异度的度量从一个集合内多个对象间的总体差异程度拓展推广到多个集合间的总体差异程度，并进一步定义多个集合间的拓展稀疏特征向量，进而实现分类属性高维稀疏数据聚类。

4.3.1　集合的拓展稀疏差异度

首先定义“集合属性值”。假设论域U是由n个对象组成的集合，$U=\{x_1,x_2,\cdots,x_n\}$，每个对象由$m(a)$个分类属性描述，记作$a_1,a_2,\cdots,a_{m(a)}$。任一属性$a_p, p\in 1,2,\cdots,m(a)$有$l_p$个不同的取值，并且$l_1+l_2+\cdots+l_{m(a)}=m(v)$，$m(v)$表示所有不同属性值的总数量，并将这些不同的属性值表示为$v_1,v_2,\cdots,v_{m(v)}$，则集合属性值定义如下。

定义 4-5 (集合属性值)：设函数 $f: x_i \to v_k$ 表示集合 X 中的对象 x_i 对应属性值 v_k，$i \in 1,2,\cdots,n$，$k \in 1,2,\cdots,m(v)$。当集合 X 内的每个对象都对应某个属性值 v_j 时，称该属性值 v_j 为集合 X 的集合属性值(attribute value of a set，AVS)。

特别地，当集合中只有一个对象时，集合属性值即为此对象的所有属性值。

定义 4-6 (集合的拓展稀疏差异度)：对于分类属性数据集 U，X 为 U 的一个划分，$X = \{X_1, X_2, \cdots, X_k\}$。$X_i$ 是 X 中的某一个元素，X_i 的集合属性值为 $\text{AVS}(X_i)$。Q 是 X 的一个子集，$|Q|$ 为其元素个数，$|Q| \leqslant k$。对于该子集中的所有集合，相同的集合属性值个数为 $S(Q)$，不全相同的集合属性值个数为 $\text{NS}(Q)$。集合的拓展稀疏差异度(extended sparse dissimilarity of sets，ESD)的计算方法为

$$\text{ESD}(Q) = \frac{\text{NS}(Q)}{|Q| \times S(Q)} \tag{4-6}$$

分类属性数据对象集合的拓展稀疏差异度度量多个集合之间的总体差异程度，其值越小，说明各集合之间的总体差异程度越小，相似程度越大；否则，说明各集合之间的总体差异程度越大，相似程度越小。

分类属性数据对象集合的拓展稀疏差异度与分类属性数据对象集合的稀疏差异度 SFD_C 都是针对分类属性高维数据聚类问题提出的稀疏差异度计算方法。但 SFD_C 度量多个对象之间的总体差异程度，而 ESD 度量多个集合之间的总体差异程度。ESD 是在吸收了 SFD_C 核心思想的基础上提出的。特别地，当每个集合都只包含一个对象时，每个集合的集合属性值都为其包含的这个对象的所有属性值，ESD 就转化为 SFD_C，即分类属性数据对象集合的稀疏差异度 SFD_C 是分类属性数据对象集合的拓展稀疏差异度 ESD 的一个特例；ESD 是 SFD_C 的拓展和延伸，它将集合的稀疏差异度的度量从多个对象间的总体差异程度推广到多个集合间的总体差异程度，在一定程度上完善了集合的稀疏差异度的内涵。

4.3.2 集合的拓展稀疏特征向量

定义 4-7 (集合的拓展稀疏特征向量)：对于分类属性数据集 U，X 为 U 的一个划分，$X = \{X_1, X_2, \cdots, X_k\}$。$X_i$ 是 X 中的某一个元素，X_i 的集合属性值为 $\text{AVS}(X_i)$。Q 是 X 的一个子集，$|Q|$ 为其元素个数，$|Q| \leqslant k$。集合的拓展稀疏特征向量(extended sparse feature vector of sets，ESFV)可以表示为

$$\text{ESFV}(Q) = (|Q|, S(Q), \text{NS}(Q), \text{ESD}(Q)) \tag{4-7}$$

其中，$S(Q)$ 是对于集合 Q 中的所有集合都相同的集合属性值的集合；$\text{NS}(Q)$ 是

对于集合 Q 中的所有集合不全相同的集合属性值的集合；ESD(Q) 是集合 Q 的拓展稀疏差异度，它表示集合 Q 中所有集合的总体差异程度。

根据集合的拓展稀疏差异度的定义式(4-6)，集合的拓展稀疏特征向量不仅包括了集合的拓展稀疏差异度，也概括了计算集合的拓展稀疏差异度所需的全部信息。这样的结构不仅减少了数据量，而且 4.3.3 节给出的定理 4-3(集合的拓展稀疏特征向量定理)还保证了在聚类过程中对集合进行合并时集合的拓展稀疏差异度的运算简单、精确。

4.3.3 相关定理

定理 4-3 (集合的拓展稀疏特征向量定理)：对于分类属性数据集 U，X 为 U 的一个划分，$X=\{X_1,X_2,\cdots,X_k\}$。X_i 是 X 中的某一个元素，X_i 的集合属性值为 $\mathrm{AVS}(X_i)$，Q_1 和 Q_2 是 X 的两个不相交的子集。Q_1 和 Q_2 合并后的集合为 $Q_1\cup Q_2$，记 $Q=Q_1\cup Q_2$，则有

$$\mathrm{ESFV}(Q_1\cup Q_2)=(|Q|,S(Q),\mathrm{NS}(Q),\mathrm{ESD}(Q)) \tag{4-8}$$

其中，

$$|Q|=|Q_1|+|Q_2|$$

$$S(Q)=S(Q_1)\cap S(Q_2)$$

$$\mathrm{NS}(Q)=(\mathrm{NS}(Q_1)\cup\mathrm{NS}(Q_2)\cup S(Q_1)\cup S(Q_2))\setminus(S(Q_1)\cap S(Q_2))$$

$$\mathrm{ESD}(Q)=\frac{|\mathrm{NS}(Q)|}{|Q|\times|S(Q)|}$$

上述定理表明，当两个不相交的集合进行合并时，可以利用集合的拓展稀疏特征向量定理来精确计算合并之后新集合的拓展稀疏特征向量，从而得到新集合的拓展稀疏差异度，降低了数据的存储量和计算量。

4.3.4 算法步骤

基于集合的拓展稀疏差异度及集合的拓展稀疏特征向量，CAESD 通过两次聚类完成全部聚类过程：首先基于 SFD_C 进行对象初次聚类，形成初始类；然后利用 ESD 对初始类进行集合的拓展稀疏差异度度量，将相似的初始类合并完成再次聚类，进而得到最终聚类结果。

假设有 n 个对象，每个对象由 $m(a)$ 个分类属性描述，一共有 $m(v)$ 个属性值，若初次聚类时初始类的集合差异度上限为 b_1，再次聚类时最终类的集合的拓展稀疏差异度上限为 b_2，则 CAESD 算法处理步骤如下。

输入：由n个对象组成的集合$U=\{x_1,x_2,\cdots,x_n\}$，描述对象的分类属性集合A，分类属性值的集合V，$m(v)$表示所有分类属性值的总数量，并将这些不同的分类属性值表示为$v_1,v_2,\cdots,v_{m(v)}$；阈值参数b_1和b_2。

输出：由 CAESD 聚成的k个类。

步骤 1：由每一个对象建立一个集合，分别记为$X_i^{(0)},i\in\{1,2,\cdots,n\}$。

步骤 2：根据初始类的集合差异度上限为b_1，应用 CABOSFV_C 完成对象到初始类的初次聚类过程，初始类记为$X_1^{(1)},X_2^{(1)},\cdots,X_j^{(1)}$。

步骤 3：根据最终类的集合的拓展稀疏差异度上限为b_2，完成如下由初始类到最终类的再次聚类过程。

(1) 根据集合的拓展稀疏特征向量定理，对于初始类$X_1^{(1)}$和$X_2^{(1)}$，计算$\mathrm{ESFV}(X_1^{(1)}\cup X_2^{(1)})$。如果$\mathrm{ESD}(X_1^{(1)}\cup X_2^{(1)})\leqslant b_2$，则把$X_1^{(1)}$和$X_2^{(1)}$合并到一个集合，作为一个类，记为$X_1^{(2)}$；否则，将$X_1^{(1)}$和$X_2^{(1)}$分别作为两个类，分别记为$X_1^{(2)}$和$X_2^{(2)}$，类的个数记为$k$。

(2) 对于初始类$X_i^{(1)},i=3,4,\cdots,j$，依次完成如下操作：计算$\mathrm{ESFV}(X_i^{(1)}\cup X_r^{(2)}),\ r=1,2,\cdots,k$，寻找$r_0$，使得

$$\mathrm{ESD}(X_i^{(1)}\cup X_{r_0}^{(2)})=\min_{r\in\{1,2,\cdots,k\}}\mathrm{ESD}(X_i^{(1)}\cup X_r^{(2)})$$

如果$\mathrm{ESD}(X_i^{(1)}\cup X_{r_0}^{(2)})\leqslant b_2$，则把$X_i^{(1)}$和$X_{r_0}^{(2)}$合并到一个集合，作为更新后的类，仍然记作$X_{r_0}^{(2)}$；否则，将$X_i^{(1)}$作为一个新的类，记为$X_{k+1}^{(2)}$，类的个数$k=k+1$。

步骤 4：对得到的k个类，将其与对应的初始类的对象进行匹配，从而得到最终类及其所包含的对象。

在 CABOSFV_C 提出度量所有对象之间总体差异程度的集合稀疏差异度 SFD_C 基础上，给出度量多个集合之间总体差异程度的集合的拓展稀疏差异度，并以集合的拓展稀疏差异度为核心提出有效解决高维数据聚类的 CAESD。CAESD 适用于分类属性高维数据聚类问题，也适用于二值属性高维数据聚类问题，聚类质量优于 CABOSFV_C，CAESD 的聚类质量受其两个阈值参数的影响。

4.4 稀疏性指数排序聚类

CABOSFV_C 是基于集合的稀疏差异度进行高维数据聚类的高效算法，但该算法的聚类质量受数据输入顺序的影响。针对该问题给出按稀疏性指数排序改

进的 CABOSFV_CS 聚类算法[60]，简称为稀疏性指数排序聚类，通过定义稀疏性指数，并按照稀疏性指数升序对数据进行排序以改进聚类质量。采用 UCI 基准数据集进行实验，结果表明，与传统的 CABOSFV 或 CABOSFV_C 聚类算法相比，CABOSFV_CS 有效地提高了聚类准确率。

4.4.1 稀疏性指数相关概念

定义 4-8(对象稀疏性指数)：设一个数据集 X 有 n 个对象，描述每个对象的属性为二值属性或分类属性，则对于对象 i ，其稀疏性指数定义为

$$q = m_{b1} + m_{c1} \tag{4-9}$$

其中， m_{b1} 表示二值属性中取值为 1 的个数； m_{c1} 表示分类属性转换成的二值属性中取值为 1 的个数。

定义 4-8 给出了对象的稀疏性指数，可将该定义推广到对象集合的稀疏性指数。在定义集合的稀疏性指数前，假设已经将数据集中所有分类属性转换成二值属性。

定义 4-9 (集合稀疏性指数)：设一个数据集 X 有 n 个对象，描述每个对象的二值属性有 m 个， X_i 为其中的一个对象子集，该子集中所有对象取值皆为 1 的属性个数为 p ，取值不全相同的属性个数为 e ，则 X_i 的集合稀疏性指数定义为

$$q = p + e \tag{4-10}$$

根据上述两个定义可以看出，对象稀疏性指数是集合稀疏性指数的特例。当集合只包括一个对象时，集合稀疏性指数即为该对象的稀疏性指数。

在进行聚类时，首先将相似程度高的对象聚到一起，避免把不属于同一类的对象归到同一类中。而集合的稀疏差异度的计算是 CABOSFV 聚类的关键，它表明了该集合内所有对象间的总体差异程度。一般来说，它的变化越灵敏，就越容易将不属于某个类的对象区分出去，也就在一定程度上使得聚类效果更好。

在此采用稀疏差异度对相关稀疏性指数的变化率来代表稀疏差异度的灵敏性，其变化率大，表示稀疏差异度对某个对象是否属于该类的判断标准更灵敏。如果能够通过调整稀疏性指数的变化来提高稀疏差异度的灵敏性，就可以提高 CABOSFV 的聚类质量。

4.4.2 稀疏性指数排序

为了通过调整稀疏性指数的变化来提高 CABOSFV 的聚类质量，需要知道稀疏性指数是如何影响稀疏差异度的。假设描述数据集 X 中对象的属性为 m 个二值属性， X_1 和 X_2 为 X 不相交的两个子集，其中集合 X_1 的稀疏性指数为 q_1 ，集合 X_2 的稀疏性指数为 q_2 ，两集合合并后所有对象取值皆为 1 的属性个数为

p，取值不会相同的属性个数为e，则根据稀疏差异度SFD(X)的定义，合并后集合的稀疏差异度为

$$\mathrm{SFD}(X_1 \cup X_2) = \frac{e}{|X_1 \cup X_2| \times p} = \frac{(q_1 + q_2) - 2p}{|X_1 \cup X_2| \times p} \tag{4-11}$$

在对象数$|X_1 \cup X_2|$与p不变的情况下，SFD(X)对两集合的稀疏性指数之和$q_1 + q_2$的变化率为

$$E = \frac{\dfrac{\Delta \mathrm{SFD}}{\mathrm{SFD}}}{\dfrac{\Delta(q_1 + q_2)}{q_1 + q_2}} = \frac{\Delta \mathrm{SFD}}{\Delta(q_1 + q_2)} \cdot \frac{q_1 + q_2}{\mathrm{SFD}}$$

$$= \frac{q_1 + q_2}{(q_1 + q_2) - 2p} = 1 + \frac{2p}{(q_1 + q_2) - 2p} \tag{4-12}$$

由式(4-12)可知，$q_1 + q_2$越小，即q_1越小且q_2越小的情况下，E越大，表明SFD(X)对这两个集合稀疏性指数之和的变化率越大，其判断某些对象是否该归为一类的标准就更灵敏，因此按照稀疏性指数进行升序排序，先对q较小的对象进行聚类，有可能使得聚类效果更好。

4.4.3 算法步骤

按照稀疏性指数升序对数据进行排序有可能提高 CABOSFV 聚类的质量，据此给出改进聚类算法 CABOSFV_CS。对于具有二值属性的n个对象的集合，设一个对象集合的稀疏差异度上限为b，CABOSFV_CS 的聚类过程如下。

输入：包含n个对象的数据集X，描述每个对象的属性为二值属性或分类属性；类内对象集合的稀疏差异度上限为b。

输出：由 CABOSFV_CS 聚成的k个类。

步骤 1：为每个对象建立一个集合，分别记为$X_i^{(0)}, i \in \{1,2,\cdots,n\}$，根据定义 4-8 统计每个对象的稀疏性指数$q$。

步骤 2：按照对象的稀疏性指数q对$X_i^{(0)}, i \in \{1,2,\cdots,n\}$进行升序排序，得到排序后的集合$X_i'^{(0)}, i \in \{1,2,\cdots,n\}$。

步骤 3：对排序后的对象，在稀疏差异度上限为b的条件下采用传统的 CABOSFV 进行聚类。

4.4.4 算法示例

通过示例来直观地说明 CABOSFV_CS 的聚类过程。对象集合如表 4-8 所

示，共有 5 个对象，描述每个对象的属性有 6 个，其中二值属性 5 个，分类属性 1 个。已转化为二值属性且按稀疏性指数升序排序的对象集合如表 4-9 所示。

表 4-8　对象集合

对象	属性					
	a_1	a_2	a_3	a_4	a_5	a_6
x_1	1	1	1	1	0	1
x_2	1	1	2	0	0	0
x_3	1	0	2	0	0	0
x_4	1	1	3	1	0	0
x_5	1	1	3	1	0	1

表 4-9　已转化为二值属性且按稀疏性指数升序排序的对象集合

类	稀疏性指数	属性							
		a_1	a_2	a_{31}	a_{32}	a_{33}	a_4	a_5	a_6
$X_1'^{(0)}=\{x_3\}$	2	1	0	0	1	0	0	0	0
$X_2'^{(0)}=\{x_2\}$	3	1	1	0	1	0	0	0	0
$X_3'^{(0)}=\{x_4\}$	4	1	1	0	0	1	1	0	0
$X_4'^{(0)}=\{x_1\}$	5	1	1	1	0	0	1	0	1
$X_5'^{(0)}=\{x_5\}$	5	1	1	0	0	1	1	0	1

对排序后的对象，按照传统的 CABOSFV 进行聚类，得到 CABOSFV_CS 聚类结果为$\{x_2,x_3\}$和$\{x_1,x_4,x_5\}$两个类，如表 4-10 所示。

表 4-10　CABOSFV_CS 聚类结果

类	对象数目	转换为二值属性后取值皆为 1 的属性	转换为二值属性后取值不同的属性	稀疏差异度
$\{x_2,x_3\}$	2	a_1,a_3	a_2	0.2500
$\{x_1,x_4,x_5\}$	3	a_1,a_2,a_4	a_{31},a_{33},a_6	0.3333

针对 CABOSFV 高维稀疏数据聚类算法受数据输入顺序影响的问题，稀疏性指数排序聚类算法 CABOSFV_CS 在分析数据输入顺序影响 CABOSFV 聚类质量原因的基础上，采用按稀疏性指数升序进行数据排序的方法对 CABOSFV 进

行改进。真实数据实验结果表明，CABOSFV_CS 有效地提高了聚类结果的准确率。

4.5　不干涉序列加权排序聚类

通过定义不干涉序列指数，给出应用不干涉序列加权对分类属性数据进行排序的方法，并基于该方法对受数据输入顺序影响的 CABOSFV_C 进行改进，给出按不干涉序列加权排序改进的 CABOSFV_CSW[61]，称为不干涉序列加权排序聚类。采用 UCI 基准数据集进行实验，结果表明，应用不干涉序列指数升序排序的 CABOSFV_CSW 在处理分类数据时，聚类质量在准确性上有所改善，在稳定性上有显著提高。

4.5.1　不干涉序列指数

定义 4-10(不干涉序列)：当一个正整数数列 $M=(M_1,M_2,M_3,\cdots,M_i,\cdots)$ 的第 n 项大于前 $n-1$ 项的和时，即 $M_n>\sum_{i=1}^{n-1}M_i, n\geqslant 2$，将这个数列称为不干涉序列。

不干涉序列 $M=(M_1,M_2,M_3,\cdots,M_i,\cdots)$ 可以通过下述方式来构造：

$$M_1=\text{任意正整数}$$

$$M_2=\text{任意正整数且大于}M_1$$

$$M_3=M_1+M_2+1$$

$$M_i=2M_{i-1},\quad i>3$$

例如：

1, 2, 4, 8, 16, 32, 64, …

1, 3, 5, 10, 20, 40, 80, …

1, 4, 6, 12, 24, 48, 96, …

定义 4-11 (不干涉序列指数)：设一个数据集 X 有 n 个对象，每个对象共有 m 个属性，其中包含 m_1 个二值属性，m_2 个分类属性，分别记为 $B_1,B_2,\cdots,B_{m_1}$，$C_1,C_2,\cdots,C_{m_2}$，$m_1+m_2=m$。设分类属性 $C_t,t=1,2,\cdots,m_2$ 共有 h_t 个属性值，分别为 $\{v_{t1},v_{t2},\cdots,v_{th_t}\}$，则该分类属性 C_t 映射到二值属性后的属性为 $\{C'_{t1},C'_{t2},\cdots,C'_{th_t}\}$，当对象 x 在属性 C_t 上取第 $r,r\in\{1,2,\cdots,h_t\}$ 个分类属性值 v_{tr} 时，$C'_{tr}=1$，而 $C'_{ts}=0$，$s=1,2,\cdots,h_t$ 且 $s\neq r$。设 X' 为数据集 X 中分类属性全部映射到二值属

性后的数据集，新属性分别为 $D_1, D_2, \cdots, D_p$， $p = m_1 + \sum_{t=1}^{m_2} h_t$，对象 x 的属性值分别为 $d_1(x), d_2(x), \cdots, d_p(x)$， $d_f(x) = 0$ 或 $1, f = 1, 2, \cdots, p$，则对象 x 的不干涉序列指数定义为

$$q(x, M) = d_1(x)M_1 + d_2(x)M_2 + \cdots + d_p(x)M_p \tag{4-13}$$

其中，$(M_1, M_2, \cdots, M_p)$为某选定的不干涉序列 $M = (M_1, M_2, M_3, \cdots, M_i, \cdots)$ 的前 p 项。

由定义 4-11 可知，不干涉序列指数既适用于二值数据，也适用于分类数据。

4.5.2 相关定理

定义 4-12 (基于不干涉序列指数的排序)：将二值属性或分类属性数据集 X 中的数据按照不干涉序列指数升序或降序进行排列，分别称为基于不干涉序列指数的升序排序和降序排序。

引理 4-1　对于二值属性或分类属性数据集 X 中的任意两个对象 x 和 y，分类属性全部映射到二值属性后的属性值分别为 $d_1(x), d_2(x), \cdots, d_p(x)$ 和 $d_1(y), d_2(y), \cdots, d_p(y)$ ($d_f(x) = 0$或1， $d_f(y) = 0$或1， $f = 1, 2, \cdots, p$)，记

$$x = (d_1(x), d_2(x), \cdots, d_p(x))$$

$$y = (d_1(y), d_2(y), \cdots, d_p(y))$$

应用任意不干涉序列 $M = (M_1, M_2, M_3, \cdots, M_i, \cdots)$ 得到不干涉序列指数分别为

$$q(x, M) = d_1(x)M_1 + d_2(x)M_2 + \cdots + d_p(x)M_p$$

$$q(y, M) = d_1(y)M_1 + d_2(y)M_2 + \cdots + d_p(y)M_p$$

则有

(1) 若 $q(x, M) = q(y, M)$，则 $x = y$。

(2) 若 $q(x, M) > q(y, M)$或$q(x, M) < q(y, M)$，则 $x \neq y$。

证明：

(1) 采用归纳法。

① 首先证明若 $q(x, M) = q(y, M)$，即 $d_1(x)M_1 + d_2(x)M_2 + \cdots + d_p(x)M_p = d_1(y)M_1 + d_2(y)M_2 + \cdots + d_p(y)M_p$，则 $d_p(x) = d_p(y)$。

用反证法：

假设 $d_p(x) \neq d_p(y)$，则 $d_p(x) = 0$且$d_p(y) = 1$或 $d_p(x) = 1$且$d_p(y) = 0$。

当$d_p(x)=0$且$d_p(y)=1$时，有

$$\begin{aligned}&d_1(x)M_1+d_2(x)M_2+\cdots+d_{p-1}(x)M_{p-1}\\=&d_1(y)M_1+d_2(y)M_2+\cdots+d_{p-1}(y)M_{p-1}+M_p\end{aligned}$$

根据已知条件$d_f(x)$和$d_f(y), f=1,2,\cdots,p$只能取值为 0 或 1，并且根据不干涉序列的定义，$M_1,M_2,M_3,\cdots,M_p$皆为正整数，M_p大于前$p-1$项的和，则有

$$d_1(y)M_1+d_2(y)M_2+\cdots+d_{p-1}(y)M_{p-1}\geqslant 0$$

$$\begin{aligned}d_p(y)M_p&=M_p\\&>M_1+M_2+\cdots+M_{p-1}\\&>d_1(x)M_1+d_2(x)M_2+\cdots+d_{p-1}(x)M_{p-1}\\&=d_1(x)M_1+d_2(x)M_2+\cdots+d_p(x)M_p\end{aligned}$$

上面两个不等式左右两边相加，则有

$$d_1(y)M_1+d_2(y)M_2+\cdots+d_p(y)M_p>d_1(x)M_1+d_2(x)M_2+\cdots+d_p(x)M_p$$

与已知$q(x,M)=q(y,M)$矛盾，所以$d_p(x)=d_p(y)$。

类似地，可以证明当$d_p(x)=1$且$d_p(y)=0$时，$d_p(x)=d_p(y)$也成立。

② 再证明若$d_i(x)=d_i(y), i=g+1,g+2,\cdots,p, g\geqslant 1$，则$d_g(x)=d_g(y)$。

根据已知条件，若$q(x,M)=q(y,M)$，即$d_1(x)M_1+d_2(x)M_2+\cdots+d_p(x)M_p=d_1(y)M_1+d_2(y)M_2+\cdots+d_p(y)M_p$。若$d_i(x)=d_i(y), i=g+1,g+2,\cdots,p, g\geqslant 1$，则$d_1(x)M_1+d_2(x)M_2+\cdots+d_g(x)M_g=d_1(y)M_1+d_2(y)M_2+\cdots+d_g(y)M_g$。采用①的方法可证$d_g(x)=d_g(y)$。

综合①和②，若$q(x,M)=q(y,M)$，则$x=y$。

(2) 采用反证法。

已知$q(x,M)>q(y,M)$或$q(x,M)<q(y,M)$，假设$x=y$，即$d_1(x)=d_1(y)$，$d_2(x)=d_2(y)$，…，$d_p(x)=d_p(y)$，则有

$$d_1(x)M_1+d_2(x)M_2+\cdots+d_p(x)M_p=d_1(y)M_1+d_2(y)M_2+\cdots+d_p(y)M_p$$

即$q(x,M)=q(y,M)$，与已知条件$q(x,M)>q(y,M)$或$q(x,M)<q(y,M)$矛盾。所以，若$q(x,M)>q(y,M)$或$q(x,M)<q(y,M)$，则$x\neq y$。

定理 4-4 (基于不干涉序列指数的排序不变定理)：对于二值属性或分类属性数据集，使用不同的不干涉序列进行升序排序后数据排序结果保持不变；使用不同的不干涉序列进行降序排序后数据排序结果保持不变。

该定理表明：对于二值属性或分类属性数据集 X 中任意两个对象 x 和 y，以及任意两个不干涉序列 $M=(M_1,M_2,M_3,\cdots,M_i,\cdots)$ 和 $N=(N_1,N_2,N_3,\cdots,N_i,\cdots)$，有

(1) 若 $q(x,M)=q(y,M)$，则 $q(x,N)=q(y,N)$。

(2) 若 $q(x,M)>q(y,M)$，则 $q(x,N)>q(y,N)$。

(3) 若 $q(x,M)<q(y,M)$，则 $q(x,N)<q(y,N)$。

证明：

(1) 若 $q(x,M)=q(y,M)$，根据引理 4-1，有 $x=y$，则 $q(x,N)=q(y,N)$。

(2) 若 $q(x,M)>q(y,M)$，根据引理 4-1，有 $x\neq y$，设 g 为使 $d_j(x)\neq d_j(y)$，$j\in\{1,2,\cdots,p\}$ 的最大下标。

① 对于 $g=1$，有 $q(x,M)-q(y,M)=d_1(x)M_1-d_1(y)M_1=M_1(d_1(x)-d_1(y))$。因为 M_1 为正整数，且 $q(x,M)>q(y,M)$，所以 $d_1(x)-d_1(y)>0$，则 $d_1(x)=1$ 且 $d_1(y)=0$，则 $q(x,N)-q(y,N)=d_1(x)N_1-d_1(y)N_1=N_1>0$。

$q(x,N)>q(y,N)$ 得证。

② 对于 $p\leqslant g\leqslant 2$，若 $q(x,M)>q(y,M)$，则 $d_g(x)=1$ 且 $d_g(y)=0$。否则，如果 $d_g(x)=0$ 且 $d_g(y)=1$，则

$$
\begin{aligned}
&q(x,M)-q(y,M)\\
&=\left(\sum_{i=1}^{g-1}d_i(x)M_i+d_g(x)M_g\right)-\left(\sum_{i=1}^{g-1}d_i(y)M_i+d_g(y)M_g\right)\\
&=\left(\sum_{i=1}^{g-1}(d_i(x)-d_i(y))M_i\right)-M_g<0
\end{aligned}
$$

这是因为根据 $d_i(x)和d_i(y),i=1,2,\cdots,g$ 只能取值为 0 或 1，并且根据不干涉序列的定义，M_g 大于前 $g-1$ 项的和，有 $\sum_{i=1}^{g-1}(d_i(x)-d_i(y))M_i\leqslant\sum_{i=1}^{g-1}M_i<M_g$。

$q(x,M)-q(y,M)<0$，与已知条件 $q(x,M)>q(y,M)$ 矛盾，所以 $d_g(x)=1$ 且 $d_g(y)=0$ 成立。

$$
\begin{aligned}
&q(x,N)-q(y,N)\\
&=\left(\sum_{i=1}^{g-1}d_i(x)N_i+d_g(x)N_g\right)-\left(\sum_{i=1}^{g-1}d_i(y)N_i+d_g(y)N_g\right)\\
&=\left(\sum_{i=1}^{g-1}(d_i(x)-d_i(y))N_i\right)+N_g>0
\end{aligned}
$$

这是因为根据 $d_i(x)$ 和 $d_i(y),i=1,2,\cdots,g$ 只能取值为 0 或 1，并且根据不干涉

序列的定义，N_g 大于前 $g-1$ 项的和，有 $\sum_{i=1}^{g-1}(d_i(x)-d_i(y))N_i \geqslant -\sum_{i=1}^{g-1}N_i > -N_g$。

所以 $q(x,N) > q(y,N)$。

(3) 采用(2)的方法同理可证：若 $q(x,M) < q(y,M)$，则 $q(x,N) < q(y,N)$。

4.5.3　排序示例

假设一数据集如表 4-11 所示，共有 5 个对象 $x_1,x_2,\cdots,x_5$，每个对象有 6 个属性，均为二值属性数据，分别为 $a_1,a_2,\cdots,a_6$，使用不干涉序列 1, 3, 5, 10, 20, 40, 80, …。

不干涉序列指数 q 计算过程如下：

$$q_1=1\times1+1\times3+1\times5+1\times10+0\times20+1\times40=59$$

$$q_2=1\times1+1\times3+1\times5+0\times10+0\times20+0\times40=9$$

$$q_3=1\times1+0\times3+1\times5+0\times10+0\times20+0\times40=6$$

$$q_4=1\times1+1\times3+1\times5+1\times10+0\times20+0\times40=19$$

$$q_5=1\times1+1\times3+1\times5+1\times10+0\times20+1\times40=59$$

表 4-11　数据集

对象	属性					
	a_1	a_2	a_3	a_4	a_5	a_6
x_1	1	1	1	1	0	1
x_2	1	1	1	0	0	0
x_3	1	0	1	0	0	0
x_4	1	1	1	1	0	0
x_5	1	1	1	1	0	1

根据不干涉序列指数对原数据集进行排序，此处采用升序排序，结果如表 4-12 所示。

表 4-12　升序排序后的数据集

对象	q	属性					
		a_1	a_2	a_3	a_4	a_5	a_6
x_3	6	1	0	1	0	0	0
x_2	9	1	1	1	0	0	0
x_4	19	1	1	1	1	0	0

续表

对象	q	属性					
		a_1	a_2	a_3	a_4	a_5	a_6
x_1	59	1	1	1	1	0	1
x_5	59	1	1	1	1	0	1

由表 4-12 可以看出，经过升序排序后，数据集中相似的甚至相同的对象被排列在了一起。其中，x_1 和 x_5 两个对象由于其在所有属性上的取值均相同，因而不干涉序列指数相等。将这样多个在所有属性上的取值都完全相同的对象视为一个整体。对整个数据集而言，这个整体内部对象的顺序可能不同，但所采用的任何顺序都是等价的。以表 4-12 为例，即认为 x_3,x_2,x_4,x_1,x_5 与 x_3,x_2,x_4,x_5,x_1 是同一个排序结果。在升序或降序确定的情况下，这种基于不干涉序列指数的排序只有唯一结果，这就使得受数据输入顺序影响的算法可以选择这种唯一的输入顺序。

4.5.4　算法步骤

CABOSFV_C 是专门针对分类属性数据的聚类算法，该算法提出了集合的稀疏差异度的计算方法，在集合的稀疏差异度上限参数的约束下，将待聚类的数据集合 X 中的对象自底向上、增量式地生成若干类。

CABOSFV_CSW 基于不干涉序列排序对 CABOSFV_C 进行改进，聚类过程如下。

输入：数据集 X (包含 n 个对象，描述每个对象的属性为二值属性或分类属性)；类内对象集合的稀疏差异度上限为 b 。

输出：由 CABOSFV_CSW 聚成的 k 个类。

步骤 1：根据定义 4-11 计算数据集合 X 中每个对象的不干涉序列指数 q。

步骤 2：按照对象的不干涉序列指数 q 对数据集中的对象进行升序或降序排序，得到排序后的数据集合 Y。

步骤 3：对排序后的数据集合 Y 采用传统 CABOSFV_C 进行聚类。

CABOSFV_CSW 通过定义不干涉序列指数，对分类属性高维稀疏数据进行排序处理，解决了 CABOSFV_C 受数据输入顺序影响的问题，既保证了聚类结果的唯一性，又提高了算法的聚类质量。真实数据实验结果表明，通常情况下，考虑升序排序的 CABOSFV_CSW 在处理分类属性数据时在聚类结果的准确性上有所改善、在稳定性上有显著提高。

4.6　基于位集的聚类

为提高分类属性高维稀疏数据聚类的计算效率，应用 CABOSFV 二值属性高维稀疏数据聚类原理，给出基于位集的聚类算法。充分利用位集简练和运算速度快的特点，采用位集存储和表示分类属性数据对象。在定义位集差异度的基础上，提出并证明了位集差异度一致性定理和位集差异度计算定理，进而聚类过程中的所有操作都通过位集运算完成。实验结果表明了基于位集的聚类算法的高效性。

4.6.1　分类属性数据对象的位集表示

位集(bit set)是一种特殊的数据结构，由二进制位构成，保存1或0信息。位集将集合作为内存中某个连续的空间，集合中的元素对应于内存中的某些位，集合的运算通过位操作实现，从而提高集合运算的速度。

为了有效地运用位集运算进行分类属性数据对象聚类，需要将描述每个对象的所有分类属性数据全部存入位集中。假设具有 n 个对象的分类属性数据对象集合 $X=\{x_1,x_2,\cdots,x_n\}$，描述对象的 m 个属性集合为 $A=\{a_1,a_2,\cdots,a_m\}$，属性 a_p，$p\in\{1,2,\cdots,m\}$ 的取值个数为 l_p。对于每一个对象 x_i，$i\in\{1,2,\cdots,n\}$，将其所有分类属性值按位存储到位集中，记为 $\text{bitset}(x_i)$，称为对象 x_i 的位集表示。其中，第 1～l_1 位存储属性 a_1 的信息；第(l_1+1)～(l_1+l_2)位存储属性 a_2 的信息，以此类推。存储一个对象的位集所需的位数为 $\sum_{p=1}^{m} l_p$，每个属性的每个属性值对应 1 位，对象 x_i 的属性值对应的位取值为“1”，其他位取值为“0”。

通过这种存储方式，可以将一个对象的全部分类属性信息以二进制形式存储到一个位集中，不同的对象对应不同的位集，且不损失任何属性信息。

4.6.2　位集差异度的定义及其性质

定义 4-13(位集差异度)：设分类属性对象集合 $X=\{x_1,x_2,\cdots,x_n\}$，$\text{bitset}(x_i)$ 和 $\text{bitset}(x_j)$ 分别为对象 x_i 和 x_j 的位集表示，则这两个对象之间的位集差异度定义为

$$d(x_i,x_j)=\frac{|\text{bitset}(x_i)\ \text{OR}\ \text{bitset}(x_j)|-|\text{bitset}(x_i)\ \text{AND}\ \text{bitset}(x_j)|}{2\times|\text{bitset}(x_i)\ \text{AND}\ \text{bitset}(x_j)|} \tag{4-14}$$

其中，$\text{bitset}(x_i)\ \text{OR}\ \text{bitset}(x_j)$ 和 $\text{bitset}(x_i)\ \text{AND}\ \text{bitset}(x_j)$ 分别表示对应的位进行

逻辑或(OR)和逻辑与(AND)运算，结果仍然是位集；| |表示取值为 1 的位数，可以通过函数 cardinality ( )直接计算得到。

根据该位集差异度定义，两对象间取值不同的位数越多即取值皆为 1 的位数越少，两对象间差异度越大，越不相似；反之，则差异度越小，越相似。

性质 4-1：设分类属性数据对象集合 $X=\{x_1,x_2,\cdots,x_n\}$ ，$\text{bitset}(x_i)$ 和 $\text{bitset}(x_j)$ 为数据对象 x_i 和 x_j 的位集表示，根据逻辑与(AND)和逻辑或(OR)运算满足幂等率和交换率，位集差异度满足以下性质。

(1) $d(x_i,x_j)=0$ ；

(2) $d(x_i,x_j)=d(x_j,x_i)$ 。

定义 4-14(位集差异度推广)：分类属性数据对象集合 $X=\{x_1,x_2,\cdots,x_n\}$ ，设 $\text{bitset}(x_i)$ 为对象 x_i ， $i\in\{1,2,\cdots,n\}$ 的位集表示，且记

$$\text{bitset}_{\text{OR}}(x_1,x_2,\cdots,x_n)=\text{bitset}(x_1)\ \text{OR}\ \text{bitset}(x_2)\ \text{OR}\ \cdots\ \text{OR}\ \text{bitset}(x_n)$$

$$\text{bitset}_{\text{AND}}(x_1,x_2,\cdots,x_n)=\text{bitset}(x_1)\ \text{AND}\ \text{bitset}(x_2)\ \text{AND}\ \cdots\ \text{AND}\ \text{bitset}(x_n)$$

则 $\text{bitset}_{\text{OR}}(x_1,x_2,\cdots,x_n)$ 和 $\text{bitset}_{\text{AND}}(x_1,x_2,\cdots,x_n)$ 仍然是位集，将两个对象之间的位集差异度定义推广到集合 $X=\{x_1,x_2,\cdots,x_n\}$ 内各对象之间位集差异度的定义为

$$d(x_1,x_2,\cdots,x_n)=\frac{|\text{bitset}_{\text{OR}}(x_1,x_2,\cdots,x_n)|-|\text{bitset}_{\text{AND}}(x_1,x_2,\cdots,x_n)|}{n\times|\text{bitset}_{\text{AND}}(x_1,x_2,\cdots,x_n)|} \tag{4-15}$$

根据位集差异度推广的定义，n 个对象取值不同的位数越多即取值皆为 1 的位数越少，n 个对象间差异度越大，越不相似；反之，则差异度越小，越相似。两个对象之间的位集差异度是位集差异度推广的定义在集合中只包含两个对象时的一种特殊情况。

4.6.3　相关定理

定理 4-5(位集差异度一致性定理)：设分类属性对象集合 $X=\{x_1,x_2,\cdots,x_n\}$ ，$\text{bitset}(x_i)$ 为对象 x_i ， $i\in\{1,2,\cdots,n\}$ 的位集表示，对 $x_1,x_2,\cdots,x_n$ 进行随机排序，记为 $x_{r1},x_{r2},\cdots,x_{rn}$ ，则位集差异度一致，即

$$d(x_1,x_2,\cdots,x_n)=d(x_{r1},x_{r2},\cdots,x_{rn}) \tag{4-16}$$

证明：逻辑或(OR)运算和逻辑与(AND)运算都满足交换率和结合律，因此

$$\text{bitset}_{\text{OR}}(x_1,x_2,\cdots,x_n)=\text{bitset}_{\text{OR}}(x_{r1},x_{r2},\cdots,x_{rn})$$

$$\text{bitset}_{\text{AND}}(x_1,x_2,\cdots,x_n)=\text{bitset}_{\text{AND}}(x_{r1},x_{r2},\cdots,x_{rn})$$

所以，有

$$\frac{|\text{bitset}_{\text{OR}}(x_1,x_2,\cdots,x_n)|-|\text{bitset}_{\text{AND}}(x_1,x_2,\cdots,x_n)|}{n\times|\text{bitset}_{\text{AND}}(x_1,x_2,\cdots,x_n)|}$$

$$=\frac{|\text{bitset}_{\text{OR}}(x_{r1},x_{r2},\cdots,x_{rn})|-|\text{bitset}_{\text{AND}}(x_{r1},x_{r2},\cdots,x_{rn})|}{n\times|\text{bitset}_{\text{AND}}(x_{r1},x_{r2},\cdots,x_{rn})|}$$

即

$$d(x_1,x_2,\cdots,x_n)=d(x_{r1},x_{r2},\cdots,x_{rn})$$

由该定理可知，一个集合的位集差异度不受集合内对象顺序的影响，位集差异度 $d(x_1,x_2,\cdots,x_n)$ 和 $d(x_{r1},x_{r2},\cdots,x_{rn})$ 相等，为描述方便，皆简记为 $d(X)$。相应地，$\text{bitset}_{\text{OR}}(x_1,x_2,\cdots,x_n)$ 和 $\text{bitset}_{\text{OR}}(x_{r1},x_{r2},\cdots,x_{rn})$ 相等，皆简记为 $\text{bitset}_{\text{OR}}(X)$；$\text{bitset}_{\text{AND}}(x_1,x_2,\cdots,x_n)$ 和 $\text{bitset}_{\text{AND}}(x_{r1},x_{r2},\cdots,x_{rn})$ 相等，皆简记为 $\text{bitset}_{\text{AND}}(X)$。

定理 4-6(位集差异度计算定理)：设分类属性对象集合 $X=\{x_1,x_2,\cdots,x_n\}$，$\text{bitset}(x_i)$ 为对象 x_i，$i\in\{1,2,\cdots,n\}$ 的位集表示，Y 和 Z 为 X 的任意两个非空子集，则有

$$d(Y\cup Z)=\frac{|\text{bitset}_{\text{OR}}(Y)\ \text{OR}\ \text{bitset}_{\text{OR}}(Z)|-|\text{bitset}_{\text{AND}}(Y)\ \text{AND}\ \text{bitset}_{\text{AND}}(Z)|}{|Y\cup Z|\times|\text{bitset}_{\text{AND}}(Y)\ \text{AND}\ \text{bitset}_{\text{AND}}(Z)|} \tag{4-17}$$

证明：根据位集差异度推广的定义式(4-15)，$Y\cup Z$ 的位集差异度为

$$d(Y\cup Z)=\frac{|\text{bitset}_{\text{OR}}(Y\cup Z)|-|\text{bitset}_{\text{AND}}(Y\cup Z)|}{|Y\cup Z|\times|\text{bitset}_{\text{AND}}(Y\cup Z)|}$$

由逻辑与(AND)和逻辑或(OR)运算的定义及定理 4-5(位集差异度一致性定理)有

$$\text{bitset}_{\text{OR}}(Y\cup Z)=\text{bitset}_{\text{OR}}(Y)\ \text{OR}\ \text{bitset}_{\text{OR}}(Z)$$

$$\text{bitset}_{\text{AND}}(Y\cup Z)=\text{bitset}_{\text{AND}}(Y)\ \text{AND}\ \text{bitset}_{\text{AND}}(Z)$$

因此，得

$$d(Y\cup Z)=\frac{|\text{bitset}_{\text{OR}}(Y)\ \text{OR}\ \text{bitset}_{\text{OR}}(Z)|-|\text{bitset}_{\text{AND}}(Y)\ \text{AND}\ \text{bitset}_{\text{AND}}(Z)|}{|Y\cup Z|\times|\text{bitset}_{\text{AND}}(Y)\ \text{AND}\ \text{bitset}_{\text{AND}}(Z)|}$$

该定理表明，当 X 的任意两个非空子集 Y 和 Z 合并时，可以根据关于 Y 的位集 $\text{bitset}_{\text{OR}}(Y)$ 和 $\text{bitset}_{\text{AND}}(Y)$ 及关于 Z 的位集 $\text{bitset}_{\text{OR}}(Z)$ 和 $\text{bitset}_{\text{AND}}(Z)$ 直接计算得到关于合并后集合的位集 $\text{bitset}_{\text{OR}}(Y\cup Z)$ 和 $\text{bitset}_{\text{AND}}(Y\cup Z)$ 及位集差异度 $d(Y\cup Z)$。特别地，当 $Y=Z$ 时，$d(Y\cup Z)=d(Y)=d(Z)$。

对于分类属性高维稀疏数据聚类问题，位集差异度一致性定理和位集差异度

计算定理保证了所有的操作都可以通过位集运算完成。而位集运算是极其高效的，这构成了快速进行分类属性高维稀疏数据聚类的重要基础。

4.6.4 算法步骤

聚类算法的核心就是利用对象之间差异度的不同，将差异度较小的对象归为一类，而差异度较大的对象归为不同的类。在基于位集的聚类中，有关差异度的计算都通过位集运算完成，并通过一个输入阈值参数即位集差异度上限 b 来控制各个类中对象间总体差异程度的最高上限。基于位集的聚类在进行一次数据扫描的过程中将位集差异度不大于阈值 b 的对象划分为同一个类，大于阈值 b 的对象划分到不同的类。

基于位集的聚类的基本步骤如下。

输入：分类属性对象 x_i 的位集表示 $\text{bitset}(x_i)$ ，$i=1,2,\cdots,n$ ；阈值为 b 。

输出：由基于位集的聚类聚成的 k 个类。

步骤 1：计算 $\text{bitset}_{\text{OR}}(x_1,x_2)$ 和 $\text{bitset}_{\text{AND}}(x_1,x_2)$ ，根据式(4-14)得到对象 x_1 和 x_2 之间的位集差异度 $d(x_i,x_j)$ ，若 $d(x_i,x_j)$ 不大于位集差异度上限 b ，则类 $X_1=\{x_1,x_2\}$ ，类的个数 $k=1$ ；若 $d(x_i,x_j)$ 大于位集差异度上限 b ，则 $X_1=\{x_1\}$ 及 $X_2=\{x_2\}$ ，类的个数 $k=2$ 。

步骤 2：对于 $\text{bitset}(x_i)$ ，$i=3,4,\cdots,n$ ，依次完成如下操作。

(1) 对于 $c=1,2,\cdots,k$ ，根据位集差异度计算定理计算 $\text{bitset}_{\text{OR}}(X_c\cup\{x_i\})$ 和 $\text{bitset}_{\text{AND}}(X_c\cup\{x_i\})$ ，得到集合 $X_c\cup\{x_i\}$ 内所有对象间的位集差异度 $d(X_c\cup\{x_i\})$ 。

(2) 求最小位集差异度 $d_{\min}=\min_{c=1,2,\cdots,k}d(X_c\cup\{x_i\})$ ，对应的类记为 X_{c_0} 。

(3) 若 $d_{\min}$ 不大于位集差异度上限 b ，则类 $X_{c_0}=X_{c_0}\cup\{x_i\}$ ，类的个数 k 不变；若 $d_{\min}$ 大于位集差异度上限 b ，则新建一个类 $X_{k+1}=\{x_i\}$ ，类的个数更新为 $k=k+1$ 。

步骤 3：输出类 $X_1,X_2,\cdots,X_k$ 。

从上述步骤可知：在一次数据扫描中每个对象至多进行 k 次位集差异度的计算以完成聚类过程，每次计算的核心是两个位集的逻辑与(AND)和逻辑或(OR)操作，与数据的维数无关，算法的计算时间复杂度为 $O(nk)$ ，其中，n 为对象数目，k 为类的数目，$k\ll n$ 。

基于位集的聚类充分利用位集内存消耗低、速度快的特点定义位集差异度，提出并证明了位集差异度一致性定理和位集差异度计算定理，不仅对高维稀疏数据进行了有效压缩精简，同时保证了聚类过程中的所有操作都可以通过位集运算完成，极大地减少了聚类过程中的计算量，这使得算法效率很高。

4.7 本 章 要 点

本章详细给出了高维稀疏数据聚类原理在分类属性数据的拓展，包括分类属性基于稀疏特征向量的聚类 CABOSFV_C、基于集合差异度的聚类 CABOSD、拓展稀疏差异度聚类 CAESD、稀疏性指数排序聚类 CABOSFV_CS、不干涉序列加权排序聚类 CABOSFV_CSW、基于位集的聚类等系列分类属性高维稀疏数据聚类算法。

(1) 在 CABOSFV_C 中，定义了分类属性数据对象集合的稀疏差异度 SFD_C，对二值属性数据对象集合的稀疏差异度进行拓展。CABOSFV_C 是对二值属性基于稀疏特征向量的聚类 CABOSFV 的拓展，既适用于分类属性，也适用于二值属性。下面几个分类属性高维稀疏数据聚类算法也具有类似的特点。

(2) CABOSD 通过定义的集合差异度和集合精简表示，直接进行一个集合内所有对象总体差异程度的计算，而不必计算两两对象间的距离，并且在不影响计算精确度的情况下对分类属性数据进行高度压缩精简，只需一次数据扫描即得到聚类结果，算法计算时间复杂度接近线性。

(3) 在 CABOSFV_C 的基础上，CAESD 针对分类属性高维稀疏数据将集合的稀疏差异度的度量从一个集合内所有对象间的总体差异程度拓展推广到多个集合间的总体差异程度，并进一步定义多个集合间的拓展稀疏特征向量，进而实现分类属性高维稀疏数据聚类，聚类质量优于 CABOSFV_C，但受两个阈值参数的影响。

(4) 针对 CABOSFV、CABOSFV_C 高维稀疏数据聚类受数据输入顺序影响的问题，CABOSFV_CS 在分析数据输入顺序影响聚类质量原因的基础上，通过定义稀疏性指数并按该指数升序对数据排序的方法进行改进。实验结果表明，CABOSFV_CS 有效地提高了聚类结果的准确率。

(5) CABOSFV_CSW 通过定义不干涉序列指数，给出应用不干涉序列加权对分类属性数据进行排序的聚类算法，降低了算法对数据输入顺序的敏感性。实验结果表明，应用不干涉序列指数升序排序的 CABOSFV_CSW 在聚类准确性上有改善，在稳定性上有显著提高。

(6) 基于位集的聚类算法充分利用位集简练和运算速度快的特点，采用位集存储和表示分类属性数据对象，在定义位集差异度的基础上，提出并证明了位集差异度一致性定理和位集差异度计算定理，聚类过程的一次数据扫描中每个对象至多进行 k 次位集差异度的计算以完成聚类过程，每次计算的核心是两个位集的逻辑与(AND)和逻辑或(OR)操作，与数据的维数无关，算法的计算时间复杂度为 $O(nk)$，其中，n 为对象数目，k 为类的数目，$k \ll n$。

第 5 章　数值属性高维稀疏数据聚类

本章将详细给出高维稀疏数据聚类在数值属性数据的拓展推广，包括稀疏特征聚类 SFC、模糊离散化数据聚类 FD-CABOSFV 等数值属性高维稀疏数据聚类算法。

5.1　稀疏特征聚类

本节针对数值属性高维稀疏数据，给出稀疏特征聚类算法 SFC。该算法通过稀疏特征及对象的稀疏差异度，经初次聚类将一个高维稀疏数据聚类问题转换为若干个低维数据聚类问题后再次聚类，不仅使原问题得到简化，并且使最终的聚类结果更理想。SFC 算法的初次聚类解决的是与 CABOSFV 聚类一致的二值属性高维稀疏数据聚类问题。

5.1.1　聚类思想

SFC 算法是专门针对数值属性的高维稀疏数据聚类问题提出的。该聚类算法的主要思想体现在如下几个方面。

(1) 针对对象属性取值稀疏的特点，分两次聚类完成问题的求解：初次聚类和再次聚类。初次聚类是根据各维属性值的稀疏性对原始问题进行分解，使其由一个复杂的高维稀疏数据聚类问题转换为相对简单的多个低维数据聚类问题；再次聚类是针对初次聚类得到的每个稀疏类进行进一步的聚类处理，得到最终的聚类结果。

(2) 初次聚类的具体方法是将稀疏情况相同或相似的对象归入同一个子类，从而在每个子类中去除与该子类不相关的属性，因此可以使得每个子类的属性维数减少，原始高维稀疏问题得到简化。初次聚类后形成的每一个类称为一个稀疏类，每一个稀疏类对应着一个低维数据聚类问题。

(3) 为了根据对象属性取值稀疏情况的相似性进行初次聚类，需要对各对象属性取值的稀疏情况进行描述，SFC 算法采用的是针对数值属性高维稀疏数据的稀疏特征，它是一个二值属性，由原问题中的数值属性值转换而来，用于描述对象取值的稀疏情况。稀疏特征是 SFC 算法最重要的基本概念。

(4) 在初次聚类后，如果形成的稀疏类已经能够满足所研究问题的需要，那么将其作为最终的聚类结果，称为终类，不再对其进行任何处理，即不需要对稀疏类进行再次聚类处理；否则，需要进行再次聚类处理。

(5) 再次聚类是针对每个稀疏类进行的。每一个稀疏类对应一个低维数据聚类问题。再次聚类的实质就是对每一个稀疏类进行进一步的分解聚类，形成满足需要的较小的类。经过再次聚类后形成的类同终类一起为原高维稀疏数据聚类问题的最终聚类结果。

(6) 对于需要再次聚类的稀疏类，其中的对象具有相似的稀疏特征，所以不宜再根据稀疏特征的相似性进行分解聚类。对一个稀疏类中的对象进行聚类已经是一个低维数据聚类问题，可以直接应用原问题中的数值属性进行差异度的计算，进而进行分解聚类。

(7) 在初次聚类中没有归入任何一个稀疏类的对象为稀疏孤立对象，其自身形成一个终类，不能再进行进一步的分解，不需要再进行分解聚类。

5.1.2 稀疏特征

为了对高维稀疏数据进行有效的聚类，需要根据对象属性取值的稀疏情况对问题进行分解，使其由一个复杂的高维数据问题转换为相对简单的多个低维数据问题。为了衡量对象属性取值的稀疏情况，在此首先给出对象取值稀疏特征的定义。

假设有 n 个对象，描述第 i 个对象的 m 个属性值分别对应于数值属性值 $x_{i1},x_{i2},\cdots,x_{im}$，将其转换为二值属性并表示为 $y_{i1},y_{i2},\cdots,y_{im}$，转换方法为

$$y_{ij}=\begin{cases}1, & x_{ij}>0\\ 0, & x_{ij}=0\end{cases} \tag{5-1}$$

其中，$i\in\{1,2,\cdots,n\}$；$j\in\{1,2,\cdots,m\}$。y_{ij}，$i\in\{1,2,\cdots,n\}$，$j\in\{1,2,\cdots,m\}$表明了各个对象在各属性上的稀疏情况，称为第 i 个对象在第 j 个属性上的稀疏特征。如果 $y_{ij}=1$，则表明第 i 个对象在第 j 个属性上是非稀疏的；如果 $y_{ij}=0$，则表明第 i 个对象在第 j 个属性上是稀疏的。实际上，从客户订货的角度来看，如果 $y_{ij}=1$，则表明第 i 个客户订购了第 j 种产品；如果 $y_{ij}=0$，则表明第 i 个客户没有订购第 j 种产品。

根据 2.2 节高维稀疏数据聚类问题中表 2-1 的客户订购产品数据稀疏特征取值如表 5-1 所示。

表 5-1 客户订购产品数据稀疏特征取值

客户	碳素镇板	优碳板	低合金板	…	石油管线钢卷
星光钢铁集团上海销售有限公司	1	0	1	…	0
达通汽车集团公司供应公司	1	1	0	…	0

续表

客户	碳素镇板	优碳板	低合金板	…	石油管线钢卷
力久工贸公司	1	0	1	…	0
中星贸易中心	1	0	0	…	0
通宝石油钢管厂	1	0	0	…	1
东方国际经济贸易总公司	0	0	0	…	0
汇源物业贸易发展公司	1	0	0	…	0
业民原材料公司	1	0	1	…	0
艾斯普原材料公司	1	0	0	…	0
…	…	…	…	…	…
兴达金属材料总公司	1	1	1	…	0

可以对上述稀疏特征的概念进行进一步拓展，得到如下稀疏特征。

假设有 n 个对象，描述第 i 个对象的 m 个属性值分别对应于数值属性值 $x_{i1},x_{i2},\cdots,x_{im}$，那么引入稀疏判断阈值 b_j，$j\in\{1,2,\cdots,m\}$，将数值属性转换为二值属性，表示为 $y_{i1},y_{i2},\cdots,y_{im}$，公式如下：

$$y_{ij}=\begin{cases}1, & x_{ij}>b_j\\0, & x_{ij}\leqslant b_j\end{cases} \tag{5-2}$$

其中，y_{ij}，$i\in\{1,2,\cdots,n\}$，$j\in\{1,2,\cdots,m\}$ 表明了各个对象在各属性上的稀疏情况，称为第 i 个对象在第 j 个属性上的稀疏特征。

如果 $y_{ij}=1$，则表明第 i 个对象在第 j 个属性上是非稀疏的；如果 $y_{ij}=0$，则表明第 i 个对象在第 j 个属性上是稀疏的。从客户订货的角度来看，如果 $y_{ij}=1$，则表明第 i 个客户订购了第 j 种产品，且订货数量大于给定的阈值 b_j；如果 $y_{ij}=0$，则表明第 i 个客户没有订购第 j 种产品或订货量不大于给定的阈值 b_j，可以忽略不计。

稀疏特征描述了各个对象在各属性取值上的稀疏情况，是对高维稀疏数据聚类问题进行分解的概念基础。

5.1.3 对象的稀疏差异度

采用 SFC 算法求解高维稀疏数据聚类问题，是将一个复杂的高维问题转换为相对简单的多个低维数据稀疏类，使得原始高维问题得到简化。这种分解的实质也是一个聚类问题，即根据对象间属性取值稀疏特征的相似性进行聚类。为了进行这种聚类，就需要在对象间进行稀疏相似性的计算。

对象间稀疏相似性可以通过计算对象间稀疏特征差异度来反向描述。差异度越大，对象间越不相似；差异度越小，对象间越相似。

假设有 n 个对象，描述每个对象的 m 个稀疏特征为 y_{ij}，$i \in \{1,2,\cdots,n\}$，$j \in \{1,2,\cdots,m\}$，是二值属性，那么计算对象 p 与 q 之间稀疏特征的差异度需要通过下面两个步骤来完成。

1. 稀疏特征取值的统计

假设 a 为对象 p 和对象 q 稀疏特征取值皆为 1 的属性个数，b 为对象 p 稀疏特征取值为 1 而对象 q 稀疏特征取值为 0 的属性个数，c 为对象 p 稀疏特征取值为 0 而对象 q 稀疏特征取值为 1 的属性个数，d 为对象 p 和对象 q 稀疏特征取值皆为 0 的属性个数。显然，$a+b+c+d=m$。

2. 差异度的计算

对象 p 与对象 q 之间稀疏特征的差异度 $d(p,q)$ 可以通过式(5-3)来计算：

$$d(p,q)=\frac{p\text{与}q\text{稀疏特征取值不同的属性个数}}{p\text{与}q\text{稀疏特征取值不同或同时为1的属性个数}}=\frac{b+c}{a+b+c} \tag{5-3}$$

其中，p 和 q 稀疏特征同时取值为 0 的情况被认为是不重要的，因此相应的统计值 d 可以忽略不计。

在需要考虑权重的情况下，假设赋予第 l 个属性的权重为 w_l，$l \in \{1,2,\cdots,m\}$，则对象 p 与对象 q 之间的差异度 $d(p,q)$ 可以采用式(5-4)进行计算：

$$d(p,q)=\frac{\sum_{l=1}^{m} w_{pq}^{l} d_{pq}^{l}}{\sum_{l=1}^{m} w_{pq}^{l}} \tag{5-4}$$

其中，

$$d_{pq}^{l}=\begin{cases}1, & p\text{和}q\text{的第}l\text{个属性取值不同}\\ 0, & p\text{和}q\text{的第}l\text{个属性取值相同}\end{cases}$$

$$w_{pq}^{l}=\begin{cases}0, & x_{pl}=x_{ql}=0\\ w_l, & \text{其他}\end{cases}$$

5.1.4 两阶段处理过程

SFC 的处理过程分为两个阶段：第一个阶段是高维稀疏数据对象的初次聚

类；第二个阶段是针对低维数据稀疏类的再次聚类。

在初次聚类中，全部对象被归入若干个稀疏类，一个稀疏类内的对象具有相似的稀疏特征，属性维数已经减少。如果某个稀疏类包含的对象较少，不需要再进行分解聚类，不参与再次聚类的过程，称为终类。初次聚类的过程如图 5-1(a)所示。

在再次聚类中，对稀疏类进行进一步的分解聚类。每一个稀疏类的分解聚类问题都是一个低维数据的聚类问题，分解后形成若干类。再次聚类的过程如图 5-1(b)所示。

由再次聚类中形成的各个类和初次聚类中形成的终类一起，共同构成了 SFC 所形成的最终类的划分，如图 5-1 虚线框内灰色部分所示。

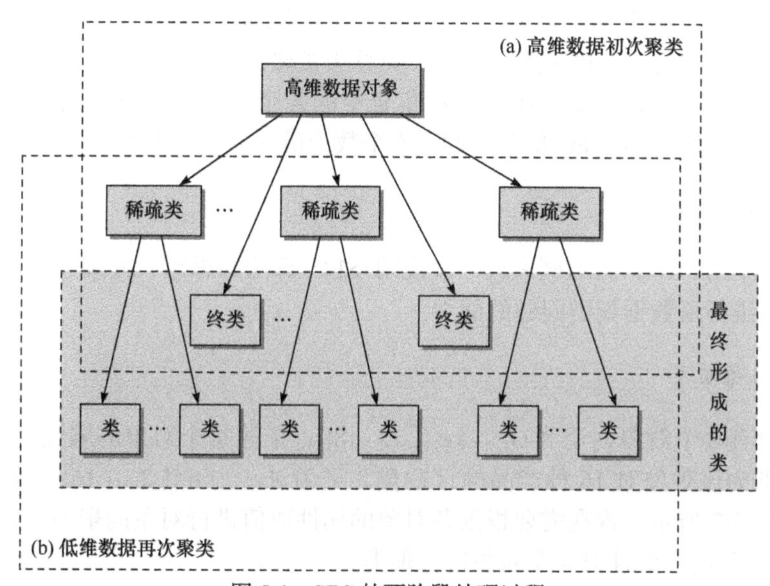

图 5-1　SFC 的两阶段处理过程

5.1.5　算法步骤

假设有 n 个对象，描述第 i 个对象的 m 个属性取值分别对应于数值属性值 $x_{i1},x_{i2},\cdots,x_{im}$，稀疏判断阈值为 b_j，$j\in\{1,2,\cdots,m\}$，描述第 i 个对象的 m 个属性的稀疏特征用 $y_{i1},y_{i2},\cdots,y_{im}$ 表示，采用 SFC 算法对数值属性高维稀疏数据聚类的一般处理过程如下。

输入：n 个对象，每个对象由 m 个数值属性描述；稀疏差异度上限为 b。

输出：由 SFC 算法聚成的 k 个类。

步骤 1：针对稀疏判断阈值 b_j，$j\in\{1,2,\cdots,m\}$，计算所有对象各属性的稀疏特征 y_{ij}，$i\in\{1,2,\cdots,n\}$，$j\in\{1,2,\cdots,m\}$。

步骤 2：根据稀疏特征的相似性进行初次聚类，形成稀疏类 X_c，$c \in \{1,2,\cdots,s\}$，其中 s 为稀疏类的个数。每一个稀疏孤立对象也作为一个特殊的稀疏类包含在其中。

步骤 3：分析形成的稀疏类，分别划入下述两个集合，即

$$P = \{X_p \mid p \in \{1,2,\cdots,s\} \text{ 且 } X_p \text{ 不需要进行再次聚类}\}$$

$$B = \{X_b \mid b \in \{1,2,\cdots,s\} \text{ 且 } X_b \text{ 需要进行再次聚类}\}$$

集合 P 中包含的稀疏类为终类，终类包含的对象数目较少，不需要进行再次聚类，仅需要对集合 B 中的每个稀疏类进行再次聚类。

步骤 4：对于 B 中的每个稀疏类，根据对象属性原始取值情况的相似性再次进行分解聚类，形成的类的集合记为 BP。对 B 中的稀疏类的再次聚类问题已是低维数据聚类问题，可以采用已有的聚类算法实现。

步骤 5：计算 $\mathrm{FC} = P \cup \mathrm{BP}$，FC 集合中的各个类即为求解原高维稀疏数据聚类问题形成的终类，FC 集合中的元素个数为最终形成的类的数目。

5.1.6 算法示例

本节给出一个算法示例来进一步说明 SFC 算法的思想、处理过程和求解数值属性高维稀疏数据聚类问题的能力。

1. 问题描述

假设有 8 个对象，记为 O_i，$i \in \{1,2,\cdots,8\}$，描述每个对象的属性有 16 个，它们分别为该对象对 16 种产品的订购量，记为 A_j，$j \in \{1,2,\cdots,16\}$，各属性的取值如表 5-2 所示。现在需要根据各对象的属性取值进行对象的聚类，即根据订购 16 种产品的相似性对 8 个对象进行聚类。

表 5-2 8 个对象 16 个属性聚类问题的原始数据

对象	属性															
	A_1	A_2	A_3	A_4	A_5	A_6	A_7	A_8	A_9	A_{10}	A_{11}	A_{12}	A_{13}	A_{14}	A_{15}	A_{16}
O_1	—	20	—	—	—	0.1	30	—	—	0.05	1	—	—	8	—	—
O_2	20	20	—	20	10	—	—	20	10	—	—	20	—	—	10	—
O_3	—	80	—	—	—	1	10	—	—	0.5	20	—	—	30	—	60
O_4	100	80	—	100	100	—	—	100	100	—	—	100	—	30	100	—
O_5	—	100	100	—	—	0.1	—	—	—	—	30	—	100	—	—	—
O_6	—	90	—	—	—	0.1	5	—	—	0.1	40	—	20	50	—	100

续表

对象	属性															
	A_1	A_2	A_3	A_4	A_5	A_6	A_7	A_8	A_9	A_{10}	A_{11}	A_{12}	A_{13}	A_{14}	A_{15}	A_{16}
O_7	—	10	—	—	—	0.9	30	—	—	1	80	—	—	100	—	—
O_8	—	10	—	—	—	0.8	100	—	—	0.9	100	—	—	90	—	10

为了防止某些属性取值的数量级过大或过小对相似性的计算产生影响，首先需要对数据进行标准化处理，可以采用小数定标规范化方法，使得所有对象的属性取值在[0,1]。经过标准化处理后的数据见表 5-3。

表 5-3　标准化处理后的数据

对象	属性															
	A_1	A_2	A_3	A_4	A_5	A_6	A_7	A_8	A_9	A_{10}	A_{11}	A_{12}	A_{13}	A_{14}	A_{15}	A_{16}
O_1	—	0.2	—	—	—	0.1	0.3	—	—	0.05	0.01	—	—	0.08	—	—
O_2	0.2	0.2	—	02	0.1	—	—	0.2	0.1	—	—	0.2	—	—	0.1	—
O_3	—	0.8	—	—	—	1	0.1	—	—	0.5	0.2	—	—	0.3	—	0.6
O_4	1	0.8	—	1	1	—	—	1	1	—	—	1	—	0.3	1	—
O_5	—	1	—	—	—	0.1	—	—	—	—	0.3	—	1	—	—	—
O_6	—	0.9	—	—	—	0.1	0.05	—	—	0.1	0.4	—	—	0.5	—	1
O_7	—	0.1	—	—	—	0.9	0.3	—	—	1	0.8	—	—	1	—	—
O_8	—	0.1	—	—	—	0.8	1	—	—	0.9	1	—	—	0.9	—	0.1

2. 传统聚类算法的不足

先应用一种传统的聚类算法——系统聚类的最短距离法求解该聚类问题。对于上述问题，其聚类过程为：首先计算两两对象间的距离，构造 8 个类，每个类只包含一个对象；然后合并距离最短的两个类作为一个新类；计算新类与当前各类中每两个类间的距离，再合并距离最短的两个类；重复该过程，直到类的个数为 1；画出聚类谱系图；确定类的个数和类。

假定在标准化后，描述第 i 个对象的 16 个属性值分别对应于数值属性值 $x_{i1},x_{i2},\cdots,x_{i16}$，描述第 j 个对象的 16 个属性值分别对应于数值属性值 x_{j1}, $x_{j2},\cdots,x_{j16}$，$i,j\in\{1,2,\cdots,8\}$，对象 i 与对象 j 之间的差异度以它们之间的距离

$d(i,j)$ 来表示，具体的距离计算采用下述绝对值距离，计算所得各对象间的距离如表 5-4 所示。

$$d(i,j) = |x_{i1} - x_{j1}| + |x_{i2} - x_{j2}| + \cdots + |x_{i16} - x_{j16}| \tag{5-5}$$

$$i \in \{1,2,\cdots,8\}, \quad j \in \{1,2,\cdots,8\}$$

表 5-4　基于绝对值距离计算的 8 个对象间的距离

对象	O_1	O_2	O_3	O_4	O_5	O_6	O_7	O_8
O_1	0	0.64	3.16	8.28	3.52	3.01	3.56	4.26
O_2		0	4.4	6.8	4.3	4.15	5.2	5.9
O_3			0	9.4	4.7	2.45	3.4	4.1
O_4				0	9.9	9.15	11.4	12.1
O_5					0	3.65	6.5	7.2
O_6						0	4.85	5.35
O_7							0	1.3
O_8								0

注：对象间的距离具有对称性，故表中只列出了对角线以上的数据。

针对上述计算所得距离，应用系统聚类最短距离法形成的聚类结果如图 5-2 所示。

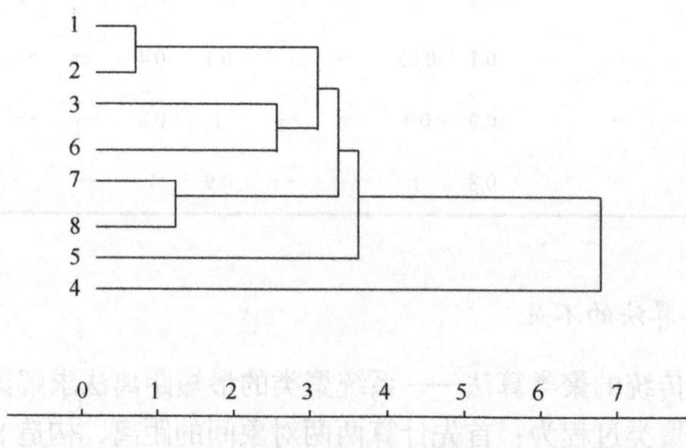

图 5-2　应用系统聚类最短距离法生成的谱系图

在以谱系图中距离 5 为切分点，确定类的个数为 2 的情况下，所形成的类为{1, 2, 3, 5, 6, 7, 8}，{4}；在以距离 3 为切分点，确定类的个数为 5 的情况下，所形成的类为{1, 2}，{3, 6}，{7, 8}，{4}，{5}。

实际上，无论划分为 2 个类还是划分为 5 个类，这样形成的类的划分并不合理。就对象 1 和对象 2 而言，它们非零的属性取值涉及 13 个属性维，但只在一个属性维上两个对象的取值都不为 0。也就是说，客户 1 和客户 2 订购了 13 种产品，但是只有一种产品相同。很显然，对象 1 和对象 2 放在一个类中并不合适。

从该例可以看出，采用传统的聚类算法求解高维稀疏数据聚类问题存在缺陷，可能会产生错误的聚类结果。产生错误的聚类结果的原因主要有以下两个。

(1) 对于数值属性高维稀疏数据聚类问题，不宜直接采用传统的数值属性距离计算方法，因为其难以真实反映对象间的差异程度，也就难以得到正确的聚类结果。例如，上例中计算所得的对象 1 和对象 2 间的距离非常近，表明他们订购产品的情况非常相似，而实际情况却是对象 1 和对象 2 订购产品的相似度非常低。

(2) 许多聚类算法都是在属性维数比较低的情况下能够生成质量比较高的聚类结果，却难以直接应用于高维数据对象的聚类。对于高维数据聚类问题，即使数据不是稀疏的，许多聚类算法也不能保证聚类结果的正确性。

3. 稀疏特征聚类的优势

应用稀疏特征聚类算法 SFC 进行聚类，取稀疏判断阈值 $b_k=0$，$k\in\{1,2,\cdots,16\}$，计算所有对象各属性的稀疏特征 y_{ik}，$i\in\{1,2,\cdots,8\}$，$k\in\{1,2,\cdots,16\}$。由表 5-2 中原始数据得到的稀疏特征数据见表 5-5。

表 5-5　8 个对象 16 个属性聚类问题的稀疏特征

对象	A_1	A_2	A_3	A_4	A_5	A_6	A_7	A_8	A_9	A_{10}	A_{11}	A_{12}	A_{13}	A_{14}	A_{15}	A_{16}
O_1	—	1	—	—	—	1	1	—	—	1	1	—	—	1	—	—
O_2	1	1	—	1	1	—	—	1	1	—	—	1	—	—	1	—
O_3	—	1	—	—	—	1	1	—	—	1	1	—	—	1	—	1
O_4	1	1	—	1	1	—	—	1	1	—	—	1	—	1	1	—
O_5	—	1	—	—	—	1	—	—	—	—	1	—	1	—	—	—
O_6	—	1	—	—	—	1	1	—	—	1	1	—	1	1	—	1
O_7	—	1	—	—	—	1	1	—	—	1	1	—	—	1	—	—
O_8	—	1	—	—	—	1	1	—	—	1	1	—	—	1	—	1

根据稀疏特征按下式计算对象 O_i 与 O_j 的差异度，结果见表 5-6。

$$d(O_i,O_j)=\frac{O_i与O_j稀疏特征取值不同的属性个数}{O_i与O_j取值不同或同时为1的属性个数}$$

表 5-6　8 个对象间的稀疏差异度

对象	O_1	O_2	O_3	O_4	O_5	O_6	O_7	O_8
O_1	0	0.92	0.14	0.85	0.63	0.25	0	0.14
O_2		0	0.93	0.11	0.92	0.93	0.92	0.93
O_3			0	0.86	0.67	0.13	0.14	0
O_4				0	0.92	0.87	0.85	0.86
O_5					0	0.56	0.63	0.67
O_6						0	0.25	0.13
O_7							0	0.14
O_8								0

注：对象间的稀疏差异度具有对称性，故表中只列出了对角线以上的数据。

根据计算所得对象间的稀疏差异度进行初次聚类，仍然采用系统聚类最短距离法形成稀疏类为{1, 3, 6, 7, 8}，{2, 4}，{5}。对象 5 是一个孤立的对象，作为一个特殊的稀疏类。

第一个稀疏类包含的对象 1, 3, 6, 7, 8 相互之间差异度的计算只涉及 8 个属性维，第二个稀疏类只涉及 9 个属性维。可见，初次聚类后再次聚类问题的属性维数较原问题的 16 个属性维相比已经明显降低，并且不再是稀疏问题，可以选择一般的聚类算法进行求解。

稀疏类{1, 3, 6, 7, 8}中包含对象比较多，可以再进行分解聚类。针对这 5 个对象属性的原始取值情况进行两两对象间距离的计算，距离计算的方法采用绝对值距离，采用系统聚类算法形成的类的集合为{1}，{3, 6}，{7, 8}。同未再次聚类的稀疏类{2, 4}，{5}一起，形成的最终分类为{1}，{3, 6}，{7, 8}，{2, 4}，{5}。整个聚类过程如图 5-3 所示。

从上面的例子可以看出：采用 SFC 算法求解高维稀疏数据聚类问题，与传统的聚类算法相比具有明显的优越性。这主要体现在以下两个方面。

首先，SFC 算法通过两阶段聚类将一个高维稀疏数据聚类问题转换为若干个低维数据聚类问题，通过对这些低维数据进行聚类来求解原问题，降低了聚类问题的属性维数，使问题得到了简化。

其次，该算法应用提出的“稀疏特征”和“对象的稀疏差异度”，使得在初次聚类中对象间差异度的计算更合理，因而使得聚类的结果更符合实际情况，聚类的质量比较高。

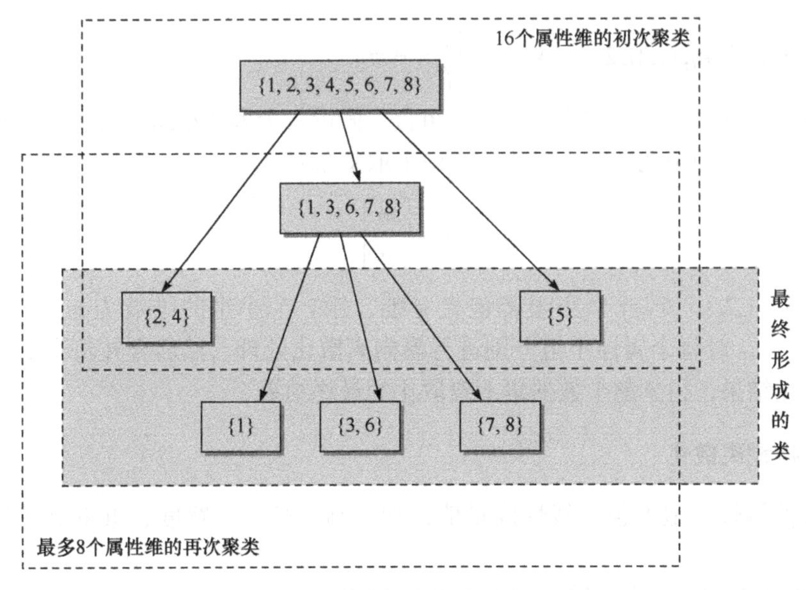

图 5-3　SFC 的算法示例

5.2　模糊离散化数据聚类

针对数值属性高维数据聚类问题，给出基于模糊离散化的改进 CABOSFV 聚类算法[62]FD-CABOSFV，简称模糊离散化数据聚类算法。针对属性组合利用模糊 c-均值聚类的思想进行属性取值的离散化，将数值属性转换成分类属性，并进一步转换为二值属性后利用 CABOSFV 进行聚类。

5.2.1　属性组合

属性离散化后的类别特征是否明显决定了对属性进行离散化处理的结果是否理想。对于取值分布具有明显类别特征的单属性可以进行独立离散化；对于数据集中的多个属性之间存在一定关系的属性，如果只进行独立离散化，不考虑属性离散化过程中的相互影响，容易产生不合理或多余的离散化划分点，可以对其进行整体离散化。单属性离散化和整体离散化在数值属性高维数据聚类中不一定能取得很好的效果，因此给出属性组合的概念对高维数据进行分组离散化处理。其基本思想是：在进行离散化的过程中将属性分成属性小组，将属性小组作为整体进行离散化。属性组合的定义如下。

定义 5-1(属性组合)：假设数据集 X 有 n 个对象 m 个属性，m 个属性分成 r 个属性小组，则属性小组表示为 $H_i, i \in \{1,2,\cdots,r\}$。其中，每个属性小组中包含

的属性个数为 $p_i, i \in \{1,2,\cdots,r\}$，且 $\sum_{i=1}^{r} p_i = m$。

现采用直接划分的方法进行属性组合。假设每个属性小组包含 g 维，则一个 m 维的数据集可分为 r 个小组，使用向上取整公式如下：

$$r = \left\lceil \frac{m}{g} \right\rceil \tag{5-6}$$

其中，第 $1,2,\cdots,r-1$ 个小组都包含 g 维，第 r 个小组的维数为 $m-(r-1)g \in \{1,2,\cdots,g\}$。对每个属性小组分别进行模糊离散化处理，然后合并每个属性小组的离散化结果，得到整个数据集上离散化的最终结果。

5.2.2 模糊离散化

数值属性一般取值为线性度量值，如身高、长度、宽度、重量等都是数值属性。

FD-CABOSFV 为了借鉴 CABOSFV 提出的针对二值属性的稀疏差异度来度量数值属性对象集合的差异度，需要将属性离散化为不同的分类属性，并最终用特定的二值属性$\{0,1\}$来表示。例如，描述花的一个数值属性是“花瓣长度”，将其泛化为花瓣(长)、花瓣(中)、花瓣(短)，三者中只能有一个取值为 1，其他取值均为 0。

在将数值属性转换成分类属性并用二值属性来表示的过程中，FD-CABOSFV 未采用非此即彼的思想得出属性取值是 1 还是 0，而是借助模糊 c-均值聚类的思想得到模糊离散化后各属性在[0,1]的取值。模糊 c-均值聚类的本质是带约束的非线性规划问题。其核心思想是：确定类的个数 c 及每组的聚类中心，使得各对象合并到相应的类以后目标函数最小。

将其用于求解各对象对于各离散化属性的隶属度。具体描述为：数据对象集合 $X=\{x_1,x_2,\cdots,x_n\}$ 被分为 c 类($c>1$且 c 为正整数)，模糊 c-均值聚类的结果是各对象对于各离散化属性的隶属度，用模糊矩阵 $W=(w_{ij})$ 表示，其中 w_{ij}，$0 \leqslant w_{ij} \leqslant 1$ 表示第 $i, 1 \leqslant i \leqslant n$ 个对象对第 $j, 1 \leqslant j \leqslant c$ 个离散化属性的隶属度。W 具有如下性质：

$$w_{ij} \in [0,1] \tag{5-7}$$

$$\sum_{j=1}^{c} w_{ij} = 1 \tag{5-8}$$

$$0 < \sum_{i=1}^{n} w_{ij} < n \tag{5-9}$$

为了计算各对象对于各离散化属性的隶属度，定义模糊 c-均值聚类的目标函数为

$$J_q(W,Z)=\sum_{i=1}^{n}\sum_{j=1}^{c}w_{ij}^q d_{ij}^2(x_i,z_j),\ Z=(z_1,z_2,\cdots,z_c) \tag{5-10}$$

其中，q 为模糊系数；w_{ij} 为模糊隶属度；z_j 为第 j 个聚类中心。聚类中心表示每个类的平均特征，可以认为是这个类的代表点。每个类对应一个离散化属性。

$d_{ij}(x_i,z_j)=\left\|x_i-z_j\right\|$ 是对象 x_i 到聚类中心 z_j 的欧氏距离。模糊 c-均值聚类即是在式(5-7)～式(5-9)的约束条件下求目标函数(5-10)的最小值，通过对目标函数的迭代优化实现对象的聚类。

算法的输入是属性组合后的各个属性小组对应的对象数据，输出是聚类中心 Z 以及 $n\times c$ 的模糊划分矩阵。根据模糊理论中的最大隶属原则能够确定每个对象归为哪个离散化属性。

5.2.3　隶属度下限

模糊离散化得到的模糊划分矩阵表示每个对象对聚类中心的隶属度，该隶属度用一个在 [0,1] 区间的数值表示。但是，要确定每个对象到底归属于哪一个类，还需要对隶属度进行水平截取。采用模糊理论中的隶属度下限 λ 对模糊矩阵中的各值进行水平截取，对应的转换函数如下所示：

$$\lambda_{w_{ij}}(x)=\begin{cases}1, & w_{ij}\geqslant\lambda\\0, & w_{ij}<\lambda\end{cases} \tag{5-11}$$

$W_\lambda=(\lambda_{w_{ij}})$ 称为 W 的 λ 截矩阵，是一个布尔矩阵。当对象在某类下取值为 1 时，表示该对象属于此类，反之，当取值为 0 时，表示该对象不属于此类。λ 取值不同，会影响对象对类的归属情况，即代表了对边界值的不同处理方式。当 λ 值较大时，对象进入某类的门槛较高；当 λ 值较小时，对象进入某类的门槛相对较低。

综上所述，对象中的数据进行模糊离散化并用隶属度下限 λ 截取以后，数值属性已转换为分类属性，并表示为二值属性 $\{0,1\}$，可以进一步利用 CABOSFV 解决聚类问题。

5.2.4　算法步骤

假设数据集 X 有 n 个对象 m 个属性，描述第 $i,i\in\{1,2,\cdots,n\}$ 个对象的 m 个属性取值是数值属性值 $x_{i1},x_{i2},\cdots,x_{im}$，FD-CABOSFV 的步骤如下。

输入：数据集 X，包含 n 个对象，由 m 个数值属性描述；属性小组个数

r；各属性小组的离散化属性数 c；隶属度下限 λ；稀疏差异度上限 b。

输出：由 FD-CABOSFV 聚成的 k 个类。

步骤 1：数据标准化。描述同一个对象的各个属性往往有不同的计量单位，为了避免计量单位对差异度计算的影响，需要先对属性进行标准化。采用统计学中的标准化转换方法对数据进行处理，转换公式如下：

$$x_{ij}^* = \frac{x_{ij} - \text{average}[x_j]}{\text{sqrt}(\text{var}[x_j])} \tag{5-12}$$

其中，x_{ij} 为第 i 个对象的第 j 维数据；$\text{average}[x_j]$ 为第 j 维数据的平均值；$\text{sqrt}(\text{var}[x_j])$ 为第 j 维数据的标准差；x_{ij}^* 为标准化后第 i 个对象在第 j 维的取值。这里第 i 个对象的 m 个属性取值仍然用 $x_{i1}, x_{i2}, \cdots, x_{im}$ 来描述。

步骤 2：属性组合。将 m 个属性分成 r 个属性小组，根据式(5-6)计算出每个属性小组包含的维数。数据集转换为 r 组属性 n 个对象，描述第 i 个对象的 r 组属性为 $y_{i1}, y_{i2}, \cdots, y_{ir}$，数据集表示为 $Y_{n\times r}$。

步骤 3：模糊离散化。针对数据集 $Y_{n\times r}$ 中的 r 个属性小组运用 FCM 聚类逐个进行模糊离散化，具体过程如下：

(1) 读取数据。分别读取第 $r_0, r_0 \in \{1,2,\cdots,r\}$ 个属性小组对应的对象数据。

(2) 针对每个属性小组，进行模糊离散化，将每组属性取值划分为 c 类。计算模糊隶属度矩阵 $W = [w_{it}]$，$t \in \{1,2,\cdots,c\}$。

(3) 当满足式(5-10)中目标函数最小时，输出模糊矩阵 W 和聚类中心 Z。

汇总所有单一属性小组模糊离散化以后的结果，得到的模糊矩阵 W 是 s 维 n 个对象，其中 $s = r \times c$。描述第 i 个对象的 s 维属性的隶属度表示为 $w_{i1}, w_{i2}, \cdots, w_{is}$。

步骤 4：λ 水平截取。对模糊矩阵 W 的各个隶属度利用式(5-11)进行 λ 水平截取，得到布尔矩阵 W_λ。

步骤 5：利用 CABOSFV 进行聚类。对 n 个对象的数据集 W_λ，其中描述第 i 个对象的 s 维属性已表示为二值属性 $w_{i1}, w_{i2}, \cdots, w_{is}$，在稀疏差异度上限为 b 的条件下，利用 CABOSFV 进行聚类，得到 k 个类。

若聚类结果不能满足需求，则可以回到对应的步骤中调整参数 r 值、c 值、λ 值以及 b 值，重复上面的计算步骤，直到满足需求为止。

总结上述步骤，FD-CABOSFV 聚类过程模型如图 5-4 所示。

5.2.5 算法示例

设有 10 朵花，花的序号记为 $\{1,2,\cdots,10\}$，描述每朵花的属性有 4 个，分别为花萼长度、花萼宽度、花瓣长度以及花瓣宽度，其值为数值属性，原始数据如

表 5-7 所示。根据这 10 朵花的属性对花进行聚类，这是一个 10 个对象 4 维的聚类问题。

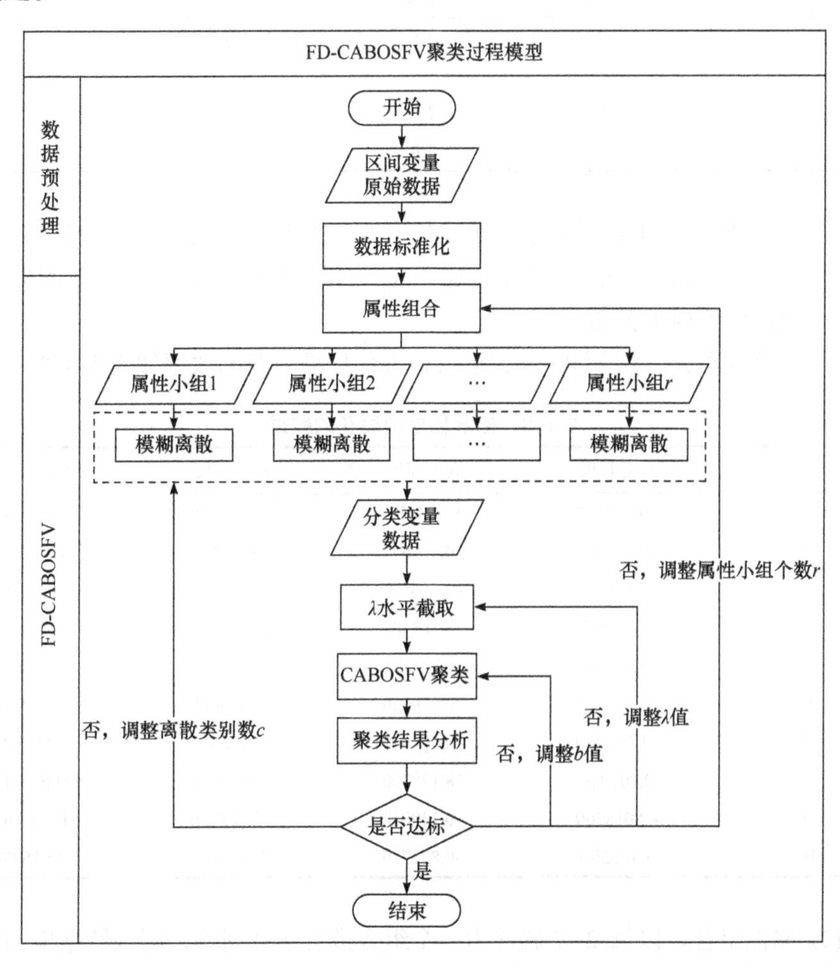

图 5-4　FD-CABOSFV 聚类过程模型

表 5-7　花的原始数据

花朵序号	花萼长度	花萼宽度	花瓣长度	花瓣宽度
1	5.1	3.5	1.4	0.2
2	5.0	3.6	1.4	0.2
3	5.0	3.4	1.5	0.2
4	6.9	3.1	4.9	1.5
5	6.1	2.9	4.7	1.4
6	6.0	2.9	4.5	1.5

续表

花朵序号	花萼长度	花萼宽度	花瓣长度	花瓣宽度
7	6.3	3.3	6.0	2.5
8	7.2	3.6	6.1	2.5
9	6.0	2.2	5.0	1.5
10	6.7	3.1	5.6	2.4

应用 FD-CABOSFV 对上述问题进行聚类。描述 10 朵花 4 个属性的数据集为 $[x_{ij}]_{10\times 4}$，$i\in\{1,2,\cdots,10\}, j\in\{1,2,3,4\}$。$x_{ij}$ 为第 i 朵花在第 j 个属性的取值，FD-CABOSFV 处理步骤如下：

(1) 标准化处理。应用式(5-12)进行标准化处理后花的数据如表 5-8 所示。

表 5-8　标准化处理后花的数据

花朵序号	花萼长度	花萼宽度	花瓣长度	花瓣宽度
1	−0.177540	0.124423	−1.237300	−2.581890
2	4.341902	10.471620	−0.164630	−0.207660
3	−1.145610	−0.316570	−2.551860	−1.171700
4	0.466167	−0.683300	2.121556	1.771358
5	−4.495410	8.770746	−1.551730	−0.873820
6	1.115338	−0.379020	0.647499	−0.102590
7	−1.924060	−0.597910	−3.433810	−4.374580
8	2.001930	18.178390	1.335968	0.609221
9	−2.018360	−0.149010	−1.768180	−1.178740
10	1.168590	−0.822720	1.373658	1.001579

(2) 属性组合。以每 2 个属性为一个组合进行属性划分，则该数据集的属性可分为 r=2 个小组，每小组的数据单独进行离散化处理。

(3) 模糊离散化。设置各属性小组的离散化属性数 $c=3$，使用 FCM 聚类算法针对各属性小组对应的数据分别进行模糊离散化，其离散化结果如表 5-9 所示，所得的结果用离散化属性 $t, t\in\{1,2,\cdots,c\times r\}$ 表示，其中，c 为各属性小组的离散化属性数，r 为属性小组的个数，离散化属性个数 $s=c\times r=3\times 2=6$。

表 5-9　模糊隶属度矩阵

花朵序号	离散化属性 1	离散化属性 2	离散化属性 3	离散化属性 4	离散化属性 5	离散化属性 6
1	0.002668	0.209050	0.788280	0.082196	0.716280	0.201520
2	0.771410	0.107720	0.120870	0.493720	0.448530	0.057752

续表

花朵序号	离散化属性 1	离散化属性 2	离散化属性 3	离散化属性 4	离散化属性 5	离散化属性 6
3	0.002420	0.813060	0.184520	0.035201	0.900710	0.064091
4	0.000902	0.035356	0.963740	0.912750	0.064294	0.022961
5	0.368610	0.358710	0.272680	0.013701	0.976200	0.010094
6	0.001287	0.032050	0.966660	0.824740	0.145460	0.029797
7	0.002177	0.915110	0.082711	0.000444	0.001688	0.997870
8	0.925110	0.037535	0.037352	0.996780	0.002525	0.000699
9	0.000561	0.980290	0.019152	0.000563	0.998820	0.000620
10	0.002698	0.064086	0.933220	0.995150	0.003761	0.001089

(4) λ水平截取。设λ=0.5，按式(5-11)进行水平截取，得到数据集U，如表 5-10 所示。

表 5-10　水平截取数据集(λ=0.5)

花朵序号	离散化属性 1	离散化属性 2	离散化属性 3	离散化属性 4	离散化属性 5	离散化属性 6
1	0	0	1	0	1	0
2	1	0	0	0	0	0
3	0	1	0	0	1	0
4	0	0	1	1	0	0
5	0	0	0	0	1	0
6	0	0	1	1	0	0
7	0	1	0	0	0	1
8	1	0	0	1	0	0
9	0	1	0	0	1	0
10	0	0	1	1	0	0

(5) CABOSFV 聚类。对数据集U进行聚类分析，设一个类内对象集合的稀疏差异度上限b=1，得到 FD-CABOSFV 聚类的结果如表 5-11 所示。

类$U_3^{(1)}$仅包含一朵花，为孤立对象类，从形成的类中除去。由 FD-CABOSFV 得到的最终聚类结果为 3 个类，分别为{1, 3, 5, 9}、{4, 6, 10}以及{2, 8}。

表 5-11　应用 FD-CABOSFV 聚类结果

类别	花朵序号	花朵数目
$U_1^{(1)}$	1, 3, 5, 9	4

续表

类别	花朵序号	花朵数目
$U_2^{(1)}$	4, 6, 10	3
$U_3^{(1)}$	7	1
$U_4^{(1)}$	2, 8	2

基于模糊离散化的数值属性高维数据聚类算法 FD-CABOSFV 针对属性组合进行数值属性数据离散化，并将模糊 c-均值聚类算法应用于离散化过程，即利用模糊离散化的思想对数值属性进行离散化处理，得到模糊离散化后的分类属性，进而通过 λ 水平截取的方式将分类属性转换为二值属性，采用 CABOSFV 二值属性高维数据聚类算法得到数值属性数据聚类的最终结果。FD-CABOSFV 能有效解决数值属性高维数据聚类问题。采用三组 UCI 基准数据集将 FD-CABOSFV 与著名的 k-means 聚类算法进行比较，实验结果表明 FD-CABOSFV 更有效。

5.3 本章要点

本章详细给出了高维稀疏数据聚类在数值属性数据的拓展推广，包括稀疏特征聚类 SFC、模糊离散化数据聚类 FD-CABOSFV 等数值属性高维稀疏数据聚类算法。

(1) SFC 通过稀疏特征及对象的稀疏差异度，经初次聚类将一个高维稀疏数据聚类问题转换为若干个低维数据聚类问题后再次聚类，不仅使原问题得到简化，并且使最终的聚类结果更理想。

(2) FD-CABOSFV 针对属性组合进行数值属性数据离散化，并将模糊 c-均值聚类应用于离散化过程，即利用模糊离散化的思想对数值属性进行离散化处理，将数值属性转换成分类属性，并进一步转换为二值属性后利用 CABOSFV 进行聚类，得到数值属性数据聚类的最终结果。与著名的 k-means 聚类算法进行比较，实验结果表明 FD-CABOSFV 更有效。

第 6 章　不完备分类属性数据聚类

不完备数据特别是缺失数据的处理，是聚类知识发现研究和应用的一个常见问题。本章在不进行缺失数据填补的情况下，拓展高维稀疏数据聚类思想，直接给出针对不完备分类属性数据的聚类算法，包括容差集合差异度聚类、约束容差集合差异度聚类，并进一步给出基于不完备数据聚类结果进行缺失数据填补的方法及实验分析。

6.1　容差集合差异度聚类

针对不完备高维数据给出不完备数据容差集合差异度聚类算法[63](clustering algorithm based on tolerant set dissimilarity，CABOTOSD)，通过定义的容差集合差异度、容差集合精简和容差交运算，可以直接计算不完备数据对象集合内所有对象的总体差异程度，不必进行缺失数据的填补，并且在不影响聚类质量的情况下对数据进行高度压缩精简，只需一次数据扫描就能得到聚类结果。

6.1.1　容差集合差异度

定义 6-1 (属性容差值)：给定对象集合 $X=\{x_1,x_2,\cdots,x_n\}$ 及描述对象的分类属性集合 $A=\{a_1,a_2,\cdots,a_m\}$，第 i 个对象在第 l 个属性上的取值记为 $a_l(x_i)$，$i\in\{1,2,\cdots,n\}$，$l\in\{1,2,\cdots,m\}$。如果第 i 个对象在第 l 个属性上的取值缺失，则记 $a_l(x_i)=$ “*”。对于对象集合 $Y\subseteq X$，$|Y|$ 表示对象数目，则定义 Y 中所有对象取值都容差相等的属性 a_l 的容差值为

$$a_l(Y)=\begin{cases} a_l(x_i), & \exists x_i((x_i\in Y)\wedge(x_i\neq\text{“*”})) \\ \text{“*”}, & \neg\exists x_i((x_i\in Y)\wedge(x_i\neq\text{“*”})) \end{cases} \tag{6-1}$$

定义 6-2(容差集合差异度)：给定对象集合 $X=\{x_1,x_2,\cdots,x_n\}$ 及描述对象的分类属性集合 $A=\{a_1,a_2,\cdots,a_m\}$，第 i 个对象在第 l 个属性上的取值记为 $a_l(x_i)$，$i\in\{1,2,\cdots,n\}$，$l\in\{1,2,\cdots,m\}$。如果第 i 个对象在第 l 个属性上的取值缺失，则记 $a_l(x_i)=$ “*”。对于对象集合 $Y\subseteq X$，$|Y|$ 表示对象数目，表示 Y 中所有对象取值都容差相等的属性集合为

$$\mathrm{TEA}(Y)=\{a_l\mid\forall_{x_i\in Y,x_j\in Y}((a_l(x_i)=a_l(x_j))\vee(a_l(x_i)=\text{“*”})\vee(a_l(x_j)=\text{“*”}))\}$$

$a_l(Y)$ 为 Y 中所有对象取值都容差相等的属性 a_l 的容差值，表示 Y 中所有对象取值都容差相等的属性对应的(属性序号，属性容差值)二元组的集合为

$$\text{TEAV}(Y) = \{(l, a_l(Y)) \mid a_l \in \text{TEA}(Y)\}$$

则 Y 集合的容差集合差异度定义为

$$\text{TSD}(Y) = \frac{m - |\text{TEAV}(Y)|}{\sqrt{|Y| \times |\text{TEAV}(Y)|}} \tag{6-2}$$

容差集合差异度 $\text{TSD}(Y)$ 反映了存在缺失数据的不完备数据集合 Y 内所有对象间的总体差异程度。$\text{TSD}(Y)$ 越小，表明 Y 集合内所有对象间总体差异程度越小，各对象间越相似。

6.1.2 容差集合精简

定义 6-3 (容差集合精简)：给定对象集合 $X = \{x_1, x_2, \cdots, x_n\}$ 及描述对象的分类属性集合 $A = \{a_1, a_2, \cdots, a_m\}$，第 i 个对象在第 l 个属性上的取值记为 $a_l(x_i)$，$i \in \{1, 2, \cdots, n\}$，$l \in \{1, 2, \cdots, m\}$。如果第 i 个对象在第 l 个属性上的取值缺失，则记 $a_l(x_i) = \text{“*”}$。对于对象集合 $Y \subseteq X$，$|Y|$ 表示对象数目，表示 Y 中所有对象取值都容差相等的属性对应的(属性序号，属性容差值)二元组的集合为 $\text{TEAV}(Y)$，Y 集合的容差集合差异度为 $\text{TSD}(Y)$，则 Y 集合的容差集合精简定义为

$$\text{TSR}(Y) = (|Y|, \text{TEAV}(Y), \text{TSD}(Y)) \tag{6-3}$$

容差集合精简概括了一个对象集合内计算容差集合差异度所需的全部对象信息，CABOTOSD 在聚类过程中只需存储容差集合精简，而不必存储该集合中所有对象的信息，这使得在处理大数据集时数据处理量大规模减少，而且下面的定理进一步保证了在 CABOTOSD 过程中进行集合合并时可以精确计算容差集合精简。

定义 6-4 (容差交运算)：给定对象集合 $X = \{x_1, x_2, \cdots, x_n\}$ 及描述对象的分类属性集合 $A = \{a_1, a_2, \cdots, a_m\}$，第 i 个对象在第 l 个属性上的取值记为 $a_l(x_i)$，$i \in \{1, 2, \cdots, n\}$，$l \in \{1, 2, \cdots, m\}$。如果第 i 个对象在第 l 个属性上的取值缺失，则记 $a_l(x_i) = \text{“*”}$。对于对象集合 $Y \subseteq X$，$|Y|$ 表示对象数目，表示 Y 中所有对象取值都容差相等的属性集合为

$$\text{TEA}(Y) = \{a_l \mid \forall_{x_i \in Y, x_j \in Y}((a_l(x_i) = a_l(x_j)) \vee (a_l(x_i) = \text{“*”}) \vee (a_l(x_j) = \text{“*”}))\}$$

$a_l(Y)$ 为 Y 中所有对象取值都容差相等的属性 a_l 的容差值，表示 Y 中所有对象取值都容差相等的属性对应的(属性序号，属性容差值)二元组的集合为

$$\text{TEAV}(Y) = \{(l, a_l(Y)) \mid a_l \in \text{TEA}(Y)\}$$

则(属性序号，属性容差值)二元组集合的容差交运算定义为

$$\begin{aligned}&\mathrm{TEAV}(Y_1)\mathbin{\bar{\cap}}\mathrm{TEAV}(Y_2)\\=&(\mathrm{TEAV}(Y_1)\cap\mathrm{TEAV}(Y_2))\\&\cup\{(l,a_l(Y_2)\mid(a_l\in\mathrm{TEA}(Y_1))\wedge(a_l\in\mathrm{TEA}(Y_2))\wedge(a_l(Y_1)=\text{“*”})\}\\&\cup\{(l,a_l(Y_1)\mid(a_l\in\mathrm{TEA}(Y_1))\wedge(a_l\in\mathrm{TEA}(Y_2))\wedge(a_l(Y_2)=\text{“*”})\}\end{aligned}\tag{6-4}$$

6.1.3 相关定理

定理 6-1 (容差集合精简定理)：给定对象集合 $X=\{x_1,x_2,\cdots,x_n\}$ 、描述对象的分类属性集合 $A=\{a_1,a_2,\cdots,a_m\}$ 及所有对象在所有属性上的取值 $a_l(x_i)$ ，缺失值记为 $a_l(x_i)=$“*”， $i\in\{1,2,\cdots,n\}$ ， $l\in\{1,2,\cdots,m\}$ 。对于 $Y_1\subseteq X$ 和 $Y_2\subseteq X$ ， $Y_1\cap Y_2=\varnothing$，合并后的容差集合精简为

$$\mathrm{TSR}(Y_1\cup Y_2)=(|Y_1\cup Y_2|,\mathrm{TEAV}(Y_1\cup Y_2),\mathrm{TSD}(Y_1\cup Y_2))\tag{6-5}$$

其中，

$$|Y_1\cup Y_2|=|Y_1|+|Y_2|$$

$$\mathrm{TEAV}(Y_1\cup Y_2)=\mathrm{TEAV}(Y_1)\mathbin{\bar{\cap}}\mathrm{TEAV}(Y_2)$$

$$\mathrm{TSD}(Y_1\cup Y_2)=\frac{m-|\mathrm{TEAV}(Y_1)\mathbin{\bar{\cap}}\mathrm{TEAV}(Y_2)|}{\sqrt{|Y_1|+|Y_2|}\times|\mathrm{TEAV}(Y_1)\mathbin{\bar{\cap}}\mathrm{TEAV}(Y_2)|}$$

证明：因为 $Y_1\subseteq X$ ， $Y_2\subseteq X$ ，且 $Y_1\cap Y_2=\varnothing$ ，所以 $|Y_1\cup Y_2|=|Y_1|+|Y_2|$；

$$\begin{aligned}&\mathrm{TEAV}(Y_1\cup Y_2)\\=&\{(l,a_l(Y_1\cup Y_2))\mid a_l\in\mathrm{TEA}(Y_1\cup Y_2)\}\\=&\{(l,a_l(Y_1\cup Y_2))\mid\forall_{x_i\in Y_1\cup Y_2,x_j\in Y_1\cup Y_2}((a_l(x_i)=a_l(x_j))\vee(a_l(x_i)=\text{“*”})\vee(a_l(x_j)=\text{“*”}))\}\\=&\{(l,a_l(Y_1\cup Y_2))\mid(a_l\in\mathrm{TEV}(Y_1))\wedge\\&(a_l\in\mathrm{TEV}(Y_2))\wedge((a_l(Y_1)=a_l(Y_2))\vee(a_l(Y_1)=\text{“*”})\vee(a_l(Y_2)=\text{“*”}))\}\\=&(\mathrm{TEAV}(Y_1)\cap\mathrm{TEAV}(Y_2))\\&\cup\{(l,a_l(Y_2)\mid(a_l\in\mathrm{TEA}(Y_1))\wedge(a_l\in\mathrm{TEA}(Y_2))\wedge(a_l(Y_1)=\text{“*”})\}\\&\cup\{(l,a_l(Y_1)\mid(a_l\in\mathrm{TEA}(Y_1))\wedge(a_l\in\mathrm{TEA}(Y_2))\wedge(a_l(Y_2)=\text{“*”})\}\\=&\mathrm{TEAV}(Y_1)\mathbin{\bar{\cap}}\mathrm{TEAV}(Y_2)\end{aligned}$$

$$\begin{aligned}&\mathrm{TSD}(Y_1\cup Y_2)\\=&\frac{m-|\mathrm{TEAV}(Y_1\cup Y_2)|}{\sqrt{|Y_1\cup Y_2|}\times|\mathrm{TEAV}(Y_1\cup Y_2)|}\\=&\frac{m-|\mathrm{TEAV}(Y_1)\mathbin{\bar{\cap}}\mathrm{TEAV}(Y_2)|}{\sqrt{|Y_1|+|Y_2|}\times|\mathrm{TEAV}(Y_1)\mathbin{\bar{\cap}}\mathrm{TEAV}(Y_2)|}\end{aligned}$$

证毕。

$|Y_1 \cup Y_2|$ 为合并后集合包含的对象数目；$\text{TEAV}(Y_1 \cup Y_2)$ 为合并后集合所有对象取值都容差相等的属性对应的(属性序号，属性容差值)二元组的集合；$\text{TSD}(Y_1 \cup Y_2)$ 为合并后集合的容差集合差异度。

根据该定理，容差集合精简可以在处理海量不完备高维数据集时大规模降低数据存储量和计算量。

6.1.4 算法步骤

CABOTOSD 采用两层聚结型层次聚类策略，自底向上进行对象或类的聚结。在一次不完备数据扫描过程中，算法完成全部顶层新类的创建及底层对象到顶层类的归并，得到不完备数据对象的聚类结果。在聚类过程中，创建新类还是将对象归并到已创建类取决于预先指定的容差集合差异度上限 b。若将扫描到的当前对象并入任何一个已创建类都会使得并入后的容差集合差异度大于容差集合差异度上限 b，则创建新类，仅包含当前对象；否则，将当前对象并入使得并入后的容差集合差异度最小的已创建类中。

在不完备数据扫描的过程中，对于每一个已创建类，仅存储容差集合精简向量，而不必存储每个数据对象的信息。

CABOTOSD 的具体聚类过程如下所述。

输入：对象集合 $X=\{x_1,x_2,\cdots,x_n\}$，描述对象的分类属性集合 $A=\{a_1, a_2,\cdots,a_m\}$，所有对象在所有属性上的取值 $a_l(x_i)$，缺失值记为 $a_l(x_i)=$“*”，$i\in\{1,2,\cdots,n\}$，$l\in\{1,2,\cdots,m\}$；容差集合差异度上限 b。

输出：由 CABOTOSD 聚成的 k 个类。

步骤 1：从第一个对象 x_1 开始进行数据扫描，得到 $X_1=\{x_1\}$ 的容差集合精简 $\text{TSR}(X_1)$。

步骤 2：扫描第二个对象 x_2，根据式(6-4)和式(6-5)计算容差集合精简 $\text{TSR}(X_1\cup\{x_2\})=(2,\text{TEAV}(X_1\cup\{x_2\}),\text{TSD}(X_1\cup\{x_2\}))$。

步骤 3：如果容差集合差异度 $\text{TSD}(X_1\cup\{x_2\})\leqslant b$，则将 x_2 并入 X_1，即 $X_1=\{x_1,x_2\}$，类的数目 $k=1$；否则，创建新类 $X_2=\{x_2\}$，类的数目 $k=2$。

步骤 4：对于第 i 个对象 $x_i, i=3,4,\cdots,n$，循环进行下述操作。

(1) 扫描第 i 个对象 x_i，根据式(6-4)分别计算容差集合精简 $\text{TSR}(X_t\cup\{x_i\})=(|X_t|+1,\text{TEAV}(X_t\cup\{x_i\}),\text{TSD}(X_t\cup\{x_i\}))$，$t=1,2,\cdots,k$，寻找 t_0 使得容差集合差异度 $\text{TSD}(X_{t_0}\cup\{x_i\})=\min\limits_{t\in\{1,2,\cdots,k\}}\text{TSD}(X_t\cup\{x_i\})$。

(2) 如果容差集合差异度 $\text{TSD}(X_{t_0}\cup\{x_i\})\leqslant b$，则将 x_i 并入 X_{t_0}，即 $X_{t_0}=X_{t_0}\cup\{x_i\}$，类的数目不变；否则，创建新类 $X_{k+1}=\{x_i\}$，类的数目 $k=k+1$。

步骤 5：$X_t, t = 1, 2, \cdots, k$ 为最终聚类结果。

从上述 CABOTOSD 的具体聚类过程可知，算法的计算时间复杂度为 $O(nm_c k)$，其中，n 为对象数目，m_c 为平均容差属性数目，k 为类的数目。在实际的数据挖掘应用中往往 $k \ll n$，$m_c \ll n$。算法的计算时间复杂度接近线性。

针对存在缺失数据的分类属性高维数据聚类问题给出的 CABOTOSD，从集合的角度对不完备数据对象进行差异度计算，不必进行缺失数据的填补，也不必进行个体对象间距离的计算，在仅需的一次数据扫描过程中根据容差集合精简的计算直接完成新类的创建或对象到已创建类的归并。在实际数据挖掘应用中数据缺失现象比较普遍，而已有聚类算法一般不能直接对不完备数据进行聚类，因此 CABOTOSD 具有更强的适应能力。

6.2 约束容差集合差异度聚类

本节给出不完备数据约束容差集合差异度聚类算法，针对分类属性不完备数据集定义约束容差集合差异度和约束容差集合精简，直接计算不完备数据对象集合内所有对象的总体相异程度，进行不完备数据聚类。6.3 节给出基于该不完备数据聚类的缺失数据填补方法[64](missing data imputation approach based on incomplete data clustering，MIBOI)，以不完备数据聚类的结果为基础进行缺失数据的填补。

6.2.1 约束容差集合差异度

不完备数据约束容差集合差异度聚类算法基于不完备信息系统给出相关定义、定理和算法描述。

定义 6-5 (不完备信息系统)：不完备信息系统定义为 $I = (U, A, V, f)$，其中，对象集合 $U = \{x_1, x_2, \cdots, x_n\}$；对象属性集合 $A = \{a_1, a_2, \cdots, a_m\}$；$V$ 是属性值的集合，$V = \cup V(a_l)$，$V(a_l)$ 是属性 a_l 的值域；f 是 $U \times A \to V$ 的映射函数，它为每个对象的每个属性赋予一个属性值，第 i 个对象的第 l 个属性值为 $a_l(x_i) \in V(a_l)$，$i \in \{1, 2, \cdots, n\}$，$l \in \{1, 2, \cdots, m\}$，$a_l(x_i) = \text{“*”}$ 表示属性值缺失。

定义 6-6 (容差属性)：给定不完备信息系统 $I = (U, A, V, f)$，对于非空对象集合 $X \subseteq U$，则集合 X 的容差属性集合定义为

$$T(X) = \{a_l \mid \forall_{x_i \in X, x_j \in X} a_l(x_i) = a_l(x_j) \vee a_l(x_i) = \text{“*”} \vee a_l(x_j) = \text{“*”}\} \tag{6-6}$$

其中，$a_l \in T(X)$ 称为容差属性。

从上述定义可知，对于非空对象集合 X，其容差属性集合由满足下述条件的所有属性构成：X 中的任意两个对象在该属性的值没有明确不同的情况，即

X 中的任意两个对象在该属性的值相同或至少一个对象在该属性的值缺失。

如果 X 的容差属性集合 $T(X) \neq \varnothing$，对于容差属性 $a_l \in T(X)$，记

$$a_l(X) = \begin{cases} a_l(x_i), & \exists_{x_i \in X} a_l(x_i) \neq \text{“*”} \\ \text{“*”}, & \forall_{x_i \in X} a_l(x_i) = \text{“*”} \end{cases} \tag{6-7}$$

为容差属性 a_l 的容差值。相应地，记

$$V(X) = \{(l, a_l(X)) \mid a_l \in T(X)\} \tag{6-8}$$

为容差属性集合 $T(X)$ 对应的(属性序号，属性容差值)二元组集合，简称为容差属性二元组集合。

定义 6-7(约束容差属性)：给定不完备信息系统 $I = (U, A, V, f)$，对于非空对象集合 $X \subseteq U$，$V(X)$ 为集合 X 的容差属性二元组集合，则集合 X 的约束容差属性二元组集合定义为

$$S(X) = \begin{cases} V(X), & \exists_{(l, a_l(X)) \in V(X)} a_l(X) \neq \text{“*”} \\ \varnothing, & \forall_{(l, a_l(X)) \in V(X)} a_l(X) = \text{“*”} \end{cases} \tag{6-9}$$

其中，a_l 称为约束容差属性。

从上述定义可知，对于非空对象集合 X，其约束容差属性集合中的属性都是容差属性，且受到这些容差属性中至少有一个属性的容差值不为“*”的约束。约束容差属性集合比容差属性集合更加严格。

如果 X 的约束容差属性二元组集合 $S(X) = \varnothing$，则包括如下两种情况：

(1) X 中没有容差属性。

(2) X 中有容差属性，但所有容差值都为“*”。

定义 6-8(约束容差集合差异度)：给定不完备信息系统 $I = (U, A, V, f)$，对于非空集合 $X \subseteq U$，$|X|$ 为 X 中数据对象个数，m 为属性数目，如果 X 的约束容差属性二元组集合 $S(X) \neq \varnothing$，则集合 X 的约束容差集合差异度定义为

$$D(X) = \frac{m - |S(X)|}{\sqrt{|X| \times |S(X)|}}, X \neq \varnothing, S(X) \neq \varnothing \tag{6-10}$$

约束容差集合差异度 $D(X)$ 反映了存在缺失数据的情况下集合 X 内所有对象间的总体差异程度。$D(X)$ 越小，表明 X 集合内所有对象间总体差异程度越小，各对象间越相似；$D(X)$ 越大，表明 X 集合内所有对象间总体差异程度越大，各对象间越不相似。

如果 X 的约束容差属性集合 $S(X) = \varnothing$，则约束容差集合差异度为未定义，这体现在如下两种情况：

(1) X 中没有容差属性，即对于任意属性在 X 中都存在至少两个对象在该属性的值明确不同，则 X 内各对象间的总体差异程度很大，不再进行定义。

(2) X 中有容差属性，但所有容差值都为“*”，此时对 X 内所有对象没有一个属性取值明确相同，更重要的是，所有容差值都为“*”对缺失数据的填补没有意义，所以不再进行定义。

6.2.2　约束容差集合精简

定义 6-9(约束容差集合精简)：给定不完备信息系统 $I=(U,A,V,f)$，对于非空集合 $X\subseteq U$，$|X|$ 为 X 中数据对象个数，X 的约束容差属性二元组集合 $S(X)\neq\varnothing$，$D(X)$ 为约束容差集合差异度，则集合 X 的约束容差集合精简定义为

$$R(X)=(|X|,S(X),D(X)) \tag{6-11}$$

根据上述定义，约束容差集合精简是一个向量，其包含三个分量：$|X|$、$S(X)$ 和 $D(X)$。根据式(6-10)在计算约束容差集合差异度 $D(X)$ 时需要用到 m、$|X|$ 和 $|S(X)|$。由于属性数目 m 为已知常数，$|X|$ 和 $S(X)$ 是包含在约束容差集合精简中的前两个分量，所以 $D(X)$ 可以根据已知常数 m 及前两个分量 $|X|$ 和 $S(X)$ 直接计算得到。

这样，约束容差集合精简 $R(X)=(|X|,S(X),D(X))$ 不仅包含了约束容差集合差异度 $D(X)$，表明了存在缺失数据的情况下集合 X 内所有对象间的总体差异程度，同时通过前两个分量 $|X|$ 和 $S(X)$ 概括了计算约束容差集合差异度所需的全部对象信息。在聚类过程中只保留约束容差集合精简，而不保留所有对象的信息，从而在处理大数据集时数据处理量大规模减少。

约束容差集合精简是针对集合提出的，不受集合中包含对象数目的限制。如果 X 中只包含一个对象，不妨记 $X=\{x\}$，则约束容差集合精简 $R(X)$ 包含了对象 x 的全部相关信息，如式(6-12)所示：

$$R(X)=R(\{x\})=(1,\{(1,a_1(x)),(2,a_2(x)),\cdots,(m,a_m(x))\},0) \tag{6-12}$$

定义 6-10(约束容差交运算)：给定不完备信息系统 $I=(U,A,V,f)$，非空集合 $X\subseteq U$ 的约束容差属性二元组集合记为 $S(X)$，对于 $X_1\subseteq U$ 和 $X_2\subseteq U$ 且 $X_1\cap X_2=\varnothing$，如果 $S(X_1)\neq\varnothing$ 且 $S(X_2)\neq\varnothing$，对于 $(l,a_l(X_1))\in S(X_1)$ 和 $(l,a_l(X_2))\in S(X_2)$ 且 $a_l(X_1)=a_l(X_2)\vee a_l(X_1)=\text{“*”}\vee a_l(X_2)=\text{“*”}$，记

$$\max(a_l(X_1),a_l(X_2))=\begin{cases}a_l(X_1),\ a_l(X_1)\neq\text{“*”}\wedge a_l(X_2)=\text{“*”}\\ a_l(X_2),\ a_l(X_1)=\text{“*”}\wedge a_l(X_2)\neq\text{“*”}\\ a_l(X_1)\text{或}a_l(X_2),\ a_l(X_1)=a_l(X_2)\wedge a_l(X_1)\neq\text{“*”}\wedge a_l(X_2)\neq\text{“*”}\\ \text{“*”},\ a_l(X_1)=\text{“*”}\wedge a_l(X_2)=\text{“*”}\end{cases} \tag{6-13}$$

则定义

$$
\begin{aligned}
&S(X_1)\cap^T S(X_2)=\\
&\quad\{(l,\max(a_l(X_1),a_l(X_2)))\mid\\
&\quad(l,a_l(X_1))\in S(X_1)\wedge(l,a_l(X_2))\in S(X_2)\wedge\\
&\quad(a_l(X_1)=a_l(X_2)\vee a_l(X_1)=\text{“*”}\vee\\
&\quad a_l(X_2)=\text{“*”})\}
\end{aligned}\tag{6-14}
$$

为约束容差属性二元组集合 $S(X_1)$ 和 $S(X_2)$ 的容差交运算，并进一步定义

$$
S(X_1)\cap^C S(X_2)=\begin{cases}S(X_1)\cap^T S(X_2), & \exists_{(l,\max(a_l(X_1),a_l(X_2)))\in S(X_1)\cap^T S(X_2)}\max(a_l(X_1),a_l(X_2))\neq\text{“*”}\\ \varnothing, & \forall_{(l,\max(a_l(X_1),a_l(X_2)))\in S(X_1)\cap^T S(X_2)}\max(a_l(X_1),a_l(X_2))=\text{“*”}\end{cases}\tag{6-15}
$$

为约束容差属性二元组集合 $S(X_1)$ 和 $S(X_2)$ 的约束容差交运算。

从上述定义可知，对于非空约束容差属性二元组集合 $S(X_1)$ 和 $S(X_2)$，其容差交运算的结果由 $S(X_1)$ 和 $S(X_2)$ 中容差值相同或至少一个为“*”的所有属性组成。而约束容差交运算与容差交运算相比，增加了运算结果中至少有一个属性的容差值不为“*”的约束，比容差交运算更加严格。

6.2.3 相关定理

定理 6-2(约束容差交运算定理)：给定不完备信息系统 $I=(U,A,V,f)$，非空集合 $X\subseteq U$ 的约束容差属性二元组集合为 $S(X)$，对于 $X_1\subseteq U$ 和 $X_2\subseteq U$ 且 $X_1\cap X_2=\varnothing$，如果 $S(X_1)\neq\varnothing$ 且 $S(X_2)\neq\varnothing$，则

$$
S(X_1\cup X_2)=S(X_1)\cap^C S(X_2)\tag{6-16}
$$

证明：因为 $S(X_1)\neq\varnothing$ 且 $S(X_2)\neq\varnothing$，则根据式(6-9)有 $S(X_1)=V(X_1)$ 且 $S(X_2)=V(X_2)$，再根据容差属性二元组集合相关定义式(6-6)～式(6-8)及容差交运算相关定义式(6-13)和式(6-14)可得

$$
\begin{aligned}
&V(X_1\cup X_2)\\
&=\{(l,a_l(X_1\cup X_2))\mid\\
&\quad\forall_{x_i\in X_1\cup X_2,x_j\in X_1\cup X_2}a_l(x_i)=a_l(x_j)\vee\\
&\quad a_l(x_i)=\text{“*”}\vee a_l(x_j)=\text{“*”}\}
\end{aligned}
$$

$$
\begin{aligned}
&=\{(l,\max(a_l(X_1),a_l(X_2)))\mid \\
&\quad (l,a_l(X_1))\in V(X_1)\wedge(l,a_l(X_2))\in V(X_2)\wedge \\
&\quad (a_l(X_1)=a_l(X_2)\vee a_l(X_1)=\text{“*”}\vee a_l(X_2)=\text{“*”})\} \\
&=\{(l,\max(a_l(X_1),a_l(X_2)))\mid \\
&\quad (l,a_l(X_1))\in S(X_1)\wedge(l,a_l(X_2))\in S(X_2)\wedge \\
&\quad (a_l(X_1)=a_l(X_2)\vee a_l(X_1)=\text{“*”}\vee a_l(X_2)=\text{“*”})\} \\
&=S(X_1)\cap^T S(X_2)
\end{aligned}
$$

进一步根据约束容差属性二元组集合定义式(6-9)及约束容差交运算定义式(6-15)可得$S(X_1\cup X_2)=S(X_1)\cap^C S(X_2)$。

证毕。

定理 6-3(约束容差集合精简计算定理)：给定不完备信息系统$I=(U,A,V,f)$，非空集合$X\subseteq U$的约束容差集合精简为$R(X)=(|X|,S(X),D(X))$，对于$X_1\subseteq U$和$X_2\subseteq U$且$X_1\cap X_2=\varnothing$，$S(X_1)\neq\varnothing$且$S(X_2)\neq\varnothing$，如果$S(X_1)\cap^C S(X_2)\neq\varnothing$，则

$$
R(X_1\cup X_2)=(|X_1\cup X_2|,S(X_1\cup X_2),D(X_1\cup X_2)) \tag{6-17}
$$

其中，

$$
\begin{cases}
|X_1\cup X_2|=|X_1|+|X_2| \\
S(X_1\cup X_2)=S(X_1)\cap^C S(X_2) \\
D(X_1\cup X_2)=\dfrac{m-|S(X_1)\cap^C S(X_2)|}{\sqrt{|X_1|+|X_2|}\times|S(X_1)\cap^C S(X_2)|}
\end{cases}
$$

证明：

(1) 因为$X_1\subseteq U$和$X_2\subseteq U$且$X_1\cap X_2=\varnothing$，所以$|X_1\cup X_2|=|X_1|+|X_2|$。

(2) 根据定理6-2，有$S(X_1\cup X_2)=S(X_1)\cap^C S(X_2)$。

(3)

$$
\begin{aligned}
&D(X_1\cup X_2) \\
&=\frac{m-|S(X_1\cup X_2)|}{\sqrt{|X_1\cup X_2|}\times|S(X_1\cup X_2)|} \\
&=\frac{m-|S(X_1)\cap^C S(X_2)|}{\sqrt{|X_1|+|X_2|}\times|S(X_1)\cap^C S(X_2)|}
\end{aligned}
$$

证毕。

根据该定理，在将两个不相交的对象集合归入一类时，可以直接进行约束容差集合精简的计算，因此约束容差集合精简在处理不完备数据集时可以大规模降

低数据处理量。

6.2.4 算法步骤

在不完备数据聚类过程中，从采用第一个对象创建第一个类开始，通过一次扫描不完备数据对象完成全部新类的创建及对象到类的归并。对于已创建的类，仅保留约束容差集合精简，不保留全部对象的信息。是否创建新类取决于预先指定的约束容差集合差异度上限u。对于每一个被扫描到的对象，寻找使得并入后约束容差集合差异度最小的已创建类。如果该最小约束容差集合差异度不大于上限u，则并入该类；否则创建新类。

算法步骤如下所述。

输入：不完备信息系统$I=(U,A,V,f)$；约束容差集合差异度上限u。

输出：由 MIBOI 算法聚成的k个类。

步骤 1：对不完备信息系统$I=(U,A,V,f)$，根据约束容差集合精简定义式(6-11)、式(6-12)得到由第一个对象创建的类$X_1=\{x_1\}$的约束容差集合精简$R(X_1)=(1,S(X_1),0)$，类似地得到$R(\{x_2\})=(1,S(X_2),0)$。

步骤 2：根据约束容差交运算式(6-13)～式(6-15)计算$S(X_1)\cap^C S(\{x_2\})$，如果$S(X_1)\cap^C S(\{x_2\})=\varnothing$，创建新类$X_2=\{x_2\}$，类的数目$k=2$，转入步骤 4。

步骤 3：根据约束容差集合精简计算定理，应用式(6-17)计算X_1和$\{x_2\}$合并后的约束容差集合精简$R(X_1\cup\{x_2\})=(2,S(X_1\cup\{x_2\}),D(X_1\cup\{x_2\}))$，如果约束容差集合差异度$D(X_1\cup\{x_2\})\leqslant u$，将$x_2$并入已创建类$X_1$中，$X_1=\{x_1,x_2\}$，类的数目$k=1$；否则，创建新类$X_2=\{x_2\}$，类的数目$k=2$。

步骤 4：$i=3$。

步骤 5：如果$i>n$，转到步骤 8；否则，对于每一个已创建类X_t，$t=1,2,\cdots,k$，根据约束容差交运算式(6-13)～式(6-15)计算$S(X_t)\cap^C S(\{x_i\})$，如果$S(X_t)\cap^C S(\{x_i\})=\varnothing$对$t=1,2,\cdots,k$都成立，则创建新类$X_{k+1}=\{x_i\}$，类的数目$k=k+1$，转入步骤 7。

步骤 6：对于$t=1,2,\cdots,c$且$S(X_t)\cap^C S(\{x_i\})\neq\varnothing$，根据约束容差集合精简计算定理，应用式(6-17)计算X_t和$\{x_i\}$合并后的约束容差集合精简$R(X_t\cup\{x_i\})=(|X_t|+1,S(X_t\cup\{x_i\}),D(X_t\cup\{x_i\}))$，寻找$\tau$使得$X_\tau$和$\{x_i\}$合并后的约束容差集合差异度最小，即

$$D(X_\tau\cup\{x_i\})=\min_{(t=1,2,\cdots,k)\wedge S(X_t)\cap^C S(\{x_i\})\neq\varnothing} D(X_t\cup\{x_i\})$$

如果约束容差集合差异度$D(X_\tau\cup\{x_i\})\leqslant u$，则将$x_i$并入已创建类$X_\tau$中，$X_\tau=X_\tau\cup\{x_i\}$，类的数目不变；否则，创建新类$X_{k+1}=\{x_i\}$，类的数目

$k = k + 1$。

步骤 7：$i = i + 1$，转到步骤 5。

步骤 8：k 个类 $X_1, X_2, \cdots, X_k$ 为最终聚类结果。

从上述步骤可知，MIBOI 算法具有如下特点：

(1) 完成不完备数据聚类仅需扫描数据一次，在聚类过程中只需保留已创建各类的约束容差集合精简，而不必存储全部对象的所有信息，对数据进行了高度压缩，数据处理量显著降低，并且约束容差集合精简计算定理保证了在合并两个不相交的对象集合时约束容差集合精简可以直接进行计算，保证了约束容差集合差异度计算的精确性，因此这种数据压缩不会降低不完备数据聚类的质量。

(2) 由于在此过程中不必计算两两对象间的距离，扫描到的对象只需与已创建的各个类进行并入后约束容差集合精简的计算以确定扫描到的对象是并入已创建的某个类中还是创建一个新类，算法的计算时间复杂度为 $O(km_cn)$，其中 k 为类的数目，m_c 为平均约束容差属性数目，n 为对象数目。在实际的数据挖掘应用中，k 和 m_c 一般远小于 n，因此可以认为计算时间复杂度是接近线性的。

6.3　基于约束容差集合差异度聚类的缺失数据填补

在 6.2 节不完备数据约束容差集合差异度聚类算法的基础上，本节给出基于该不完备数据聚类的缺失数据填补方法[64]MIBOI。

6.3.1　填补思想

在实际数据分析中，经常遇到数据缺失问题。作为机器学习领域基准数据库的 UCI 数据集中超过 40%的数据库都含有缺失数据[65]。这可能是由数据获取限制、数据理解有误或数据漏读等多方面原因造成的，使得在数据挖掘中面临的数据集往往是不完整的。对于这种有缺失数据的数据集，在此称为不完备数据集。实际上，缺失数据是知识工程领域一个重要的热点问题。

对于存在缺失数据的不完备系统，多采用如下几种方法进行处理：丢弃具有缺失数据的记录；进行缺失数据的填补，包括采用模型对缺失数据进行预测；直接针对不完备数据进行分析。这些方法之间并不是相互排斥的，不同的方法之间在具体的实现算法上可能存在紧密的联系。

丢弃具有缺失数据的记录是应用最简单的一种缺失数据处理方法。数据分析工作是在已经没有缺失数据的部分数据上完成的。这种方法在实际应用时也有不同的形式。例如，在临床医学研究[66]中，具体又分为完全个体分析(complete case analysis)和可用个体分析(available case analysis)。完全个体分析是将有缺失值的记录全部排除，只分析有完整数据的受试者，受试者如果有缺失值，就要被排除在分析之外，这会造成分析采用的实际样本量大大减少；可用个体分析是根据能够观察到的数据进行分析的，只删掉需要用于分析的属性存在缺失数据的受试者，与完全个体分析相比可以更好地利用所有可用的信息，样本量会随着用于分析的属性不同而变化。总体而言，丢弃具有缺失数据的记录不能充分利用数据资源，而且可能会严重影响到数据的客观性和所研究问题结论的正确性。

对缺失数据进行填补，是为了在填补后的数据上完成具体问题的数据分析。简单而又常见的填补方法有全局常量填补法和属性均值填补法。在大多数情况下，这些方法同丢弃具有缺失数据的记录一样会生成有偏的结果，但有一些更复杂的填补方法，如单一填补方法(热平台填补[67]、冷平台填补[67])和多重填补方法，对缺失数据的处理更有效。

热平台填补是将缺失值填补为与它最相似的一个对象的值。相似判定最常见的是使用相关系数矩阵来确定与缺失值所在属性最相关的属性，然后将所有对象按最相关属性值大小进行排序，将缺失值填补为排在它前面的对象值。与均值填补法相比，热平台填补后，变量的标准差与填补前比较接近，但这种方法使用不方便，比较耗时。

冷平台填补与热平台填补类似，不同之处在于其填补值来自其他数据源而不能是当前数据源。这些单一填补方法系统地低估了方差，而多重填补方法是对单一填补方法的改进，它采用一系列可能的值来填补每一个缺失值，然后用标准的统计分析过程对多次填补后产生的若干个数据集进行分析，并将分析结果进行综合得到总体参数的估计值。

多重填补方法不同于每一个缺失项填补一个值的单一填补方法，其通过填补多个值以对填补的结果做出评价，反映了因缺失数据而导致的不确定性，统计推断更加有效。

采用模型对缺失数据进行预测的方法首先对输入的数据定义一个模型，然后基于该模型对未知参数进行极大似然估计。期望值最大化算法是缺失数据分析中用于极大似然估计的很常用的迭代算法。期望值最大化算法在某些情况下，当数据缺失比率很高时，收敛速度可能很慢，各种改进算法或替代算法被相继提出。

直接针对不完备数据进行分析的方法，既不删除具有缺失数据的记录，也不进行缺失数据的填补。这种处理方法比较多地用在机器学习领域的分类问题研究中。这种不完备数据分析方法的一个重要特征是，以提高分类性能为目标，旨在提高分类结果的精确性。例如，近年来直接扩充粗糙集或决策树模型来进行不完备信息系统研究取得了许多研究成果，这些研究成果主要是针对具有决策属性的决策表问题展开的，其实质是分类问题。

由于许多数据分析算法或具体应用问题要求输入的数据必须是完备的，所以直接针对不完备数据进行分析的方法就受到了限制。而其他方法大部分都是概率统计学方法，往往基于概率分布等一些统计假设，在数据挖掘领域数据集通常非常大，对这些分布假设的判定比较困难，因此这些传统的统计技术对数据挖掘应用中的缺失数据处理不一定是最适合的方法。另外，许多缺失数据填补方法都是针对连续变量提出的。尽管分类数据缺失无处不在，但是并没有处理分类属性缺失数据可用的原则性方法。当分类变量数目很大时，当前的缺失分类数据填补统计方法由于稳健性及实施困难等，在应用中受到了限制。

基于粗糙集理论的不完备数据分析方法(a rough set theory based incomplete data analysis approach，ROUSTIDA)[68,69]未采用传统的概率统计学方法，而是在对粗糙集理论进行研究的基础上提出的。它是针对分类属性缺失数据进行填补质量和效率都比较高的一种方法。其基本思想是：缺失数据的填补应使填补后的数据集中具有缺失数据的对象与其他相似对象的属性值尽可能保持一致，亦即属性值之间的差异尽可能小。由于粗糙集理论中的差异矩阵反映了对象间的属性值差异，所以 ROUSTIDA 通过扩充差异矩阵来适应不完备数据集，进而实现缺失数据的填补。

受 ROUSTIDA 的启发，给出的 MIBOI 不完备数据填补方法也未采用传统的概率统计学方法，而是基于不完备数据聚类提出的。通过针对分类属性不完备数据集定义约束容差集合差异度，从集合的角度判断不完备数据对象的总体相异程度，进而以不完备数据聚类的结果为基础进行缺失数据的填补。采用 UCI 机器学习数据集中 4 个常用的分类属性基准数据集进行实验，结果表明 MIBOI 效率很高，且缺失数据填补的质量也比较高。

6.3.2　约束容差集合精简不变定理

定理 6-4(约束容差集合精简不变定理)：给定不完备信息系统 $I=(U,A,V,f)$，其中，对象集合 $U=\{x_1,x_2,\cdots,x_n\}$；对象属性集合 $A=\{a_1,a_2,\cdots,a_m\}$；V 是属性值的集合，$V=\cup V(a_l)$，$V(a_l)$ 是属性 a_l 的值域；f 是 $U\times A\rightarrow V$ 的映射函数，它为每个对象的每个属性赋予一个属性值，第 i 个对象的第 l 个属性值 $a_l(x_i)\in V(a_l)$，$i\in\{1,2,\cdots,n\}$，$l\in\{1,2,\cdots,m\}$，$a_l(x_i)=$“*”表示属性值缺失。非空集合 $X\subseteq U$ 的约束容差集合精简为 $R(X)=(|X|,S(X),D(X))$，$S(X)\neq\varnothing$，对于 $(l,a_l(X))\in S(X)$，$x_i\in X$，令

$$a_l(x_i^e)=\begin{cases}a_l(x_i), & a_l(X)=\text{“*”}\vee a_l(x_i)\neq\text{“*”}\\ a_l(X), & a_l(X)\neq\text{“*”}\wedge a_l(x_i)=\text{“*”}\end{cases} \tag{6-18}$$

缺失数据填补后的约束容差集合精简为

$$R(X^e)=(|X^e|,S(X^e),D(X^e)) \tag{6-19}$$

则有

$$R(X^e)=R(X) \tag{6-20}$$

证明：

(1) 因为根据式(6-18)进行的属性值转换不影响对象的数目，所以$|X^e|=|X|$。

(2) 对于式(6-18)的第一种情况，$a_l(x_i^e)=a_l(x_i)$，属性值不变，所以$S(X^e)$不变。对于式(6-18)的第二种情况，是在约束容差属性取值不为“*”($a_l(X)\neq$“*”，即容差值为明确值)时，将各对象在该属性为“*”的值($a_l(x_i)=$“*”，即缺失值)用容差值替换，即$a_l(x_i^e)=a_l(X)$。根据容差值定义式(6-7)，替换后的X^e中所有对象在该属性的取值都为原来的容差值$a_l(X)$，容差值不变，所以$S(X^e)$不变。综合两种情况，$S(X^e)=S(X)$。

(3) 根据式(6-10)，在计算约束容差集合差异度$D(X^e)$时需要用到m、$|X^e|$和$|S(X^e)|$。由于属性数目m为已知常数，$|X^e|=|X|$，$S(X^e)=S(X)$，所以$D(X^e)=D(X)$。

综合上述，$R(X^e)=R(X)$。

证毕。

该定理是基于不完备数据约束容差集合差异度聚类的结果进行缺失数据填补的重要理论基础。根据该定理，对于约束容差属性，将缺失值用明确的容差值替换后，约束容差集合精简不变，约束容差集合差异度不变，所以缺失数据的填补能较好地保持原有不完备数据的聚类特征。

6.3.3 填补过程

MIBOI 基于不完备数据约束容差集合差异度聚类的结果对缺失数据进行填补。在聚类完成后，逐一对各个类进行缺失数据的填补。对于每个约束容差属性，如果其容差值不为“*”，即容差值为明确值而不是空值，将该类中各对象在该属性为“*”的值(即缺失值)用该容差值替换，实现缺失数据的填补。由于不一定所有的属性都是约束容差属性，且约束容差属性的容差值也可能是空值，而 MIBOI 只对容差值不为空的约束容差属性进行缺失数据填补，所以不能保证缺失数据填补后的信息系统是完备的。

假设不完备数据约束容差集合差异度聚类的结果为$X_1,X_2,\cdots,X_k$，则 MIBOI 的缺失数据填补过程如下。

步骤1：$t=1$。

步骤2：如果$t>k$，转到步骤4；否则，对于类X_t，如果$S(X_t)\neq\varnothing$，根据约束容差集合精简不变定理，应用式(6-18)的第二种情况对缺失数据进行填补，即对于$(l,a_l(X_t))\in S(X_t)$，$x_i\in X_t$，如果$a_l(X_t)\neq$“*”且$a_l(x_i)=$“*”，则将$a_l(x_i)$的值填补为$a_l(X_t)$。

步骤3：$t=t+1$，转到步骤2。

步骤4：结束。

从上述步骤可知，MIBOI缺失数据填补具有如下特点：

(1) 基于不完备数据的聚类结果对缺失数据进行填补。根据约束容差集合精简不变定理，在缺失数据填补后，各个类的约束容差集合精简保持不变。约束容差集合精简包含三个分量：集合的基数、约束容差属性二元组集合和约束容差集合差异度，这种不变性使缺失数据的填补能较好地保持原有不完备数据的聚类特征。

(2) 实现填补的主要计算时间在于不完备数据的聚类。完成不完备数据聚类仅需扫描数据一次，在聚类过程中只需保留已创建各类的约束容差集合精简，而不必存储全部对象的所有信息，对数据进行了高度压缩，数据处理量显著降低，并且约束容差集合精简计算定理保证了在合并两个不相交的对象集合时约束容差集合精简可以直接进行计算，保证了约束容差集合差异度计算的精确性，因此这种数据压缩不会降低不完备数据聚类的质量，从而保证了缺失数据填补的质量。

6.4　缺失数据填补实验分析

为了检验MIBOI进行缺失数据填补的效率和效果，从UCI机器学习数据集中选择4个常用的分类属性的基准数据集，针对MIBOI算法和经典的ROUSTIDA及属性均值填补法进行对比实验分析。

6.4.1　数据集

采用UCI机器学习数据集中著名的small soybean、zoo、spect heart(train)、image segmentation数据集进行MIBOI的有效性检验。

如表6-1所示，small soybean数据集中包含47个对象，共分为4类，每类对应一种大豆作物病害，描述对象的属性共有35个，各属性的取值都可以作为分类变量。zoo数据集中包含101个对象，共分为7类，每类对应一种动物类型，描述对象的属性共有16个，其中15个为二值属性，值域为{0,1}，还有1个为数值属性，描述动物腿的数目，值域为{0,2,4,5,6,8}，可以视为分类变量。spect heart(train)数据集中包含 80 个对象，共分为 2 类，将病人分为正常和不正常，描述对象的属性共有 22 个，都是对心脏单质子发射计算机断层显像(single proton emission computed tomography，SPECT)诊断数据处理后得到的二值属性，值域为{0,1}。image segmentation 数据集一共包含 2310 个对象，19 个属性，共分为 7 类，描述 7 种户外图像的像素属性。算法实验从每个类中随机抽取 50 个对象，共 350 个对象，值域为{0,1}二值属性的数据作为实验对象。

表 6-1　数据集描述

类	数据集	对象数	属性数	类别数
1	small soybean	47	35	4
2	zoo	101	16	7
3	spect heart(train)	80	22	2
4	image segmentation	350	19	7

为了充分检验 MIBOI 进行缺失数据填补的有效性，将完备的 small soybean、zoo、spect heart(train)、image segmentation 数据集分别从 5%的缺失比率开始随机将数据置为"*"，并按 5%的缺失比率递增，直至缺失比率达到 70%。针对每一个数据集的每一种数据缺失比率，分别采用 MIBOI、经典的 ROUSTIDA、属性均值填补法(MEANS，用数值属性均值或分类属性众数来替代缺失数据)及其结合方法进行缺失数据的填补。在每次实验中，对象随机排序，缺失数据随机生成，对 100 次随机实验结果进行对比。从补齐率、填补正确率、填补后聚类正确率、时间效率和参数分析五个方面评价缺失数据填补方法的性能。

6.4.2　补齐率分析

对不完备信息系统 $I=(U,A,V,f)$，进行缺失数据填补，记对象个数为 N，数据总量为 M，数据的缺失比率为 a，实验运行次数为 n，时间消耗总计为 T，正确填补数据总量为 C，错误填补数据总量为 F。

补齐率(complete rate，CR)为平均每次运行填补数据量占缺失数据总量的比例。平均每次运行填补数据量为平均每次运行正确填补数据量和平均每次运行错误填补数据量之和。

$$\mathrm{CR}=(C/n+F/n)/(M\times\alpha) \tag{6-21}$$

利用式(6-21)计算单独利用 MIBOI 和 ROUSTIDA 针对不同数据集在不同缺失比率下的补齐率，结果如表 6-2 和图 6-1 所示。MIBOI 的补齐率明显高于

ROUSTIDA。

表 6-2　补齐率随数据缺失比率的变化

缺失比率/%	补齐率/%							
	small soybean		zoo		spect heart(train)		image segmentation	
	MIBOI	ROUSTIDA	MIBOI	ROUSTIDA	MIBOI	ROUSTIDA	MIBOI	ROUSTIDA
5	85.32	3.29	84.63	57.87	79.13	29.13	95.65	77.54
10	87.13	4.21	86.22	62.11	82.74	32.22	96.90	73.33
15	86.89	7.68	85.28	65.12	78.63	36.27	96.66	72.69
20	85.63	14.41	86.12	65.02	79.28	40.87	96.83	68.82
25	84.3	26.01	87.62	65.52	79.2	45.24	96.89	66.39
30	83.83	27.77	87.38	56.28	79.28	48.61	96.85	62.03
35	83.09	52.82	86.68	50.28	79.49	50.94	97.08	52.80
40	82.35	60.94	87.47	37.97	81.86	49.82	97.57	42.41
45	80.76	72.15	87.8	28.5	80.41	47.11	97.35	30.50
50	80.79	73.64	88.12	20.31	81.01	41.53	97.35	19.84
55	79.45	74.9	87.97	13.93	81.95	33.72	97.45	11.38
60	78.69	68.42	88.34	8.15	82.25	26.23	97.55	7.28
65	77.9	59.9	88.53	5.92	83.02	19.56	97.61	4.96
70	76.85	54.41	89.22	4.67	83.09	15.25	97.56	4.18

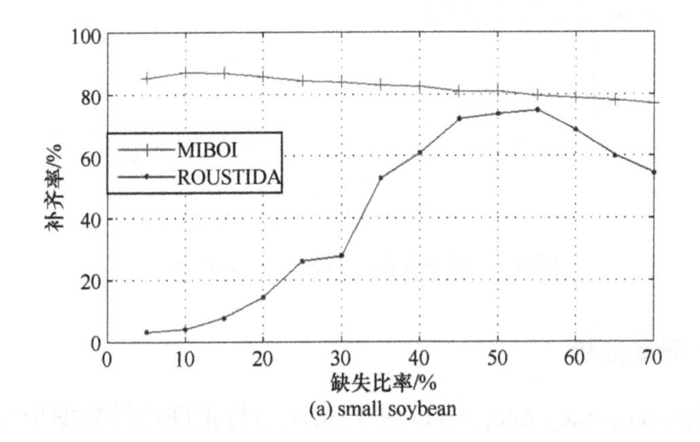

(a) small soybean

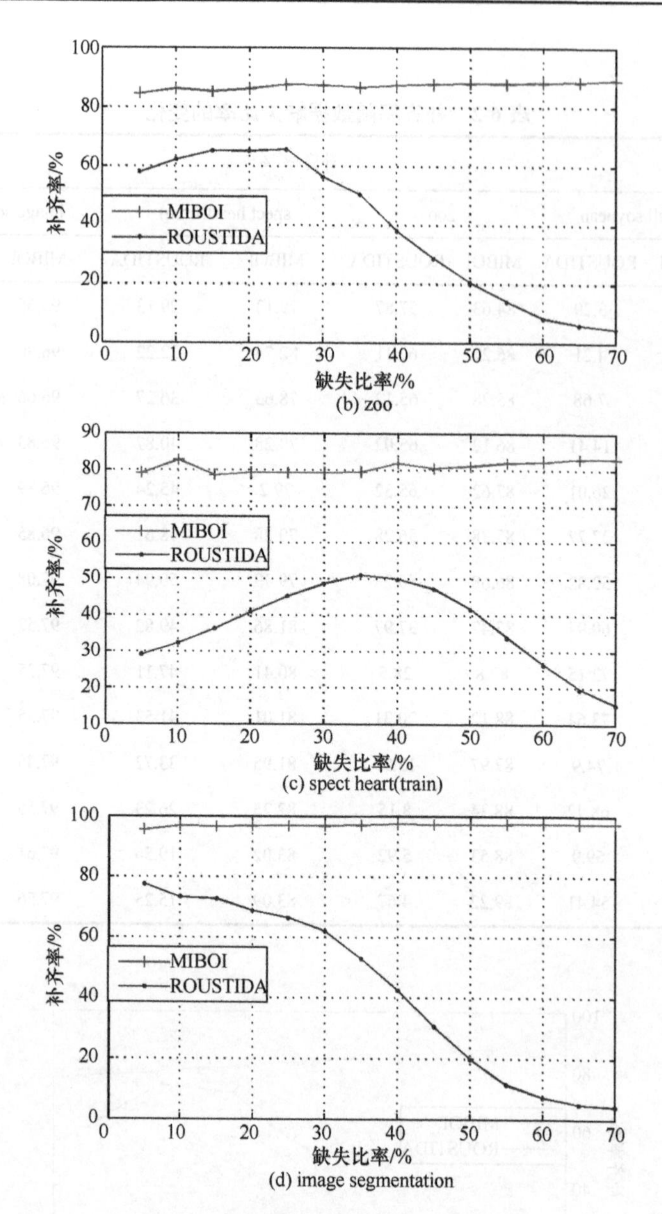

图 6-1　补齐率随数据缺失比率的变化

6.4.3　填补正确率分析

填补正确率(accuracy rate, AR)为平均每次运行正确填补数据量与缺失数据总量的比值，计算公式如下：

$$AR = (C / n) / (M \times \alpha) \tag{6-22}$$

对于采用 MIBOI 和 ROUSTIDA 两种方法得到的不完备信息系统，继续采用均值填补法进行填补，形成完备信息系统，再利用式(6-22)计算填补正确率。分别采用均值填补(MEANS)、先 ROUSTIDA 再均值填补(RA+MS)、先 MIBOI 再均值填补(MI+MS)、先 ROUSTIDA 再 MIBOI 和均值填补(RA+MI+MS)共四种方法得到完备信息系统进行填补正确率比较。

利用式(6-22)计算四种方法针对不同数据集在不同缺失比率下的填补正确率，结果如表 6-3 和图 6-2 所示。总体上看，四种方法填补正确率的高低顺序依次为 RA+MI+MS>MI+MS>RA+MS>MEANS。可以看出：为了得到完备信息系统，采用 MI+MS 方法在填补正确率指标上一般优于 RA+MS 方法及直接采用 MEANS。而采用 RA+MI+MS 方法一般更优于 MI+MS 方法。

表 6-3　填补正确率随数据缺失比率的变化

缺失比率/%	填补正确率/%															
	small soybean				zoo				spect heart(train)				image segmentation			
	MEANS	RA+MS	MI+MS	RA+MI+MS	MEANS	RA+MS	MI+MS	RA+MI+MS	MEANS	RA+MS	MI+MS	RA+MI+MS	MEANS	RA+MS	MI+MS	RA+MI+MS
5	74.02	74.51	86.02	86.24	65.38	80.63	85.75	86.15	77.95	78.41	87.36	90.09	68.89	90.79	98.29	98.29
10	75.24	75.30	85.77	85.48	68.20	83.54	85.85	85.80	78.18	78.18	81.45	82.68	71.67	91.51	97.16	97.46
15	75.28	75.53	86.16	86.23	68.26	83.18	84.50	84.65	77.05	75.23	79.06	79.26	65.34	88.20	95.66	96.33
20	73.95	75.59	83.81	84.02	69.38	84.15	83.43	84.68	77.44	76.36	79.59	79.89	67.42	89.29	95.72	96.30
25	73.80	76.79	83.45	83.76	68.56	81.51	82.27	82.68	76.14	77.23	77.81	78.55	67.17	87.05	93.60	94.35
30	73.57	77.00	82.68	83.18	68.86	78.68	81.13	81.58	75.53	76.59	77.59	77.68	67.46	83.57	93.75	94.39
35	73.15	78.87	80.78	82.42	67.88	75.58	79.56	80.56	75.52	75.42	76.72	76.98	67.46	82.22	92.73	93.38
40	73.48	79.04	80.14	81.84	68.85	73.48	78.21	78.47	75.11	76.51	77.63	78.17	68.26	77.39	91.45	92.07
45	73.76	79.64	79.08	80.87	68.36	70.84	76.97	76.79	75.00	76.01	76.40	76.65	67.56	73.16	91.33	91.78
50	73.49	77.38	77.02	78.88	67.56	68.68	75.09	75.18	75.07	76.57	78.15	78.61	68.32	70.80	90.18	90.49
55	72.58	77.58	75.92	78.76	67.77	68.73	72.92	72.67	75.83	77.09	78.50	79.12	67.42	68.69	88.26	88.38
60	73.07	75.61	75.00	77.42	67.46	67.59	71.17	70.64	75.59	76.95	77.10	77.64	67.61	67.90	86.66	86.75
65	73.39	73.93	73.74	74.71	67.66	67.67	69.31	69.13	73.65	74.51	74.83	75.11	68.08	68.15	84.49	84.50
70	73.23	73.87	72.39	73.24	67.43	67.31	67.48	67.29	73.15	73.94	75.18	75.33	67.53	67.54	82.74	82.74

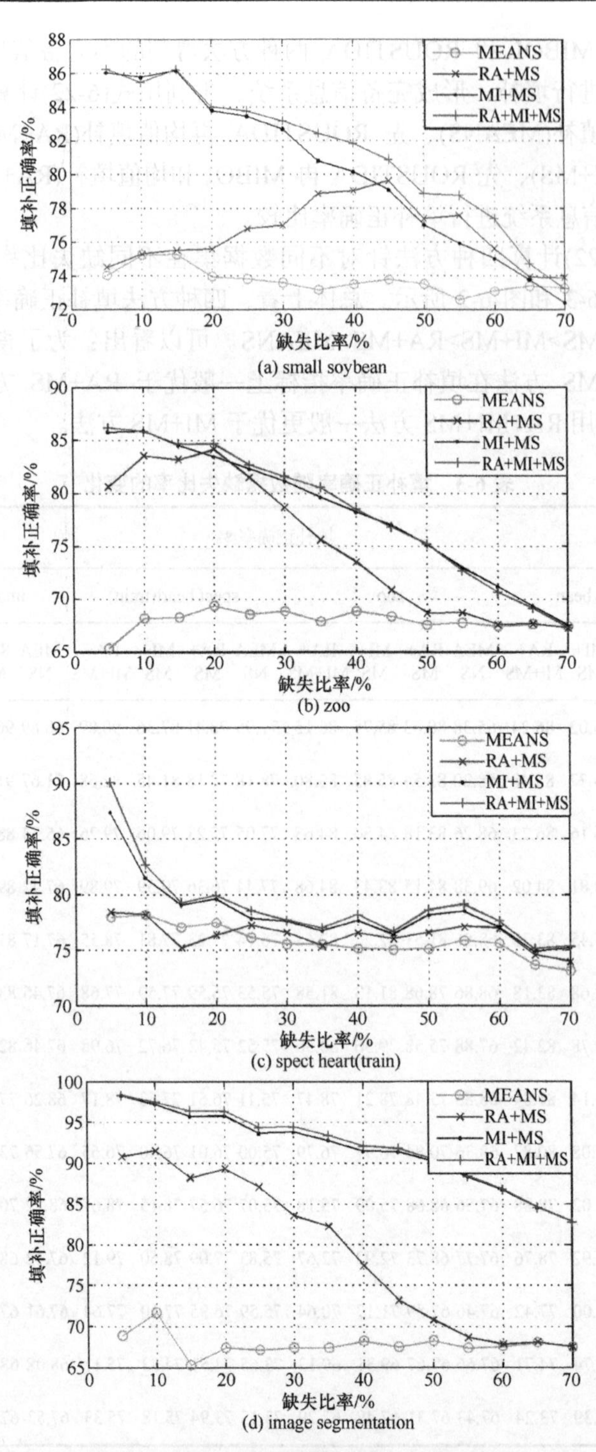

图 6-2　填补正确率随数据缺失比率的变化

6.4.4　填补后聚类正确率分析

利用填补后的聚类正确率(clustering accuracy rate，CAR)从另一个角度分析填补的质量，聚类正确率公式为

$$\mathrm{CAR}=\frac{\sum_{i=1}^{k} b_i}{N} \tag{6-23}$$

其中，N 表示对象的总个数；b_i 表示正确聚类到第 i 类的对象数；k 表示聚类个数。同 6.4.3 节，本小节对 MEANS、RA+MS、MI+MS 及 RA+MI+MS 四种方法进行填补后形成的完备信息系统，运用经典 k-modes[13]聚类算法比较分析其聚类正确率。

利用式(6-23)计算四种方法针对不同数据集在不同缺失比率下填补后的聚类正确率，结果如表 6-4 和图 6-3 所示。从总体上看，四种方法填补后聚类正确率的高低顺序依次为 RA+MI+MS>MI+MS>RA+MS>MEANS。其中，在缺失比率较低(小于 20%)的情况下，四种方法的聚类效果差距不明显。但随着缺失比率的增加，RA+MI+MS 和 MI+MS 对于 MEANS 和 RA+MS 的优势增大，这种趋势针对后 3 个数据集的结果更明显。

表 6-4　填补后聚类正确率随数据缺失比率的变化

缺失比率/%	填补后聚类正确率/%															
	small soybean				zoo				spect heart(train)				image segmentation			
	MEANS	RA+MS	MI+MS	RA+MI+MS	MEANS	RA+MS	MI+MS	RA+MI+MS	MEANS	RA+MS	MI+MS	RA+MI+MS	MEANS	RA+MS	MI+MS	RA+MI+MS
5	76.72	76.81	78.81	78.77	76.14	78.02	77.52	78.33	61.60	62.61	62.30	62.35	72.49	77.26	77.27	77.57
10	74.81	74.89	77.06	77.79	73.71	76.25	76.70	78.02	61.55	62.98	63.25	63.35	69.77	74.89	75.09	76.09
15	72.09	72.85	75.36	75.02	73.76	76.05	75.88	76.91	60.45	61.69	62.75	64.35	68.86	71.06	72.86	72.36
20	69.06	69.91	76.49	75.34	70.49	74.52	75.32	75.72	58.45	59.65	61.85	63.05	67.34	69.09	69.63	70.74
25	67.32	70.70	76.38	75.89	66.56	73.88	74.65	75.39	56.85	57.79	60.75	61.95	65.57	67.80	69.26	70.34
30	63.57	69.53	74.89	76.72	62.95	70.73	72.93	74.38	54.50	55.43	60.00	60.50	63.11	64.86	68.83	69.09
35	60.15	71.15	72.94	75.66	58.72	68.04	72.45	72.34	52.75	53.60	59.25	59.85	61.73	63.15	68.95	70.48
40	56.85	67.79	69.77	72.79	57.37	62.82	71.23	70.26	51.32	52.14	58.45	58.85	58.71	61.26	67.34	68.21
45	55.64	70.28	68.87	71.83	54.51	57.35	69.50	69.82	50.25	50.98	57.84	58.42	57.09	58.26	65.46	66.66
50	51.47	66.28	63.98	68.94	53.36	53.75	68.06	67.43	49.85	50.37	57.81	58.25	55.21	56.46	65.87	66.79
55	48.74	61.19	60.17	66.68	51.12	51.49	62.40	61.67	47.25	47.57	57.35	57.25	52.43	53.67	65.06	65.42
60	47.13	57.34	57.60	64.19	50.28	50.50	60.22	59.58	46.51	46.63	55.56	55.55	51.37	51.67	65.15	65.37
65	45.60	47.74	53.23	56.28	50.47	50.47	57.15	56.06	46.95	47.05	53.70	54.00	49.18	50.26	62.48	62.50
70	44.70	45.94	46.64	50.28	48.94	48.92	51.59	51.40	46.55	46.60	53.50	53.60	48.12	48.30	60.82	61.22

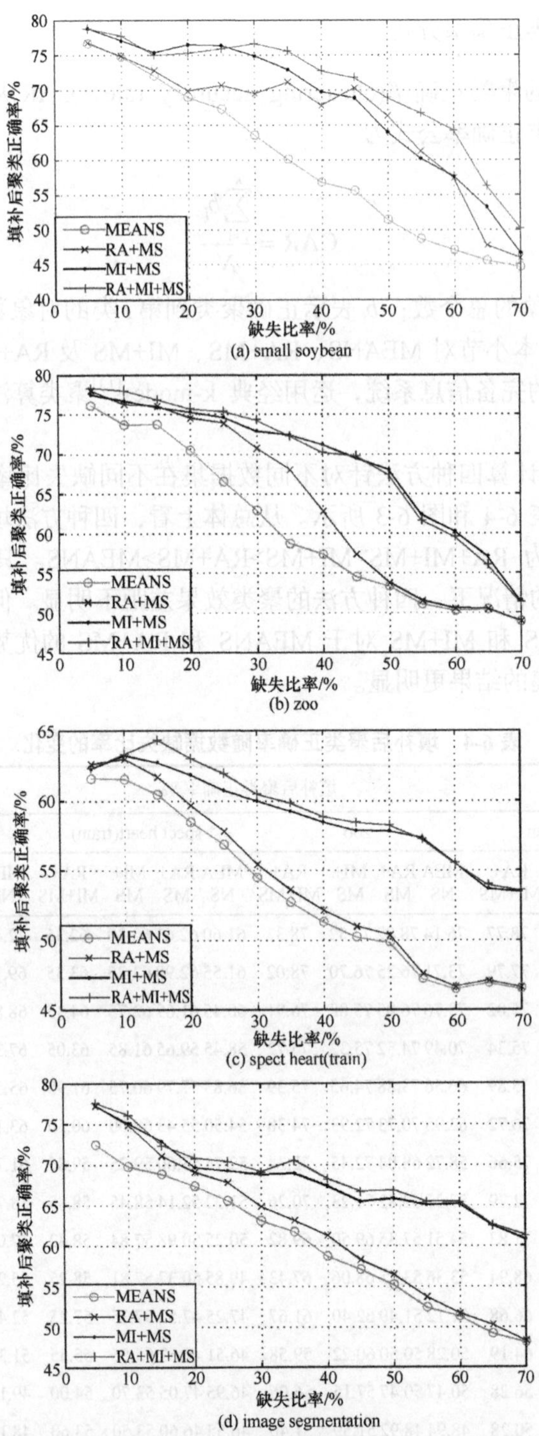

图 6-3　填补后聚类正确率随数据缺失比率的变化

6.4.5　时间效率分析

算法时间效率指标选用平均时间(average time，AT)。6.4.3 节和 6.4.4 节选择的 MEANS、RA+MS、MI+MS 及 RA+MI+MS 四种方法的基础是 ROUSTIDA、MIBOI 和 MEANS 三种方法。MEANS 只是根据某个属性纵向计算众数填补，无复杂的数据迭代过程，因此处理时间与 MIBOI 和 ROUSTIDA 相比很小，故不予考虑，RA+MS 的时间效率与 ROUSTIDA 基本相同，MI+MS 的时间效率与 MIBOI 基本相同，RA+MI+MS 的时间效率与 RA+MI 基本相同。通过 ROUSTIDA 和 MIBOI 两种方法的效率可以扩展比较不同方法的效率。

MIBOI 和 ROUSTIDA 针对不同数据集在不同缺失比率下的平均时间结果如表 6-5 和图 6-4 所示。除了针对 small soybean 数据集在缺失比率为 5%的情况下，MIBOI 的平均时间略高于 ROUSTIDA，MIBOI 的平均时间都明显低于 ROUSTIDA。而针对 small soybean 数据集在缺失比率为 5%的情况下，MIBOI 的平均时间略高于 ROUSTIDA 的原因，是在此情况下 MIBOI 的平均每次运行填补数据量远高于 ROUSTIDA，因此 MIBOI 的时间效率明显优于 ROUSTIDA，进而有 MI+MS 的时间效率优于 RA+MS，RA+MI+MS 时间效率与 RA+MS 差别不明显。

表 6-5　平均时间随数据缺失比率的变化

缺失比率/%	平均时间/s							
	small soybean		zoo		spect heart(train)		image segmentation	
	MIBOI	ROUSTIDA	MIBOI	ROUSTIDA	MIBOI	ROUSTIDA	MIBOI	ROUSTIDA
5	0.0131131	0.0129556	0.0162254	0.0927672	0.0192329	0.0735226	0.0619321	0.5218761
10	0.0117771	0.0176370	0.0166684	0.1208486	0.0171604	0.0843587	0.0616965	0.6440620
15	0.0087403	0.0219360	0.0175031	0.1457246	0.0173548	0.0893062	0.0625065	0.7856314
20	0.0093193	0.0243008	0.0167371	0.1456594	0.0161800	0.0924595	0.0659766	0.9251275
25	0.0094550	0.0315406	0.0156688	0.1521954	0.0156049	0.1131494	0.0665631	1.0993335
30	0.0093229	0.0365858	0.0164809	0.1533735	0.0157433	0.1023212	0.0632263	1.1785693
35	0.0084011	0.0435361	0.0164376	0.1586361	0.0152395	0.1218758	0.0639240	1.2753069
40	0.0087856	0.0462890	0.0155978	0.1589187	0.0169334	0.1414599	0.0655622	1.3288523
45	0.0078838	0.0474545	0.0154916	0.1628987	0.0159857	0.1446286	0.0597393	1.3836006
50	0.0080644	0.0487682	0.0152555	0.1449884	0.0167692	0.1443256	0.0627980	1.3164211
55	0.0072038	0.0517491	0.0153124	0.1427352	0.0140706	0.1464181	0.0614751	1.1922182
60	0.0064598	0.0548814	0.0133016	0.1342913	0.0145347	0.1330675	0.0595110	0.9574924
65	0.0063797	0.0508105	0.0127699	0.1436160	0.0134001	0.1248297	0.0551150	0.8367161
70	0.0059796	0.0537372	0.0128770	0.1457940	0.0133480	0.1415762	0.0524282	0.6286149

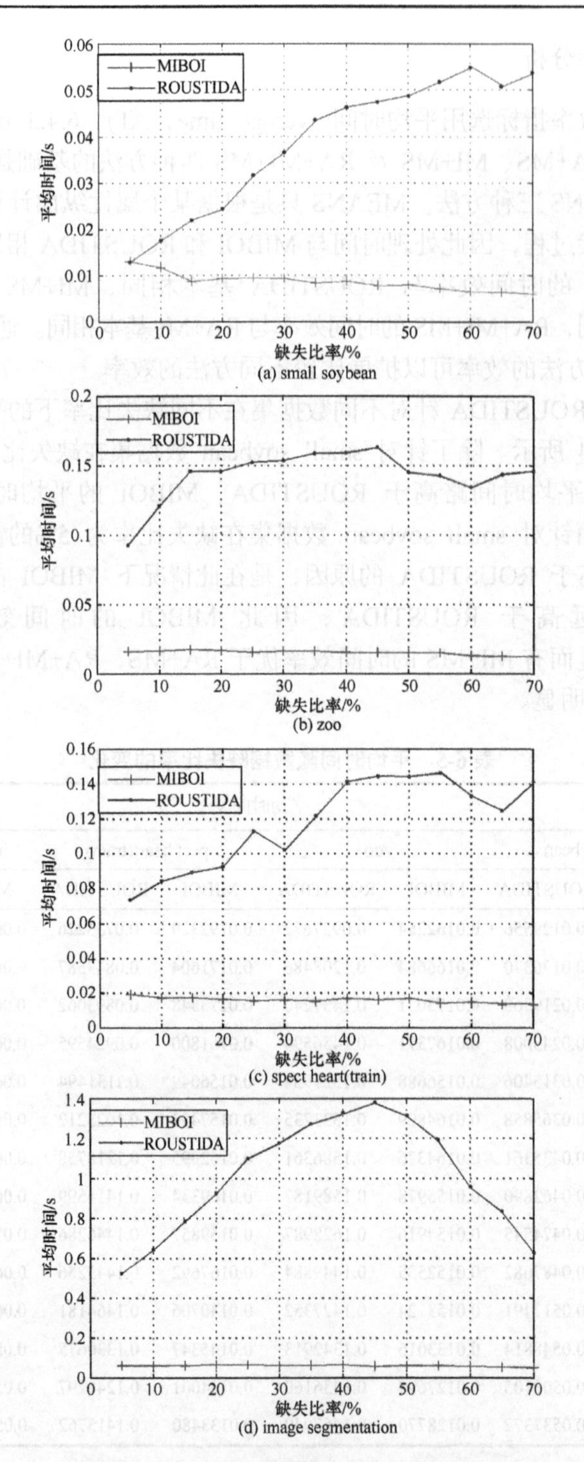

图 6-4　平均时间随数据缺失比率的变化

6.4.6 参数分析

MIBOI 有一个需要预先指定的参数，即约束容差集合差异度上限 u 。在每次随机实验中，MIBOI 的约束容差集合差异度上限 u 皆取使得缺失数据填补绝对正确率达到最高的最佳值。

针对不同数据集在不同缺失比率下 100 次随机实验，u 最佳值的均值、标准差和标准差系数结果如表 6-6、图 6-5 所示。从针对 small soybean、zoo、spect heart(train)三个数据集(由于 image segmentation 数据集同一个类内差异很小的对象较多，实验结果显示 u 最佳值均为 0，所以本部分不讨论该数据集)的实验结果看：对于每 100 次随机实验，参数 u 最佳值的均值总体上随着数据缺失比率的增加而降低。标准差随着数据缺失比率的增加没有统一的规律，三个数据集的标准差系数总体上随着缺失比率的增加而增加。

表 6-6 u 最佳值的均值、标准差和标准差系数随数据缺失比率的变化

缺失比率/%	small soybean			zoo			spect heart(train)		
	均值	标准差	标准差系数/%	均值	标准差	标准差系数/%	均值	标准差	标准差系数/%
5	0.1170	0.0149	12.74	0.0854	0.0320	37.47	0.2074	0.0498	24.01
10	0.1151	0.0151	13.12	0.0845	0.0257	30.41	0.1748	0.0366	20.94
15	0.1141	0.0148	12.97	0.0783	0.0220	28.10	0.1620	0.0430	26.54
20	0.1113	0.0172	15.45	0.0766	0.0235	30.68	0.1482	0.0307	20.72
25	0.1120	0.0177	15.80	0.0713	0.0242	33.94	0.1215	0.0294	24.20
30	0.1083	0.0205	18.93	0.0697	0.0209	29.99	0.1239	0.0267	21.55
35	0.1080	0.0242	22.41	0.0654	0.0222	33.95	0.1060	0.0317	29.91
40	0.1013	0.0214	21.13	0.0528	0.0221	41.86	0.0938	0.0299	31.88
45	0.1000	0.0263	26.30	0.0563	0.0230	40.85	0.0841	0.0242	28.78
50	0.0989	0.0265	26.79	0.0463	0.0240	51.84	0.0742	0.0288	38.81
55	0.0988	0.0306	30.97	0.0392	0.0220	56.12	0.0634	0.0267	42.11
60	0.0958	0.0312	32.57	0.0380	0.0227	59.74	0.0514	0.0271	52.72
65	0.0946	0.0314	33.19	0.0260	0.0224	86.15	0.0393	0.0266	67.68
70	0.0924	0.0291	31.49	0.0227	0.0209	92.07	0.0284	0.0228	80.28

在数据挖掘实际应用中面临的往往是不完备数据集，对缺失数据的处理已成为数据预处理中一项非常重要的工作。针对缺失数据处理问题，MIBOI 通过定义约束容差集合差异度，从集合的角度判断不完备数据对象的总体相异程度，进

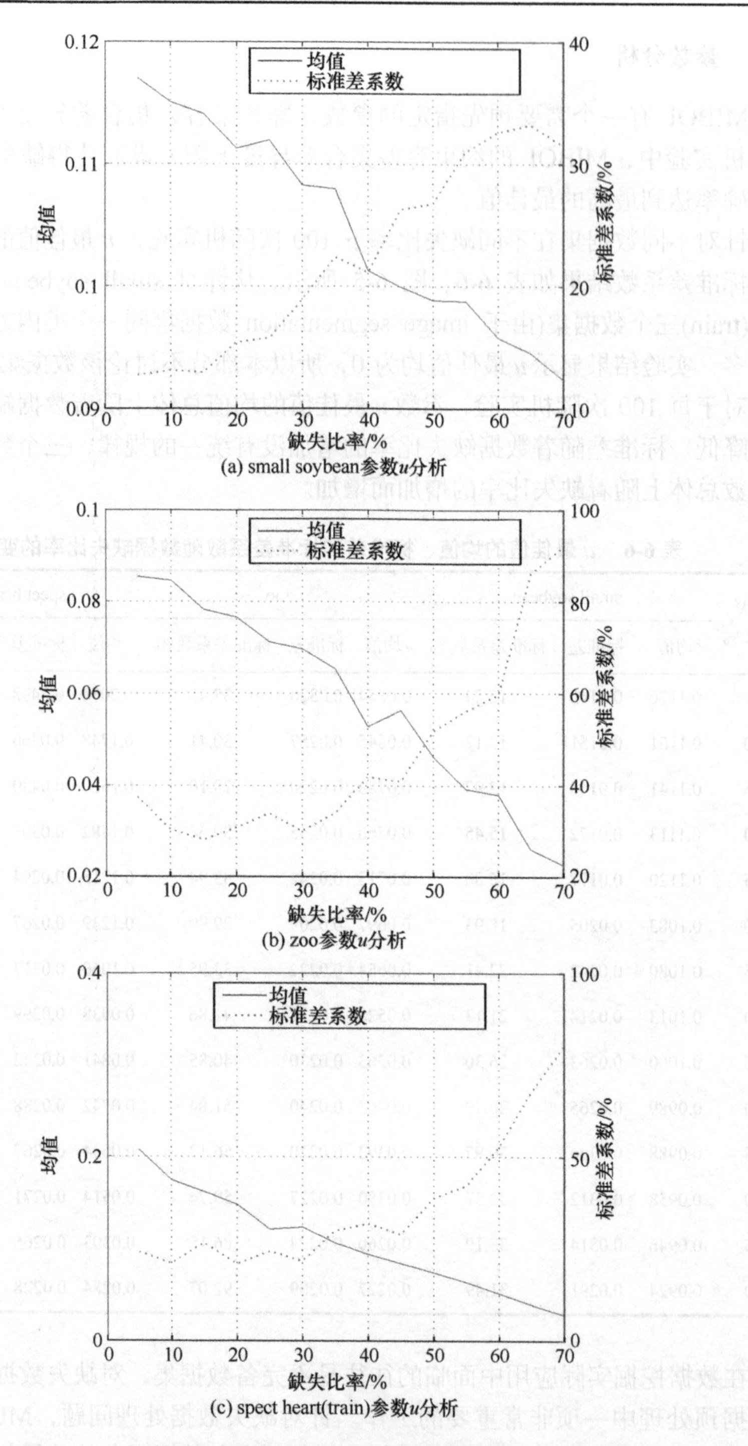

图 6-5　u 最佳值的均值和标准差系数随数据缺失比率的变化

而根据不完备数据聚类的结果实现缺失数据的填补。为了检验所提出的 MIBOI 的有效性，采用 UCI 机器学习数据集中 4 个常用的基准数据集进行实验，分别从补齐率、填补正确率、填补后聚类正确率和时间效率四个方面将 MIBOI 与同样未采用传统概率统计学方法的经典不完备数据分析方法 ROUSTIDA 及采用统计学方法的 MEANS 之间的结合方法进行对比分析。结果表明，MIBOI 从补齐率和时间效率两个方面总体优于经典 ROUSTIDA，MIBOI 与 MEANS 结合的 MI+MS 在填补正确率和填补后聚类正确率两方面优于 ROUSTIDA 与 MEANS 结合的 RA+MS 及 MEANS 单独填补方法，而先 ROUSTIDA 再 MIBOI 和均值填补(RA+MI+MS)具有最好的结果，并且在时间效率上没有明显的劣势。

6.5　本 章 要 点

本章针对不完备分类属性数据拓展高维稀疏数据聚类思想，在不进行缺失数据填补的情况下，直接给出了聚类算法，包括容差集合差异度聚类、约束容差集合差异度聚类，并进一步给出了基于不完备数据聚类结果进行缺失数据填补的方法。

(1) 不完备数据容差集合差异度聚类通过定义容差集合差异度、容差集合精简和容差交运算，直接计算不完备数据对象集合内所有对象的总体差异程度，不必进行缺失数据的填补，也不必进行个体对象间距离的计算，并且在不影响计算精确度的情况下对数据进行高度压缩精简，只需一次数据扫描就能得到聚类结果，计算时间复杂度接近线性。

(2) 与不完备数据容差集合差异度聚类相类似，不完备数据约束容差集合差异度聚类通过定义约束容差集合差异度和约束容差集合精简，直接计算不完备数据对象集合内所有对象的总体相异程度，进行不完备数据聚类。

(3) 基于不完备数据约束容差集合差异度聚类的缺失数据填补方法根据约束容差集合精简不变定理，在缺失数据填补后，各个类的约束容差集合精简保持不变，这种不变性使缺失数据的填补能较好地保持原有不完备数据的聚类特征，从而保证了缺失数据填补的质量。

(4) 为了检验基于不完备数据约束容差集合差异度聚类进行缺失数据填补的有效性，采用 UCI 机器学习数据集中 4 个常用的基准数据集进行实验，分别从补齐率、填补正确率、填补后聚类正确率和时间效率四个方面与经典方法进行了对比分析。

第7章　不完备混合属性数据聚类

本章针对不完备数值属性和分类属性混合数据，给出对象混合差异度聚类、集合混合差异度聚类、基于不完备数据集合混合差异度聚类的缺失数据填补方法。给出的聚类算法不需要预先进行缺失数据填补，直接进行不完备数据聚类得到聚类结果，并可以依据聚类结果进行缺失数据的填补。

7.1　对象混合差异度聚类

本节给出不完备数值属性和分类属性混合数据聚类算法[70](clustering algorithm for incomplete data sets with mixed numeric and categorical attributes)，简称对象混合差异度聚类，通过定义存在缺失值的不完备数值属性和分类属性混合数据的对象混合差异度计算方法，可以直接对不完备混合属性数据进行聚类而无须填补缺失值，并给出基于最近邻的初始原型对象选择方法，可以避免初始原型对象选择的随机性。

7.1.1　聚类思想

聚类已被广泛应用于金融数据分析、客户细分、自动检测等各个领域，由于现实数据库中存在大量的不完备数据，而且数据类型往往是数值属性和分类属性相混合的，对不完备数值属性和分类属性混合数据的处理能力对聚类知识发现来说无疑是非常重要的。

k-means聚类算法是数值属性数据聚类的经典算法，使用均值作为类的中心进行聚类迭代实现类的更新，只能用于数值属性数据聚类。k-modes聚类算法用众数代替均值，并在聚类过程中使用简单匹配进行差异度计算，只能用于分类属性数据聚类。k原型(k-prototypes)聚类算法[71]是结合k-means和k-modes对混合数据进行聚类的算法，该算法重新定义了一种考虑数值属性和分类属性混合数据对象的差异度计算方法，旨在对同时具有数值属性和分类属性的混合数据进行聚类。k-prototypes聚类算法在聚类原型对象初始化、差异度计算和孤立点三个方面仍存在一定的局限性。学者已经从不同的角度寻求解决这些问题的方法。但在处理包含缺失值的不完备数据聚类问题时，总是很具有挑战性。

传统的k-prototypes聚类算法擅长对数值属性和分类属性混合的数据进行聚

类，但要求数据是完备的，不能处理缺失值。为了处理存在缺失值的不完备数据，给出改进的k-prototypes聚类算法，针对存在缺失值的不完备数值属性和分类属性混合数据对象集合给出对象混合差异度计算方法和基于最近邻的初始原型对象选择方法，不仅可以直接对不完备混合属性数据进行聚类而无须填补缺失值，而且避免了初始原型对象选择的随机性。

不完备集合的对象混合差异度计算方法是在对粗糙集理论进行研究的基础上给出的。粗糙集理论是针对分类属性缺失数据进行填补质量和效率都比较高的一种方法，其基本思想是：缺失数据的填补应使填补后的数据集中具有缺失数据的对象与其他相似对象的属性值尽可能保持一致，亦即属性值之间的差异尽可能小。由于粗糙集理论中的差异矩阵反映了对象间的属性值差异，所以通过扩充差异矩阵来适应不完备数据集，进而实现缺失数据的填补。不完备集合的对象混合差异度计算方法借鉴了粗糙集理论，并将其拓展到数值属性和分类属性混合数据对象间属性值差异的度量，进而直接进行不完备数据聚类，不必预先进行缺失数据的填补。

7.1.2　对象混合差异度

基于不完备信息系统给出相关概念和算法描述。数值属性和分类属性混合的不完备信息系统记为 $S=(U,A,V,f)$ ，其中，数据对象集合 $U=\{x_1,x_2,\cdots,x_n\}$ ，对象数目是 n ；分类属性集合 $C=\{a_l \mid l=1,2,\cdots,m\}$ ，数值属性集合 $N=\{a_u \mid u=m+1,m+2,\cdots,m+q\}$ ，对象属性集合 $A=C\cup N$ ，属性数目是 $m+q$ ； V 是属性值的集合； f 是 $U\times A\to V$ 的映射函数；“*”表示属性值缺失。

定义 7-1(不完备集合的对象混合差异度)：给定数值属性和分类属性混合的不完备信息系统 $S=(U,A,V,f)$ ，对于非空对象集合 $X\subseteq U$ ， x_i 和 x_j 为 X 中的两个对象， $|X|$ 为 X 中的对象数目，则不完备集合的对象混合差异度(incomplete set mixed dissimilarity between objects，ISMD)，简称对象混合差异度，定义为

$$\mathrm{ISMD}(x_i,x_j)=\frac{w_C\times \mathrm{ISMDC}(x_i,x_j)+w_N\times \mathrm{ISMDN}(x_i,x_j)}{w_C+w_N} \tag{7-1}$$

其中， w_C 和 w_N 分别为分类属性和数值属性的权重。通常分别取分类属性的数目 m 和数值属性的数目 q 作为权重。

$\mathrm{ISMDC}(x_i,x_j)$ 表示不完备数据集合中的两个对象 x_i 和 x_j 在分类属性上的差异度，借鉴粗糙集理论定义为

$$\mathrm{ISMDC}(x_i,x_j)=\frac{\sum_{l=1}^{m}\delta_l(x_i,x_j)}{m-\sum_{l=1}^{m}\delta_l(x_i,x_j)} \tag{7-2}$$

其中，$\delta_l(x_i,x_j)$ 表示不完备数据集合中的两个对象 x_i 和 x_j 在第 l 个分类属性上的距离，计算公式为

$$\delta_l(x_i,x_j)=\begin{cases}1, & a_l(x_i)\neq a_l(x_j)\wedge a_l(x_i)\neq \text{“*”}\wedge a_l(x_j)\neq \text{“*”}\\ 0, & a_l(x_i)=a_l(x_j)\vee a_l(x_i)=\text{“*”}\vee a_l(x_j)=\text{“*”}\end{cases} \tag{7-3}$$

$\mathrm{ISMDN}(x_i,x_j)$ 表示不完备数据集合中的两个对象 x_i 和 x_j 在数值属性上的差异度，借鉴最大值-最小值标准化和闵可夫斯基距离定义为

$$\mathrm{ISMDN}(x_i,x_j)=\frac{\left(\sum_{u=m+1}^{m+q} d_u(x_i,x_j)^2\right)^{\frac{1}{2}}}{q-\left(\sum_{u=m+1}^{m+q} d_u(x_i,x_j)^2\right)^{\frac{1}{2}}} \tag{7-4}$$

其中，$d_u(x_i,x_j)$ 表示不完备数据集合中的两个对象 x_i 和 x_j 在第 u 个数值属性上标准化后的距离，计算公式为

$$d_u(x_i,x_j)=\begin{cases}\dfrac{|a_u(x_i)-a_u(x_j)|}{\max_u-\min_u}, & a_u(x_i)\neq \text{“*”}\wedge a_u(x_j)\neq \text{“*”}\\ 0, & a_u(x_i)=\text{“*”}\vee a_u(x_j)=\text{“*”}\end{cases} \tag{7-5}$$

其中，$\max_u$ 和 $\min_u$ 分别表示不完备数据集合中数值属性 a_u 上的最大值和最小值。

不完备集合的对象混合差异度ISMD可以直接对不完备数值属性和分类属性混合数据进行对象间差异度计算，聚类过程无须预先填补缺失值。

7.1.3 基于最近邻的初始原型对象选择

初始原型对象的选择是为了找到最具代表性且近邻较多的对象。基于最近邻方法改进初始原型对象的选择过程基本步骤如下。

输入：预先设置的阈值参数 θ；初始原型对象集 P；数值属性和分类属性混合的不完备信息系统记为 $S=(U,A,V,f)$。

输出：选定的初始原型对象集 P'。

步骤1：初始原型对象集 P 初始化为空集。

步骤2：根据式(7-1)～式(7-5)计算每两个对象间的混合差异度。

步骤3：混合差异度小于预先设置的阈值参数 θ 的每两个对象互为邻居。

步骤4：选择具有最大邻居数的对象作为初始原型对象集 P 中的第一个对象。

步骤5：删除数值属性和分类属性混合的不完备信息系统 S 中选定的初始原型对象及其所有邻居，并随着数据稠密程度降低调节预先设置的阈值参数 θ，调

节预先设置阈值参数θ的次数为$k-1$，以获得k个选定的初始原型对象。

步骤6：重复步骤3～步骤5，直至数值属性和分类属性混合的不完备信息系统S为空，得到k个选定的初始原型对象集，记为P'。

选定的初始原型对象集P'用于不完备混合属性数据的对象混合差异度聚类算法，可以避免初始原型对象选择的随机性。

7.1.4　算法步骤

下面给出不完备混合属性数据的对象混合差异度聚类算法步骤，采用对象混合差异度计算方法及基于最近邻的初始原型对象选择方法，直接对不完备混合属性数据进行聚类，不进行缺失值的填补，并且避免了初始原型对象选择的随机性。

输入：类的数目k；数值属性和分类属性混合的不完备信息系统$S=(U,A,V,f)$。

输出：聚类后得到的k个类。

步骤1：根据基于最近邻的初始原型对象选择方法，选定k个初始原型对象。

步骤2：计算每个对象和每个初始原型对象之间的混合差异度ISMD，寻找与每个对象混合差异度最小的初始原型对象，将该对象分配到该混合差异度最小的初始原型对象所代表的类中，直到所有对象分配到相应的类中。

步骤3：计算k个类新的原型并重新分配每个对象。对于每个类，根据数值属性的均值和分类属性的众数值，重新计算k个类新的原型。然后计算每个对象和每个新的原型之间的混合差异度ISMD。如果最近的新原型不是对象当前所在类的原型，则使用最近的原型将对象重新分配到最近的原型所代表的类中。

步骤4：重复步骤3，直到k个类的原型都不再改变，然后转到步骤5。

步骤5：得到k个类。

7.2　集合混合差异度聚类

本节给出不完备数值属性和分类属性混合数据层次聚类算法，简称集合混合差异度聚类，通过定义集合混合差异度和集合混合特征向量，直接计算不完备混合属性数据集合内所有对象的总体差异程度，进行不完备混合属性数据聚类。7.3 节进一步给出基于该不完备混合属性数据聚类结果的缺失数据填补方法——基于不完备数值属性和分类属性混合数据层次聚类的缺失数据填补方法[72] (missing value imputation method for mixed numeric and categorical attributes based on incomplete data hierarchical clustering，IMIC)。

7.2.1 集合混合差异度

基于不完备信息系统给出相关概念和算法描述。数值属性和分类属性混合的不完备信息系统记为 $S=(U,A,V,f)$ ，其中，对象集合 $U=\{x_1,x_2,\cdots,x_n\}$ ，对象数目是 n ；分类属性集合 $C=\{a_l \mid l=1,2,\cdots,m\}$ ，数值属性集合 $N=\{a_u \mid u=m+1,m+2,\cdots,m+q\}$ ，对象属性集合 $A=C\cup N$ ，属性数目是 $m+q$ ；属性值的集合 $V=\{V_1,V_2,\cdots,V_m,V_{m+1},V_{m+2},\cdots,V_{m+q}\}$ ，其中分类属性 a_l 具有 c_l 个不同的属性值 $V_l=\{v_{a_l g} \mid g=1,2,\cdots,c_l\}$ ；f 是 $U\times A\to V$ 的映射函数；“*”表示属性值缺失。

给定数值属性和分类属性混合的不完备信息系统 $S=(U,A,V,f)$ ，对于非空对象集合 $X\subseteq U$ ，由集合 X_1 和 X_2 合并得到，$|X|$ 为 X 中的对象数目，则不完备集合在分类属性上的差异度 $\mathrm{ISMD}_C(X)$ 和在数值属性上的差异度 $\mathrm{ISMD}_N(X)$ 分别定义为如式(7-6)和式(7-8)所示。

$$\mathrm{ISMD}_C(X)=\frac{\left|\{s_l \mid s_l=\varnothing\}\right|}{\sqrt{|X|}\times\left|\{s_l \mid s_l\neq\varnothing\}\right|} \tag{7-6}$$

其中，s_l，$l\in\{1,2,\cdots,m\}$ 表示 X 中所有对象在分类属性 a_l 上的容差属性值集合，定义如下：

$$s_l=\begin{cases}\{v_{a_l g}\}, & \exists x_i\in X(a_l(x_i)=v_{a_l g})\wedge\forall x_i\in X(a_l(x_i)=v_{a_l g}\vee a_l(x_i)=\text{“*”})\\ \{*\}, & \forall x_i\in X(a_l(x_i)=\text{“*”})\\ \varnothing, & \forall g(\exists x_i\in X(a_l(x_i)\neq v_{a_l g}\wedge a_l(x_i)\neq\text{“*”}))\end{cases} \tag{7-7}$$

显然，$\{s_l \mid s_l=\varnothing\}$ 表示 X 中所有对象在分类属性取值上不全具有相同值或缺失值的所有分类属性的集合，而 $\{s_l \mid s_l\neq\varnothing\}$ 表示 X 中所有对象在分类属性取值上具有相同值或缺失值的所有分类属性的集合。

$$\mathrm{ISMD}_N(X)=\frac{|X|^2\times\sum\limits_{u=m+1}^{m+q}d_u(X_1,X_2)}{q-\sum\limits_{u=m+1}^{m+q}d_u(X_1,X_2)} \tag{7-8}$$

其中，

$$d_u(X_1,X_2)=\begin{cases}\dfrac{|M_u(X_1)-M_u(X_2)|}{\max_u-\min_u}, & |I_u(X_1)|\in[0,|X_1|)\wedge|I_u(X_2)|\in[0,|X_2|)\\ 0, & |I_u(X_1)|=|X_1|\vee|I_u(X_2)|=|X_2|\end{cases} \tag{7-9}$$

其中，$\max_u$ 和 $\min_u$ 分别表示 X 中所有对象在数值属性 a_u 上的最大值和最小值，M_u 的计算方法如式(7-10)所示。

$$M_u = \begin{cases} \dfrac{1}{|X|-|I_u|}\sum\limits_{x_i \notin I_u} a_u(x_i), & |I_u|<|X| \\ +\infty, & |I_u|=|X| \end{cases} \tag{7-10}$$

其中，

$$I_u = \{x_i \in X \mid a_u(x_i) = \text{“*”}\} \tag{7-11}$$

定义 7-2(不完备集合的集合混合差异度)：给定数值属性和分类属性混合的不完备信息系统 $S=(U,A,V,f)$，对于非空对象集合 $X \subseteq U$，由集合 X_1 和 X_2 合并得到，$|X|$ 为 X 中的对象数目，则不完备集合的集合混合差异度(incomplete set mixed dissimilarity for a set，ISMD)定义为

$$\text{ISMD}(X) = \frac{m \times \text{ISMD}_C(X) + q \times \text{ISMD}_N(X)}{m+q} \tag{7-12}$$

7.2.2　集合混合特征向量

定义 7-3(不完备集合的集合混合特征向量)：给定数值属性和分类属性混合的不完备信息系统 $S=(U,A,V,f)$，对于非空对象集合 $X \subseteq U$，由集合 X_1 和 X_2 合并得到，$|X|$ 为 X 中的对象数目，则不完备集合的集合混合特征向量(incomplete set mixed feature vector for a set，ISMFV)定义为

$$\begin{aligned} \text{ISMFV}(X) = (&|X|, \text{CS}(X), \text{NM}(X), \text{ISMD}_C(X), \\ &\text{ISMD}_N(X), \text{ISMD}(X)) \end{aligned} \tag{7-13}$$

其中，

(1) $|X|$ 为 X 中的对象数目。

(2) $\text{CS}(X)=\{s_1,s_2,\cdots,s_m\}$ 表示分类属性特征，是一个 m 向量，其每一个分量 s_l，$l \in \{1,2,\cdots,m\}$ 表示 X 中所有对象在分类属性 a_l 上的容差属性值集合(式(7-7))。

(3) $\text{NM}(X)=\{\text{NM}_1, \text{NM}_2,\cdots,\text{NM}_q\}$ 表示数值属性特征，是一个 q 向量，其每一个分量为 $\text{NM}_u=(M_u, I_u)$，$u \in \{1,2,\cdots,q\}$，其中，M_u 表示 X 中所有对象在数值属性 a_u 上的平均值，定义如式(7-10)所示，I_u 表示 X 中在数值属性 a_u 上取值缺失的对象集合(式(7-11))。

(4) $\text{ISMD}_C(X)$ 为不完备集合在分类属性上的差异度(式(7-6))。

(5) $\text{ISMD}_N(X)$ 为不完备集合在数值属性上的差异度(式(7-8))。

(6) $\text{ISMD}(X)$ 为不完备集合在数值属性和分类属性上的集合混合差异度(式(7-12))。

对于一个具有数值属性和分类属性的不完备混合属性数据对象集合，只需存储其集合混合特征向量ISMFV就可以描述该不完备集合聚类相关的所有信息，而不必保存该集合中所有对象的信息，减少了数据存储量，而且集合混合特征向量ISMFV在两个集合合并时具有可加性，减少了数据处理量。

7.2.3 集合混合特征向量的可加性

定理 7-1(集合混合特征向量的可加性定理)：给定数值属性和分类属性混合的不完备信息系统 $S=(U,A,V,f)$，对于非空对象集合 $X\subseteq U$，$Y\subseteq U$，且 $X\cap Y=\varnothing$，$|X|$ 为 X 中的对象数目，$|Y|$ 为 Y 中的对象数目，集合混合特征向量分别为

$$\mathrm{ISMFV}(X)=(|X|,\mathrm{CS}(X),\mathrm{NM}(X),\mathrm{ISMD}_C(X),\mathrm{ISMD}_N(X),\mathrm{ISMD}(X))$$

$$\mathrm{ISMFV}(Y)=(|Y|,\mathrm{CS}(Y),\mathrm{NM}(Y),\mathrm{ISMD}_C(Y),\mathrm{ISMD}_N(Y),\mathrm{ISMD}(Y))$$

不完备集合混合特征向量的可加性定义为

$$\begin{aligned}&\mathrm{ISMFV}(X)+\mathrm{ISMFV}(Y)\\&=(T,\mathrm{CS},\mathrm{NM},\mathrm{ISMD}_C,\mathrm{ISMD}_N,\mathrm{ISMD})\end{aligned} \tag{7-14}$$

其中，

$$T=|X|+|Y|$$

$$\mathrm{CS}=\{s_l \mid l=1,2,\cdots,m\}$$

$$s_l=\begin{cases}s_l(Y), & s_l(X)=\{\text{“*”}\}\wedge s_l(Y)\neq\{\text{“*”}\}\\ s_l(X), & s_l(Y)=\{\text{“*”}\}\wedge s_l(X)\neq\{\text{“*”}\}\\ s_l(X)\cap s_l(Y), & s_l(X)\neq\varnothing\wedge s_l(Y)\neq\varnothing\end{cases}$$

$$\mathrm{NM}=\{M,I\}$$

$$\begin{cases}I_u=I_u(X)\cup I_u(Y)\\ M_u=\begin{cases}\dfrac{M_u(X)\times W_u(X)+M_u(Y)\times W_u(Y)}{W_u(X)+W_u(Y)}, & (W_u(X)>0)\wedge(W_u(Y)>0)\\ M_u(X), & W_u(X)>0\wedge W_u(Y)=0\\ M_u(Y), & W_u(X)=0\wedge W_u(Y)>0\\ +\infty, & (W_u(X)=0)\wedge(W_u(Y)=0)\end{cases}\end{cases}$$

这里，

$$W_u(X)=|X|-|I_u(X)|,\quad W_u(Y)=|Y|-|I_u(Y)|$$

$$\mathrm{ISMD}_C=\frac{\left|\{s_l \mid s_l=\varnothing\}\right|}{\sqrt{T}\times\left|\{s_l \mid s_l\neq\varnothing\}\right|}$$

$$\mathrm{ISMD}_N=\frac{T^2\times\sum_{u=m+1}^{m+q}d_u(X,Y)}{q-\sum_{u=m+1}^{m+q}d_u(X,Y)}$$

$$d_u(X,Y)=\begin{cases}\dfrac{|M_u(X)-M_u(Y)|}{\max_u-\min_u}, & (|I_u(X)|\in[0,|X|))\wedge(|I_u(Y)|\in[0,|Y|))\\ 0, & (|I_u(X)|=|X|)\vee(|I_u(Y)|=|Y|)\end{cases}$$

$$\mathrm{ISMD}=\frac{m\times\mathrm{ISMD}_C+q\times\mathrm{ISMD}_N}{m+q}$$

那么，有

$$\mathrm{ISMFV}(X\cup Y)=\mathrm{ISMFV}(X)+\mathrm{ISMFV}(Y)\tag{7-15}$$

集合混合特征向量的可加性定理7-1表明：当两个不相交的集合进行合并时，合并后不完备集合的集合混合特征向量ISMFV可以直接通过加法方便计算，减少了存储量和计算量。

7.2.4 算法步骤

针对不完备数值属性和分类属性混合数据聚类问题，集合混合差异度聚类算法的主要步骤如下。

输入：给定数值属性和分类属性混合的不完备信息系统 $S=(U,A,V,f)$。

输出：层次聚类形成的 k 个类。

步骤 1：对于给定数值属性和分类属性混合的不完备信息系统 $S=(U,A,V,f)$，将每个对象视为只包含一个对象的集合，根据定义 7-3 计算 ISMFV。表示初始信息系统 U^0 划分为 $\left\{z_1^0,z_2^0,\cdots,z_n^0\right\}=\{\{x_1^0\},\{x_2^0\},\cdots,\{x_n^0\}\}$，设置层次聚类的层次 $r=0$，根据定理 7-1 计算 U^r 的每两个子集合并后的集合混合特征向量 $\mathrm{ISMFV}(X_i^r\cup X_j^r)=\mathrm{ISMFV}(X_i^r)+\mathrm{ISMFV}(X_j^r)$。

步骤 2：搜索两个子集合并的最小差异度，寻找 X_i^r 和 X_j^r，使得 $\mathrm{ISMD}(X_e^r\cup X_f^r)=\min\{\mathrm{ISMD}(X_i^r\cup X_j^r)\}$，$X_i^r,X_j^r\in U^r$。

步骤 3：将 X_e^r 和 X_f^r 合并到 $X_{ef}^{r+1}=X_e^r\cup X_f^r$，从 U^r 中删除 X_e^r 和 X_f^r。根据定理 7-1 计算新的不完备集合的集合混合特征向量 $\mathrm{ISMFV}(X_{ef}^{r+1})=\mathrm{ISMFV}(X_e^r)+\mathrm{ISMFV}(X_f^r)$。

步骤 4：$r=r+1$。

步骤 5：如果 $r = n$，转到步骤 6；否则，计算新子集与 U^r 的每个剩余子集之间的集合混合特征向量 ISMFV，转到步骤 2。

步骤 6：确定层次聚类的最终结果，相应的类个数为 k，执行结束。

7.3 基于集合混合差异度聚类的缺失数据填补

缺失数据填补是数据库知识发现领域数据预处理的一个关键问题。虽然缺失数据填补的方法很多，但是每一种方法都有其局限性，并且一般仅适用于处理数值属性数据或仅适用于处理分类属性数据。7.2节以集合混合差异度为基础给出了不完备数值属性和分类属性混合数据层次聚类算法，本节进一步给出基于不完备数值属性和分类属性混合数据层次聚类的缺失数据填补方法[72]IMIC，简称基于集合混合差异度聚类的缺失数据填补。

7.3.1 填补思想

许多知识发现研究是基于描述对象的每个属性都有一个确切的值这一事实的。但在现实数据中，由于不同的原因，有些属性值可能是未知的，即数据不完备。数据不完备可能会导致知识发现偏差，影响知识发现的结果，尤其在数据类型混合不统一的情况下，更为复杂。

填补是一种比较流行的缺失值处理策略，在数据预处理中对缺失值进行填充，从而得到完整的系统。一般来说，填补方法可以分为以下三类。

第一类是基于统计的填补方法，不考虑对象样本或属性内部的相关结构。这类方法包括全局常数填补、均值/众数填补、回归填补和期望最大化填补等。这些方法通常仅适用于处理数值属性，个别方法仅适用于处理分类属性。

第二类是基于粗糙集的填补方法，考虑了对象样本和属性的容差关系，经典的和基本的方法是ROUSTIDA，随后改进方法被相继提出，如非对称相似度、量化容差关系、限制容差关系等。这些方法仅适用于处理分类属性。在使用这些方法时，数值属性需要在填补前进行离散化，这可能会丢失数值属性的有用信息。

第三类填补方法是利用一些相关的数据挖掘技术，如分类和聚类。基于分类的填补方法包括k-最近邻填补(k-nearest neighbor impute，KNNimpute)方法、顺序k-最近邻填补(sequential k-nearest neighbor impute，SKNNimpute)方法和基于马氏距离的k-最近邻填补(Mahalanobis distance based k-nearest neighbor impute，MKNNimpute)方法等。典型的基于聚类的填补方法有基于k均值的填补(k-means impute，KMI)方法和基于模糊c-均值的填补(fuzzy c-means impute，FCMimpute)

方法，KMI方法用于提高基于最近邻填补的计算效率。此外，基于其他理论的方法，如贝叶斯主成分分析(Bayesian principal component analysis，BPCA)、支持向量回归填补(support vector regression impute，SVRimpute)和局部最小二乘填补(local least squares impute，LLSimpute)也得到了发展。

每一种填补方法都有其局限性。首先，第三类填补方法中大部分方法对缺失值的估计能力依赖模型参数。其次，上述许多方法都是根据完备对象样本观测值来估计填补缺失值的，而没有考虑不完备对象样本的观测信息。此外，这些方法仅适用于处理数值属性或仅适用于处理分类属性。

缺失数据处理和聚类分析在本质上有相似之处，因此考虑根据聚类结果填补缺失值，针对数值属性和分类属性给出一种基于不完备集合混合属性数据聚类的缺失数据填补方法IMIC。该方法通过计算两个不完备数据集合进行合并时数值属性和分类属性的集合混合差异度，来完成不完备数据层次聚类，同时完成缺失值的填补，是一种无参数缺失值填补方法，它利用了完备对象样本和不完备对象样本的所有信息，具有良好性能。

针对不完备数值属性和分类属性混合数据的集合混合差异度、集合混合特征向量及集合混合特征向量的可加性是 IMIC 缺失数据填补思想的核心和基础。集合混合差异度概括了一个不完备集合内所有对象间针对数值属性和分类属性的混合差异度。对于一个不完备集合，只需存储集合混合特征向量就可以描述该不完备集合聚类相关的所有信息，而不必保存该集合中所有对象的信息。集合混合特征向量不仅减少了数据量，而且在两个集合合并时集合混合特征向量具有可加性，可以方便地计算合并后的集合混合特征向量，从而减少聚类过程的数据存储量和计算量。

7.2 节已给出针对不完备数值属性和分类属性混合数据的集合混合差异度、集合混合特征向量的定义，并证明了两个集合进行合并时集合混合特征向量具有可加性。下面进一步给出基于集合混合差异度聚类的缺失数据填补概念基础和填补过程。

7.3.2　概念基础

本节基于不完备信息系统给出相关概念。数值属性和分类属性混合的不完备信息系统记为$S=(U,A,V,f)$，其中，对象集合$U=\{x_1,x_2,\cdots,x_n\}$，对象数目是n；分类属性集合$C=\{a_l \mid l=1,2,\cdots,m\}$，数值属性集合$N=\{a_u \mid u=m+1,m+2,\cdots,m+q\}$，对象属性集合$A=C\cup N$，属性数目是$m+q$；属性值的集合$V=\{V_1,V_2,\cdots,V_m,V_{m+1},V_{m+2},\cdots,V_{m+q}\}$，其中分类属性$a_l$具有$c_l$个不同的属性值$V_l=\{v_{a_l g} \mid g=1,2,\cdots,c_l\}$；$f$是$U\times A\to V$的映射函数；“*”表示属性值缺失。

定义7-4(缺失属性集、缺失对象集)：给定数值属性和分类属性混合的不完备信息系统 $S=(U,A,V,f)$ ，$\{X_1, X_2,\cdots, X_u\}$ 是论域 U 的一个划分，其中 $X_i=\{x_{i1}, x_{i2},\cdots, x_{iw}\}$ ，那么子集 X_i 的缺失属性集(missing attribute set of subset X_i ，MAS_S_i)和不完备信息系统的缺失对象集(missing set of the incomplete information system，MSS)分别定义为

$$\begin{aligned}\text{MAS\_S}_i = &\left\{(x_{ij},a_l)\mid x_{ij}\in X_i(a_l(x_{ij})=\text{“*”})\right\}\\ &\cup\left\{(x_{ij},a_u)\mid x_{ij}\in X_i(a_u(x_{ij})=\text{“*”})\right\}\end{aligned} \tag{7-16}$$

$$\text{MSS}=\{X_i \mid \text{MAS\_S}_i\neq\varnothing, i=1,2,\cdots,\mu\} \tag{7-17}$$

给定数值属性和分类属性混合的不完备信息系统 S^0 为初始不完备系统，$\{z_i^0\}$ 为初始对象集 U^0 的子集，MAS_S_i^0 为子集 X_i^0 的缺失属性集，MSS^0 为缺失对象集。S^r 表示第 r 层次聚类后的临时系统，相应的 $\{z_i^r\}$ 表示第 r 层次聚类后的对象集 U^r 的子集，MAS_S_i^r 表示子集 X_i^r 的缺失属性集，MSS^r 表示缺失对象集。在聚类分析过程中，将子集的缺失属性集的填补过程表述为定理7-2。

定理7-2(缺失属性集的填补过程)：给定数值属性和分类属性混合的不完备信息系统 $S=(U,A,V,f)$ ，在第 r 层次聚类过程中，合并后的新子集为 $X_i^r=\{x_{i1}^r, x_{i2}^r,\cdots, x_{iw}^r\}$ ，子集 X_i^r 的缺失属性集的缺失值填补过程表述为

$$a_l(x_{ij}^r)=\begin{cases} v_l, & v_l\in s_l(X_i^r)\wedge v_l\neq\text{“*”}\\ \text{“*”}, & v_l\in s_l(X_i^r)\wedge v_l=\text{“*”}\\ \text{mode}_l(X_i^r), & s_l(X_i^r)=\varnothing\end{cases}$$

$$a_u(x_{ij}^r)=\begin{cases} M_u(X_i^r), & \exists x_{ij}^r((x_{ij}^r, a_u)\notin \text{MAS\_S}_i^r)\\ \text{“*”}, & \forall x_{ij}^r((x_{ij}^r, a_u)\in \text{MAS\_S}_i^r)\end{cases}$$

其中，$\text{mode}_l(X_i^r)$ 表示子集 X_i^r 中分类属性 a_l 的众数值；$M_u(X_i^r)$ 表示子集 X_i^r 中数值属性 a_u 的均值。

7.3.3 填补过程

基于不完备数值属性和分类属性混合数据层次聚类的缺失数据填补方法 IMIC 主要步骤如下。

输入：给定数值属性和分类属性混合的不完备信息系统 $S=(U,A,V,f)$ 。

输出：缺失数据填补后的信息系统 S' 。

步骤 1：初始化，将每个对象视为一个只包含一个对象的集合，根据定义 7-3

计算 ISMFV。表示初始信息系统U^0划分为$\left\{z_1^0,z_2^0,\cdots,z_n^0\right\}=\{\{x_1^0\},\{x_2^0\},\cdots,\{x_n^0\}\}$，生成每个子集的缺失属性集$\mathrm{MAS_S}_i^0$和初始信息系统的缺失对象集$\mathrm{MSS}^0$，设置层次聚类的层次$r=0$，根据定理 7-1 计算$U^r$的每两个子集合并的集合混合特征向量$\mathrm{ISMFV}(X_i^r\cup X_j^r)=\mathrm{ISMFV}(X_i^r)+\mathrm{ISMFV}(X_j^r)$。

步骤 2：搜索两个子集合并的最小差异度，寻找X_i^r和X_j^r，使得$\mathrm{ISMD}(X_e^r\cup X_f^r)=\min\{\mathrm{ISMD}(X_i^r\cup X_j^r)\}$，$X_i^r,X_j^r\in U^r$。

步骤 3：将X_e^r和X_f^r合并到$X_{ef}^{r+1}=X_e^r\cup X_f^r$，从$U^r$中删除$X_e^r$和$X_f^r$。根据定理 7-1 计算新的集合混合特征向量$\mathrm{ISMFV}(X_{ef}^{r+1})=\mathrm{ISMFV}(X_e^r)+\mathrm{ISMFV}(X_f^r)$。

步骤 4：对于新子集X_{ef}^{r+1}，根据定理 7-2 进行缺失数据填补，计算X_{ef}^{r+1}的缺失属性集$\mathrm{MAS_S}_{ef}^{r+1}$，更新$S^{r+1}$的缺失对象集$\mathrm{MSS}^{r+1}$为

$$\mathrm{MSS}^{r+1}=\begin{cases}(\mathrm{MSS}^r-\{X_e^r,X_f^r\})\cup\{X_{ef}^{r+1}\}, & \mathrm{MAS\_S}_{ef}^{r+1}\neq\varnothing\\ \mathrm{MSS}^r-\{X_e^r,X_f^r\}, & \mathrm{MAS\_S}_{ef}^{r+1}=\varnothing\end{cases}$$

步骤 5：$r=r+1$，如果$\mathrm{MSS}^{r+1}=\varnothing$或$r=n$，则 IMIC 缺失数据填补方法执行结束；否则，计算新子集X_{ef}^{r+1}与U^r的每个剩余子集之间的集合混合特征向量 ISMFV，转到步骤 2。

7.4　缺失数据填补实验分析

为了检验 IMIC 进行缺失数据填补的效果，从 UCI 机器学习数据集中选择 3 个常用的混合属性基准数据集，针对 IMIC 和 MEANS、ROUSTIDA、KNNimpute、KMI 及组合方法进行对比实验分析。

7.4.1　数据集

采用 UCI 机器学习数据集中常用的 flag、credit approval 和 thyroid disease 数据集进行 IMIC 的有效性检验。实验是将人工生成缺失值数据的填补结果与原始数据进行比较，因此删除了原始数据中具有缺失值的数据对象。

为了充分检验 IMIC 进行缺失数据填补的有效性，将完备的 flag、credit approval 和 thyroid disease 数据集分别从 5%的缺失比率开始随机将数据设定为“*”，并按 5%的缺失比率递增，直至缺失比率达到 50%。针对每一个数据集的每一种数据缺失比率，分别采用 IMIC、MEANS、ROUSTIDA、KNNimpute、

KMI、ROUSTIDA 和 MEANS 组合方法进行缺失数据的填补。在每次实验中，对象随机排序，缺失数据随机生成，对 20 次随机实验结果进行对比。

7.4.2 分类属性填补分析

对于不完备信息系统 $S=(U,A,V,f)$，其中，$U=\{x_1,x_2,\cdots,x_n\}$，$A=C\cup N=\{a_l\mid l=1,2,\cdots,m\}\cup\{a_u\mid u=m+1,m+2,\cdots,m+q\}$，进行缺失数据填补，缺失数据的比率为 α。采用正确率作为分类属性缺失数据填补结果的衡量标准。r 表示与原始值相比正确填补的分类属性值的平均数。正确率 AR 为平均每次运行填补正确的分类属性值数据量占缺失数据总量的比例。

$$\mathrm{AR}=r/(n\times m\times\alpha) \tag{7-18}$$

采用 MEANS、RA+MS(先 ROUSTIDA 再 MEANS 均值填补)、IMIC、KNNimpute(在图 7-1 中表示为 KNNI)和 KMI 算法来填补缺失数据。根据式 (7-18)，计算以上几种方法针对不同数据集在不同缺失比率下的正确率，结果如图 7-1 所示。

从图 7-1 可以看出：

(1) 总体而言，IMIC 的正确率高于其他方法；由于 KNNimpute 和 KMI 使用精确的完整样本进行填补，在高缺失比率情况下不会发生填补，它们在图 7-1 中的折线明显低于 MEANS 或超出了图的范围。

(2) 随着缺失比率的增加，IMIC 与 MEANS 以及 RA+MS 之间的差距变小。

(3) 由于 thyroid disease 数据集的大部分值为“0”，所以该数据的每种方法的正确率都较高。

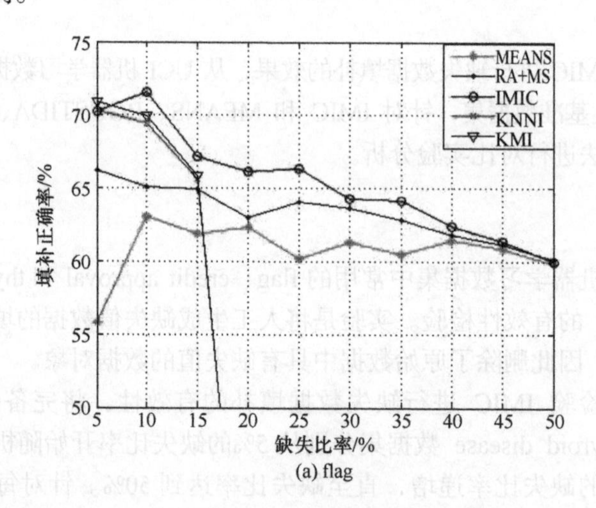

(a) flag

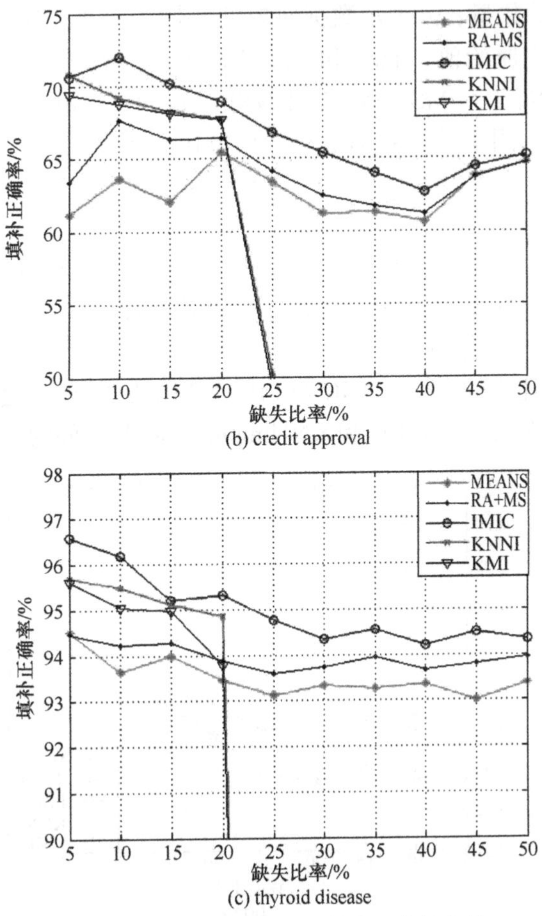

图 7-1　填补正确率随数据缺失比率的变化

7.4.3　数值属性填补分析

采用均方根标准平方误差(root mean standard squared error, RMSSE)作为数值属性缺失数据填补结果的衡量标准。均方根标准平方误差计算公式如下：

$$\mathrm{RMSSE}=\sqrt{\frac{\sum_{i=1}^{q^*n^*\alpha}(\Delta_i)^2}{q\times n\times \alpha}} \tag{7-19}$$

其中，

$$\Delta_i=\begin{cases}\dfrac{y_i-y_i'}{\max-\min}, & y_i'\neq \text{“*”}\wedge \max\neq\min\\ 1, & y_i'=\text{“*”}\\ 0, & y_i'\neq\text{“*”}\wedge\max=\min\end{cases}$$

q 表示数值属性的数量；n 表示数据对象的数量；y_i' 表示第 i 个缺失值的预测值；y_i 表示第 i 个原始值；max 和 min 分别表示 U 中该属性的最大值和最小值。应用 MEANS、RA+MS、IMIC、KNNimpute 和 KMI 来填补缺失数据，根据式(7-19)计算以上几种方法针对 3 个数据集在不同缺失比率下的 RMSSE，结果如图 7-2 所示。

从图 7-2 可以看出：

(1) 总体而言，IMIC 在 RMSSE 指标上的表现优于其他方法；在高缺失比率的情况下，KNNimpute 和 KMI 没有进行填补，在图 7-2 中的折线明显高于 MEANS 或超出了图的范围。

(2) 随着缺失比率的增加，IMIC 与 MEANS 以及 RA+MS 之间的差距变小。

(3) 对于低缺失比率，IMIC 和 KNNimpute、KMI 之间的差距不明显。

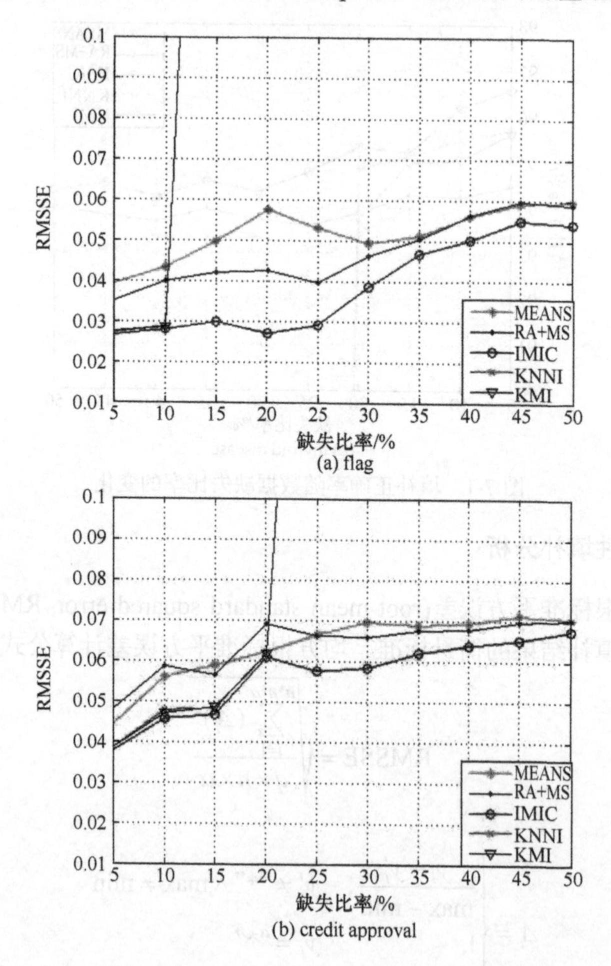

(a) flag

(b) credit approval

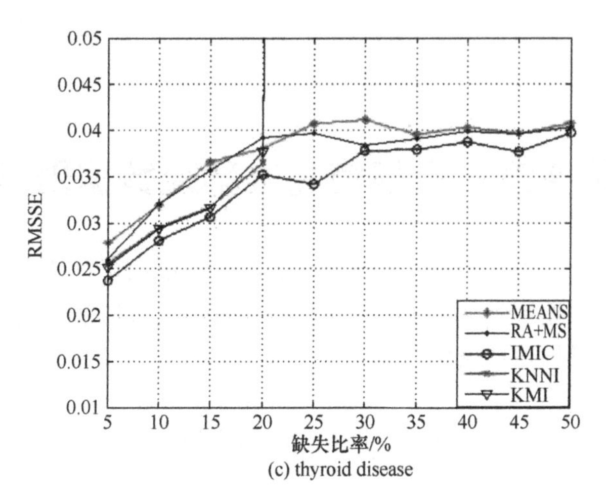

(c) thyroid disease

图 7-2　RMSSE 随数据缺失比率的变化

7.5　本 章 要 点

本章针对不完备数值属性和分类属性混合数据，给出了对象混合差异度聚类、集合混合差异度聚类，不需要预先进行缺失数据填补，直接进行不完备数据聚类得到聚类结果，并可以依据聚类结果进行缺失数据填补，进一步给出了基于集合混合差异度聚类的缺失数据填补方法。

(1) 对象混合差异度聚类通过定义存在缺失值的不完备数值属性和分类属性混合数据的对象混合差异度计算方法，可以直接对不完备混合属性数据进行聚类而无须填补缺失值，并给出了基于最近邻的初始原型对象选择方法，可以避免初始原型对象选择的随机性。

(2) 集合混合差异度聚类通过定义集合混合差异度和集合混合特征向量，直接计算不完备混合属性数据集合内所有对象的总体差异程度，进行不完备混合属性数据聚类，并给出了基于该不完备混合属性数据聚类结果的缺失数据填补方法——基于不完备数值属性和分类属性混合数据层次聚类的缺失数据填补方法，简称基于集合混合差异度聚类的缺失数据填补方法。

(3) 为了检验基于集合混合差异度聚类进行缺失数据填补的效果，从 UCI 机器学习数据集中选择 3 个常用的混合属性基准数据集，对基于集合混合差异度聚类的缺失数据填补方法和几种经典方法进行了对比实验分析。

第 8 章　大规模高维稀疏数据聚类

在高维数据聚类中，大规模高维稀疏数据聚类更加具有挑战性。本章给出二值属性高维稀疏数据聚类在大规模数据的拓展推广，包括基于抽样的聚类和并行聚类等大规模高维稀疏数据聚类算法。

8.1　基于抽样的聚类

本节系统总结基于抽样进行大规模数据聚类的常用方法，进一步针对二值属性高维稀疏数据聚类问题给出类特征的确界表示法，并给出非样本对象向各个类的分配方法，其中核心在于类特征的确界表示。

8.1.1　基于抽样的聚类思想

通过抽取样本降低数据量是比较常见的方法，其思路是首先进行样本的抽取，然后进行样本对象的聚类；在完成样本对象的聚类后，再进行非样本对象向各个类的分配。在采用抽样方法进行聚类时，需要重点考虑数据抽样的方法、类代表对象的选择或其他类特征的表示方法、非样本对象向各个类的分配方法等几方面的内容。

1. *数据抽样方法*

数据抽样是指从大规模数据集中抽取部分样本的过程，数据抽样方法已经成为进行数据精简、提高数据挖掘效率的有效方法。进行数据抽样需要首先确定样本的大小，然后选择一种抽样策略从大规模数据集中抽取 n 个样本。下面列出几种常见的抽样策略。

1) 简单随机不重复抽样

简单随机不重复抽样(simple random sample without replacement)是从大规模数据集中随机地抽取 n 个样本，每次抽取出的样本不再放回原数据集，因此不可能重复抽到同一个样本。采用该方法进行数据抽样，每个样本被抽到的概率是完全相同的。

2) 简单随机重复抽样

简单随机重复抽样(simple random sample with replacement)也是从大规模数据

集中随机地抽取 n 个样本，但是每次抽取出的样本又被放回到原数据集中，因此可能重复抽到同一个样本。

3) 等距抽样

等距抽样(equidistant sample)需要首先确定一个样本间隔距离(相邻两个对象的间隔距离规定为 1)，然后从第一个对象开始进行距离计算，每达到给定的间隔距离，则抽取相应的对象作为一个样本。例如，在样本间隔距离为 10 的情况下，则抽取第 10 个，第 20 个，…，第 $10\times n$ 个对象作为样本。

4) 前 n 个对象抽样

前 n 个对象抽样(first n sample)是从大规模数据集中直接选取前 n 个对象作为样本。当采用该方法进行抽样时，对象的分布必须是随机的。如果对象的分布不是随机的，如经过了排序处理，则获得的样本可能与原始数据有着非常大的差异。

5) 层次抽样

层次抽样(stratified sample)首先对大规模数据集中的对象按一定的规则进行分组，各组中的对象具有不同的特征，相互之间不交叉，然后从每个组中抽取一定的对象作为样本。采用层次抽样形成的样本往往更具有代表性。图 8-1 为一个根据收入状况进行层次抽样的例子。

原始数据集	
对象标识	收入状况
1	高收入
2	高收入
3	中等收入
4	中等收入
5	低收入
6	低收入
7	低收入
8	低收入

→

抽取出的样本	
对象标识	收入状况
2	高收入
3	中等收入
6	低收入
8	低收入

图 8-1　层次抽样

6) 群体抽样

如果在大规模数据集中，对象已经被分成了若干个群，并且群的划分是随机的，那么可以采用群体抽样(cluster sample)的方法采集样本。该方法是从所有的群中随机抽取几个群，然后以抽取到的几个群中所有对象作为样本。图 8-2 为进行群体抽样的例子，其中假设共有 m 个群，由随机抽取到的 3 个群中的所有对象作为样本。

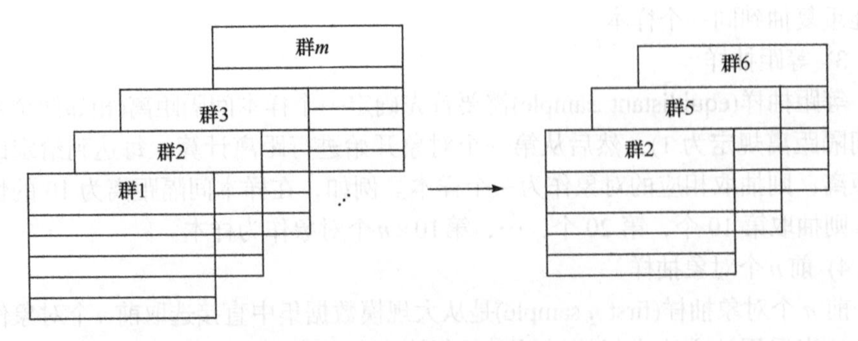

图 8-2　群体抽样

对于大规模数据对象集合的聚类问题，在确定了抽样策略，完成样本的抽取之后，首先需要进行样本对象的聚类。

在完成样本对象的聚类后，需要给出类的代表点或其他类特征表示方法，以便进行非样本对象向各个类的分配。

2. 聚类结果的常用表示方法

由于在完成聚类知识发现之前，对象类的划分是未知的，所以在聚类完成之后，需要将聚类的结果以用户可以理解的方式表达出来。在属性维数比较小的情况下，比较容易采用可视化的方法表达聚类的结果。但是，在属性维数比较高的情况下，聚类结果的表达就比较困难。部分聚类算法采用了可视化描述、最小表达式、代表对象等方式来表示最终的聚类结果或聚类特征。

比较典型的采用可视化描述的聚类算法是 OPTICS 算法。该算法基于密度建立了待聚类对象的一种排序，通过该排序给出对象的内在聚类结构，通过图形直观地显示对象的分布及内在联系。聚结型的层次聚类(也称为系统聚类)也采用了图形方式描述聚类的最终结果，称为谱系图。

采用最小表达式描述聚类结果的是 CLIQUE 算法。该算法是适用于高维空间的一种聚类算法，其针对高维空间数据集采用了子空间的概念来进行聚类，对于最终的聚类结果，CLIQUE 算法给出了用户易于理解的聚类结果最小表达式。

采用代表对象来表示一个类的算法较多。在 k-means 算法中，首先随机地选择 k 个对象代表 k 个类(k 为已知参数)，每一个对象作为一个类的中心，根据距离中心最近的原则将其他对象分配到各个类中。在完成首次对象的分配之后，以每一个类所有对象的平均值(mean)作为该类新的中心，进行对象的再分配，重复该过程直到没有变化为止，从而得到最终的 k 个类。在 k-means 算法中，实际上是以“类的中心”作为类的代表点。在 PAM 算法、CLARA 算法和 CLARANS

算法中以一个 medoid 作为一个类的代表点。medoids 是分别接近于 k 个类的中心且按照一定的标准使聚类的质量达到最好的 k 个对象。而 CURE 算法由一定数目彻底分散的多个对象，在按收缩乘子 α 移向其所在类的中心之后来代表该类。那么，这些彻底分散的多个对象是如何选择的呢？这是一个迭代的过程，首先选择距离平均值最远的一个对象，然后依次选择距离已选对象最远的对象，直到满足数目要求为止。

可视化图形、最小表达式、代表对象等方式都可以用来表示最终的聚类结果或聚类特征，但并不都适用于抽样的情况。在采用抽样的方法对大规模数据对象集合进行聚类处理时，必须给出明确的抽样聚类特征描述，以此作为非样本对象向各个类进行分配的判断标准。由于可视化图形一般不给出明确的聚类特征描述，也就不便进行非样本对象的分配，所以很难适用于抽样的情况。采用最小表达式或代表对象的方式来描述样本的聚类特征是可行的，但是目前尚没有一般化的表示方法，所以必须针对具体的算法寻找具体的表示方法。另外，对于本书讨论的高维稀疏数据聚类知识发现问题也难以找到类的代表点或最小表达式，因此给出特定的高维稀疏类确界表示法来描述类的特征，将在后续内容中进行详细介绍。

3. 非样本对象的常用分配策略

当采用抽样的方式对大规模数据对象集合进行聚类时，在完成对样本的聚类之后，各个类中只包含样本对象，还需要将非样本对象分配到相应的类中。在聚类结果的描述中，不仅要根据抽样聚类的结果给出明确的类特征表示，而且要给出明确的非样本对象向各个类的分配策略。CLARA、CLARANS 和 CURE 算法都给出了非样本对象的分配策略。

当一个类以一个对象来作为代表对象时，一般采用距离代表对象最近的原则来进行非样本对象向各个类的分配。CLARA 和 CLARANS 采用的都是这样的策略。在 CURE 算法中，采用多个对象来代表一个类，也采用了不同的非样本对象分配策略。在样本聚类完成并且确定了各个类的多个代表点之后，针对每一个非样本对象，CURE 算法从所有类的所有代表对象中寻找与其最为相似的一个代表对象，然后将其分配到该代表对象所在的类中。

在求解高维稀疏数据聚类知识发现问题时，由于样本聚类结果的表示不宜采用代表对象的形式，所以就不能直接借鉴上述几种算法的对象分配策略。

后续章节将针对高维稀疏数据聚类的基础算法 CABOSFV 给出高维稀疏类的确界表示，该算法适用于大规模高维稀疏数据集抽样聚类结果的描述，可以据此进行非样本对象向各个类的分配。

8.1.2 确界表示的概念基础

为了针对高维稀疏数据聚类的基础算法 CABOSFV 给出高维稀疏类的确界表示，下面引入集合论中偏序关系与确界的概念，这是基于幂集给出高维稀疏类确界表示的概念基础，列出相关的偏序关系、上界和下界、上确界和下确界、幂集的定义如下。

定义 8-1(偏序关系)：设 A 是一个集合，如果 A 上的一个关系 R，满足自反性、反对称性和传递性，则称 R 是 A 上的一个偏序关系，记为“$\prec=$”，序偶〈A，$\prec=$〉称为偏序集。

定义 8-2(上界和下界)：设〈A，$\prec=$〉为一偏序集，对于 A 的一个子集 $B \subseteq A$，如有 $a \in A$，且对 B 的任意元素 x 都满足 $x \prec= a$，则称 a 为子集 B 的上界。同样地，对于 B 的任意元素 x，都满足 $a \prec= x$，则称 a 为 B 的下界。

上界和下界不是唯一的，因此有必要给出上确界和下确界的概念。

定义 8-3(上确界和下确界)：设〈A，$\prec=$〉为偏序集且 $B \subseteq A$ 为一子集，a 为 B 的任一上界，若对 B 的所有上界 y 均有 $a \prec= y$，则称 a 为 B 的最小上界(也称为上确界)，记为 $\mathrm{SUP}(B)$。同样，若 b 为 B 的任一下界，若对 B 的所有下界 z，均有 $z \prec= b$，则称 b 为 B 的最大下界(也称为下确界)，记为 $\mathrm{INF}(B)$。

借用集合论中确界的概念，可以在聚类属性集合的幂集上给出 CABOSFV 生成的类的表示方法。为了描述清楚，还要引入集合论中的另一个概念，即幂集。

定义 8-4(幂集)：给定集合 A，由集合 A 的所有子集为元素组成的集合，称为集合 A 的幂集，记为 $\Psi(A)$。

例如：$A = \{1,2,3,4\}$

$$\Psi(A) = \{\varnothing,\{1\},\{2\},\{3\},\{4\},\{1,2\},\{1,3\},\{1,4\},\{2,3\},\{2,4\},\{3,4\},$$
$$\{1,2,3\},\{1,2,4\},\{1,3,4\},\{2,3,4\},\{1,2,3,4\}\}$$

可以证明，在集合 A 的幂集 $\Psi(A)$ 上，子集关系“$\subseteq$”是偏序关系。事实上，有：

(1) 对于任意集合 $X \in \Psi(A)$，有 $X \subseteq X$ 成立，所以“$\subseteq$”是自反的。

(2) 对于任意集合 $X, Y \in \Psi(A)$，如果 $X \subseteq Y$ 且 $Y \subseteq X$，则必有 $X = Y$，所以“$\subseteq$”是反对称的。

(3) 如果 $X \subseteq Y$，$Y \subseteq Z$，那么必有 $X \subseteq Z$，所以“$\subseteq$”是传递的。

所以，$\subseteq$ 是偏序关系。

对于集合 A 的幂集 $\Psi(A)$ 上的关系“$\subseteq$”，〈$\Psi(A)$，$\subseteq$〉是一个偏序集。对于

$\Psi(A)$ 的子集 $B=\{\{a\},\{a,b\},\{a,c\}\}$，上确界 $\mathrm{SUP}(B)$ 为集合 $\{a,b,c\}$，下确界 $\mathrm{INF}(B)$ 为集合 $\{a\}$。

8.1.3 高维稀疏类的确界表示

本小节应用集合论中确界的概念，在集合属性维的幂集上给出 CABOSFV 生成高维稀疏类的确界表示法。

假设在高维稀疏数据聚类问题中，有 n 个对象，分别记为 O_i，$i\in\{1,2,\cdots,n\}$；描述每个对象的属性有 m 个，皆为二值属性，也称为稀疏特征；应用 CABOSFV 形成 k 个类，分别记为 C_j，$j\in\{1,2,\cdots,k\}$。为了描述方便，进一步引入如下标记方法：

(1) 属性序号的集合记为 A，即 $A=\{1,2,\cdots,m\}$，A 的幂集记为 $\Psi(A)$。

(2) 每个对象以其稀疏特征为 1 的属性序号的集合来表示，记为 $S(O_i)$，$i\in\{1,2,\cdots,n\}$。

(3) 每个类所包含的所有对象的集合记为 B_j，$B_j=\{S(O_h)\mid h\in\{1,2,\cdots,n\}$，$O_h\in C_j\}$，$j\in\{1,2,\cdots,k\}$。

对于第 j 个类，$j\in\{1,2,\cdots,k\}$，可以用上确界 $\mathrm{SUP}(B_j)$ 和下确界 $\mathrm{INF}(B_j)$ 来表示该类的特征，其中，

$$\mathrm{SUP}(B_j)=\bigcup_{S(O_h)\in B_j} S(O_h)$$

$$\mathrm{INF}(B_j)=\bigcap_{S(O_h)\in B_j} S(O_h)$$

下面对上述类特征的确界表示法给予必要的说明。

(1) $\langle \Psi(A), \subseteq\rangle$ 是一个偏序集。在 8.1.2 节中给出了相关的证明。

(2) 每一个对象稀疏特征为 1 的属性序号集合 $S(O_i)\in\Psi(A)$，$i\in\{1,2,\cdots,n\}$；$\bigcup_{S(O_h)\in B_j} S(O_h)\in\Psi(A)$，$j\in\{1,2,\cdots,k\}$；$\bigcap_{S(O_h)\in B_j} S(O_h)\in\Psi(A)$，$j\in\{1,2,\cdots,k\}$。这是因为 $S(O_i)$、$\bigcup_{S(O_h)\in B_j} S(O_h)$、$\bigcap_{S(O_h)\in B_j} S(O_h)$ 都是属性序号集合 A 的子集，而幂集 $\Psi(A)$ 中包括 A 的所有子集，所以 $S(O_i)$、$\bigcup_{S(O_h)\in B_j} S(O_h)$、$\bigcap_{S(O_h)\in B_j} S(O_h)$ 都是幂集 $\Psi(A)$ 中的元素。

(3) B_j，$j\in\{1,2,\cdots,k\}$ 是 $\Psi(A)$ 的子集。根据 B_j 的定义，$B_j=\{S(O_h)\mid h\in\{1,2,\cdots,n\}$，$O_h\in C_j\}$，而对于任意的 $S(O_h)\in B_j$，由于 $S(O_h)\in\Psi(A)$，所以

B_j 是 $\Psi(A)$ 的子集，$j \in \{1,2,\cdots,k\}$。

(4) 由集合的运算性质可知，对于任意的 $S(O_h) \in B_j$，都有 $S(O_h) \subseteq \bigcup_{S(O_h)\in B_j} S(O_h)$ 和 $\bigcap_{S(O_h)\in B_j} S(O_h) \subseteq S(O_h)$，$j \in \{1,2,\cdots,k\}$。

(5) $\bigcup_{S(O_h)\in B_j} S(O_h)$ 是 B_j 的上界，$\bigcap_{S(O_h)\in B_j} S(O_h)$ 是 B_j 的下界，$j \in \{1,2,\cdots,k\}$。由于〈$\Psi(A)$，$\subseteq$〉是一个偏序集，对于 $B_j \subseteq \Psi(A)$，有 $\bigcup_{S(O_h)\in B_j} S(O_h) \in \Psi(A)$，且对任意的 $S(O_h) \in B_j$，都满足 $S(O_h) \subseteq \bigcup_{S(O_h)\in B_j} S(O_h)$，由上界的定义可知，$\bigcup_{S(O_h)\in B_j} S(O_h)$ 是 B_j 的上界。同样地，$\bigcap_{S(O_h)\in B_j} S(O_h)$ 是 B_j 的下界。

(6) $\bigcup_{S(O_h)\in B_j} S(O_h)$ 是 B_j 的上确界，$\bigcap_{S(O_h)\in B_j} S(O_h)$ 是 B_j 的下确界，$j \in \{1,2,\cdots,k\}$。

在 CABOSFV 中，用稀疏特征向量 $\mathrm{SFV}(B_j) = (|B_j|, S(B_j), \mathrm{NS}(B_j), \mathrm{SFD}(B_j))$ 来概括类 B_j 的信息。实际上，由 CABOSFV 的处理过程可知

$$S(B_j) = \bigcap_{S(O_h)\in B_j} S(O_h)$$

$$S(B_j) \cup \mathrm{NS}(B_j) = \bigcup_{S(O_h)\in B_j} S(O_h)$$

而且不可能找到比 $S(B_j)$ 更大的下界，或比 $S(B_j) \cup \mathrm{NS}(B_j)$ 更小的上界，所以 $\bigcup_{S(O_h)\in B_j} S(O_h)$ 是 B_j 的上确界，$\bigcap_{S(O_h)\in B_j} S(O_h)$ 是 B_j 的下确界，即

$$\mathrm{SUP}(B_j) = \bigcup_{S(O_h)\in B_j} S(O_h) = S(B_j) \cup \mathrm{NS}(B_j)$$

$$\mathrm{INF}(B_j) = \bigcap_{S(O_h)\in B_j} S(O_h) = S(B_j)$$

由上述分析可知，CABOSFV 形成的每一个类 B_j，$j \in \{1,2,\cdots,k\}$ 的上确界 $\mathrm{SUP}(B_j)$ 和下确界 $\mathrm{INF}(B_j)$ 包含了相应类的非稀疏属性的最大包络和最小核心，故用类的上确界和下确界描述类的特征具有其客观合理性。

8.1.4 基于确界表示的非样本对象分配

假设在一个二值属性高维稀疏数据聚类问题中有 N 个对象，记为 O_i，$i \in \{1,2,\cdots,N\}$，抽取的样本数为 n，不失一般性地，设非样本对象为 O_i，

$i \in \{n+1, n+2, \cdots, N\}$；针对样本对象采用 CABOSFV 形成 k 个类，记为 B_j，$j \in \{1, 2, \cdots, k\}$，相应稀疏特征向量 $S(B_j)$ 中的元素个数记为 $|S(B_j)|$，$\mathrm{NS}(B_j)$ 中元素个数记为 $|\mathrm{NS}(B_j)|$，表示类特征的上确界和下确界分别记为

$$\mathrm{SUP}(B_j) = S(B_j) \cup \mathrm{NS}(B_j)$$

$$\mathrm{INF}(B_j) = S(B_j)$$

非样本对象向各个类的分配步骤如下。

输入：非样本对象 O_i，$i \in \{n+1, n+2, \cdots, N\}$；样本对象形成的 k 个类 B_j，$j \in \{1, 2, \cdots, k\}$ 及相应稀疏特征向量中 $S(B_j)$ 和 $\mathrm{NS}(B_j)$；类特征的上确界和下确界 $\mathrm{SUP}(B_r)$ 和 $\mathrm{INF}(B_r)$。

输出：非样本对象的分配结果。

步骤 1：将生成的各个类，按 $|S(B_j)|$，$-|\mathrm{NS}(B_j)|$ 的降序进行排列，并按排列后的顺序将各个类标记为 B_r，$r \in \{1, 2, \cdots, k\}$。

步骤 2：赋初值 $i = n+1$；$r = 1$。

步骤 3：针对非样本对象 O_i，判断 $\mathrm{INF}(B_r) \subseteq \mathrm{S}(O_i) \subseteq \mathrm{SUP}(B_r)$ 是否成立。若成立，则将 O_i 归入 B_r 类，$i = i+1$，$r = 1$，转步骤 5；否则，$r = r+1$，转步骤 4。

步骤 4：如果 $r \leqslant k$，转步骤 3；如果 $r > k$，那么 $i = i+1$，$r = 1$，转步骤 5。

步骤 5：如果 $i > N$，非样本对象到各个类的分配结束，未归入任何一个类的非样本对象为孤立对象；如果 $i \leqslant N$，转步骤 3。

在步骤 1 中对各个类按 $|S(B_j)|$，$-|\mathrm{NS}(B_j)|$ 降序进行排列的原因有两个：一是保证同一个非样本对象不会被分配到满足类特征描述的多个类中；二是使非样本对象被分配到满足类特征描述且类特征更相近的类中。

8.1.5　非样本对象分配示例

以表 3-3 的 15 个客户对 48 种产品的订购情况为样本数据，根据得到的 CABOSFV 聚类结果给出类特征的确界表示，如表 8-1 所示，该表中的类已经按 $|S(B_j)|$，$-|\mathrm{NS}(B_j)|$ 的降序进行排列。表 8-2 中为非样本数据，即各非样本客户对产品的订购情况。

表 8-1　针对抽样数据进行聚类形成的类的确界表示

类	下确界集合 INF	上确界集合 SUP
B_1	1, 3, 4, 5, 6, 8, 10, 11, 22	1, 3, 4, 5, 6, 7, 8, 10, 11, 12, 13, 15, 20, 21, 22, 23, 25, 26, 28, 34, 35, 36, 37, 39, 41, 43, 45

续表

类	下确界集合 INF	上确界集合 SUP
B_2	1, 3, 4, 6, 7, 8, 10, 22, 26	1, 3, 4, 6, 7, 8, 10, 11, 12, 14, 16, 17, 22, 23, 24, 26, 28, 29, 30, 35, 42, 47
B_3	1, 3, 4, 5, 8, 22, 28	1, 3, 4, 5, 6, 8, 10, 17, 18, 22, 23, 26, 28, 29

表 8-2 非样本客户对产品的订购情况

客户对象序号	订购产品序号集
51	1, 3, 4, 5, 6, 7, 8, 10, 11, 12, 22, 25, 26, 34, 35, 36
52	1, 3, 4, 5, 6, 7, 8, 10, 11, 12, 20, 21, 22, 35, 39
53	1, 3, 22, 24
54	6, 7, 8, 10, 22, 24, 26, 29, 35, 42
55	1, 3, 4, 5, 6, 8, 10, 11, 22, 23, 26
56	1, 8, 23
57	1, 3, 4, 6, 7, 8, 10, 11, 22, 26, 42, 47
58	1, 3, 4, 5, 6, 8, 10, 17, 18, 22, 23, 28, 29
59	1, 3, 4, 5, 8, 22, 28, 29
60	1, 3, 4, 6, 7, 8, 10, 11, 12, 16, 22, 24, 26, 28, 29, 30, 35
61	1, 8, 10, 16
62	1, 3, 4, 5, 6, 7, 8, 10, 11, 13, 22, 28, 41
…	…

根据非样本对象的分配策略，首先判断非样本客户对象 O_{51} 应该归入哪一个类。由表 8-1 和表 8-2 可得

$$\mathrm{SUP}(B_1)=\{1, 3, 4, 5, 6, 7, 8, 10, 11, 12, 13, 15, 20, 21, 22, 23, 25, 26, 28, 34, 35, 36, 37, 39, 41, 43, 45\}$$

$$\mathrm{INF}(B_1)=\{1, 3, 4, 5, 6, 8, 10, 11, 22\}$$

$$S(O_{51})=\{1, 3, 4, 5, 6, 7, 8, 10, 11, 12, 22, 25, 26, 34, 35, 36\}$$

$$\mathrm{INF}(B_1)\subseteq S(O_{51})\subseteq \mathrm{SUP}(B_1)$$

所以，序号为 51 的客户 O_{51} 应该归入序号为 1 的类 B_1 中。类似地，进行其他非样本对象到各个类的分配，最终的分配结果如表 8-3 所示，其中，

(1) 序号为 51，52，55，62 的客户归入了序号为 1 的类；

(2) 序号为 57，60 的客户归入了序号为 2 的类；

(3) 序号为 58，59 的客户归入了序号为 3 的类；

(4) 序号为53，54，56和61的客户为孤立客户，未归入到任何一个类中。

表8-3 非样本客户到各个类的分配结果

类序号	客户对象序号
1	51, 52, 55, 62
2	57, 60
3	58, 59

从该例可以看出：类的确界表示法能够非常简洁、明确地表达 CABOSFV 的聚类结果，针对高维稀疏数据聚类问题有效地解决了聚类结果的表示问题；而且，在根据样本聚类结果得到类的确界表示后，能够基于该确界表示顺利完成非样本到各个类的分配，从而使得采用抽样的方法处理大规模数据聚类问题成为可能。

8.2 并行聚类

针对高效的 CABOSFV 高维稀疏数据聚类算法，采用并行计算模式提高其大规模数据的处理能力，给出基于稀疏性指数排序划分的高维数据并行聚类算法[73]P_CABOSFV。该算法根据高维数据稀疏性指数排序进行分割点选择实现数据划分，将数据分配到多个计算节点同时处理聚类任务，再基于集合稀疏特征差异度聚类结果合并策略将各计算节点的聚类结果合并得到最终的聚类结果。

8.2.1 并行策略

P_CABOSFV 首先将数据对象按照稀疏性指数进行升序排序，在此基础上进行数据划分，以降低数据顺序对聚类结果的影响。

假设数据对象集合 D 有 n 个对象，描述每个对象的属性为二值属性或分类属性，则对于对象 x_i，其稀疏性指数为 $d(x_i)=m_1+m_2$，其中，m_1 表示二值属性中取值为 1 的属性个数，m_2 表示分类属性转换为二值属性后其中取值为 1 的属性个数。

基于对象稀疏性指数排序对数据对象集合进行划分的策略如策略 8-1 所述。

策略 8-1(数据划分策略)：将数据对象集合 D 划分为 p 个数据块的思路是：首先计算数据对象集合中每一个对象的稀疏性指数 $d(x_i)$，按照该指数升序对数据对象进行排列，分割点 s_j 可以由式(8-1)确定。

$$s_j=d_{\min}+\frac{(d_{\max}-d_{\min})\times j}{p},\quad j\in\{1,2,\cdots,p-1\} \tag{8-1}$$

其中，

$$d_{\min} = \min_{i=1,2,\cdots,n} d(x_i)\text{，} d_{\max} = \max_{i=1,2,\cdots,n} d(x_i)$$

例如，将具有12个对象的数据集划分为4个数据块，计算各对象的稀疏性指数取值为{5, 6, 8, 9, 10, 12, 13, 15, 17, 18, 19, 20}，根据上述公式计算可以得知分割点分别为{8.75, 12.5, 16.25}，所以数据集被划分为具有以下稀疏性指数取值的4个数据块：{5, 6, 8}、{9, 10, 12}、{13, 15}、{17, 18, 19, 20}。

在对各个分块分别进行聚类后，聚类结果的合并是分布式并行聚类算法的关键。采用数据并行计算的思想，属于同一个类的对象可能由于数据划分的原因被分配到不同的计算节点上进行运算，同属一个类的对象就可能被分为两个或多个类中，在结果合并节点需要采取合适的策略将这些类进行合并。下面给出基于集合稀疏特征差异度的聚类结果合并策略。

策略8-2(聚类结果合并策略)：聚类结果合并时通过计算集合稀疏特征差异度来确定是否将两个子类合并为一个类。假设各计算节点聚类结束后共得到k个类$C=\{C_1,C_2,\cdots,C_k\}$，集合差异度上限为b，则类的合并策略如下。

步骤1：找到合并后稀疏特征差异度最小的类C_e和C_f，即

$$\mathrm{SFD}(C_e \cup C_f) = \min_{C_i,C_j \in C, i \neq j} \mathrm{SFD}(C_i \cup C_j)$$

若$\mathrm{SFD}(C_e \cup C_f) \leqslant b$，则转向步骤2，否则，合并结束并转向步骤3。

步骤2：将类C_e和C_f进行合并，记为$C_{ef} = C_e \cup C_f$，并且更新聚类结果$C=(C-\{C_e,C_f\}) \cup \{C_{ef}\}$，转向步骤1。

步骤3：合并结束。

由上述合并策略可知，每次将合并后稀疏特征差异度最小的两个类合并，当且仅当该稀疏特征差异度值小于等于差异度上限b。

8.2.2 算法步骤

P_CABOSFV的基本思想是：将根据数据划分策略得到的p个数据块发送到p个计算节点上进行并行聚类计算，然后根据聚类结果合并策略输出最终的聚类结果。根据8.2.1节的数据划分策略与聚类结果合并策略，结合CABOSFV思想可得并行高维数据聚类P_CABOSFV具体步骤如下。

输入：b(集合的稀疏特征差异度上限)；D(包含n个对象的数据集)。

输出：由P_CABOSFV聚成的k个类。

步骤1：读入数据，计算每个对象的稀疏性指数，并按该指数升序排列对象。

步骤2：基于稀疏性指数排序进行数据划分的策略，根据式(8-1)计算分割点，将数据划分为 p 个数据块 $D_1, D_2, \cdots, D_p$。

步骤3：将 $D_1, D_2, \cdots, D_p$ 分配到 p 个计算节点上进行并行聚类，在每个计算节点上按照CABOSFV步骤分别对 p 个数据块进行聚类，其中数据的输入顺序按照对象的稀疏性指数升序排列。

步骤4：将计算结果发回主节点。

步骤5：采用聚类结果合并策略对各个计算节点的聚类结果进行合并，输出最终聚类结果。

在使用原始CABOSFV进行聚类时，算法的计算时间复杂度为$O(nm_c k)$，其中，n 为数据集所含的对象个数，m_c 为描述对象的非稀疏属性数目，k 为类的数目。

P_CABOSFV在聚类过程上与原始CABOSFV类似，不同的地方在于增加了数据划分和聚类结果合并两个步骤。P_CABOSFV在各计算节点的聚类时间可以表示为 $T = O(nm_c k / p)$，其中，n 为数据集所含的对象个数，m_c 为描述对象的非稀疏属性数目，k 为类的数目，p 为计算节点的个数。假定数据划分和分配子数据集到计算节点的时间消耗为 T_p，计算结果的合并时间为 T_h，在并行算法进行聚类过程中，各个节点只需要对各自所分配的数据进行一次扫描就可以完成整个聚类过程，在聚类过程中不需要进行节点之间的相互通信，聚类结束后各计算节点将结果返回主节点的时间极短，这里可以忽略不计，则P_CABOSFV算法的总时间开销表示为

$$T_{\text{total}} = O(nm_c k / p) + T_p + T_h \tag{8-2}$$

则并行算法与原始算法的时间比可以表示为

$$T_{\text{ratio}} = \frac{O(nm_c k / p) + T_p + T_h}{O(nm_c k)} \tag{8-3}$$

从式(8-3)可以看出，当数据量 n 达到一定规模时，算法的计算时间远大于初始数据划分时间和聚类结果合并时间，P_CABOSFV 的时间开销约为原始算法的 $1/p$。所以，从理论上来看，P_CABOSFV 具有较高的效率。

8.2.3　聚类正确性实验分析

全部实验采用基于 Java 的 GridGain 并行计算实验环境。GridGain 是一个开源的网格计算框架，专注于提供并行计算能力，能够与 JBoss 和 Spring 相集成。在实验中，各节点均采用 Intel(R) Core(TM) 2 Duo E7400 @2.8GHz/ 2GB RAM 处理器，通过 100Mbit/s 以太网连接。

为测试并行算法的聚类正确性，从 UCI 数据集中选取 zoo、voting 和 small soybean 三个数据集作为测试对象。表 8-4 为这三个数据集的相关信息描述。

表 8-4　数据集相关信息描述

数据集	样本个数	类别	二值属性个数	分类属性个数
zoo	101	7	15	1
voting	435	2	16	0
small soybean	47	4	22	13

分别对三个数据集进行实验，其中原始CABOSFV采用对100种随机数据输入顺序进行实验的平均聚类正确率，两种算法得到的最终聚类结果如表8-5～表8-7所示。

表 8-5　zoo 数据集实验结果

算法	节点数	聚类个数	聚类正确率/%
CABOSFV	1	6～10	85.63
P_CABOSFV	1	7	88.75
	2	7	83.25
	3	7	82.86

表 8-6　small soybean 数据集实验结果

算法	节点数	聚类个数	聚类正确率/%
CABOSFV	1	4	88.62
P_ CABOSFV	1	4	90.15
	2	4	87.80
	3	4	85.53

从表8-5、表8-6可以看出，P_CABOSFV在zoo和small soybean数据集上的聚类正确率略低于CABOSFV，但是在只有一个节点进行计算时，由于并行的P_CABOSFV在聚类时采用了基于排序的数据输入顺序，最后得到的聚类结果优于CABOSFV。

表 8-7　voting 数据集实验结果

算法	节点数	聚类个数	聚类正确率/%
CABOSFV	1	5～13	79.93

续表

算法	节点数	聚类个数	聚类正确率/%
P_CABOSFV	1	3～6	82.15
	2	3～6	83.25
	3	3～6	82.53

从表8-7可以看出，由于P_CABOSFV在数据输入时采用排序后的数据，在voting数据集上的聚类效果略优于传统的CABOSFV。

通过以上三组实验的比较可以看出，P_CABOSFV 具有与 CABOSFV 接近的聚类正确率，而对某些数据集而言，采用数据排序及结果合并的 P_CABOSFV 得到的聚类正确率可能优于 CABOSFV。

8.2.4 规模扩展性实验分析

在测试算法的扩展性实验中，采用分别包含10万、20万、40万和80万个16维二值数据对象的计算机合成数据集，分别记为dataset1、dataset2、dataset3、dataset4，各算法的运行时间如表8-8所示。

表 8-8 CABOSFV 与 P_CABOSFV 的运行时间 (单位：s)

数据集	CABOSFV	P_CABOSFV			
		2 个节点	3 个节点	4 个节点	5 个节点
dataset1	3.10	1.91	1.54	1.29	1.19
dataset2	6.30	3.63	2.75	2.32	1.92
dataset3	12.54	6.78	4.49	3.74	2.84
dataset4	23.88	12.84	8.32	6.75	4.95

从表8-8可以看出，随着数据集规模及节点数的增加，P_CABOSFV对于CABOSFV的运行时间优势越来越大。

图 8-3 和 图 8-4 分别直观地给出了P_CABOSFV 的运行时间比较及P_CABOSFV加速比，其中加速比定义为CABOSFV在单一计算节点上运算时间与使用 p 个计算节点的并行计算运行时间之比。

图8-3和图8-4通过计算运行时间和加速比反映出了P_CABOSFV的良好扩展性：随着数据集规模的增大，P_CABOSFV的通信时间和结果合并时间在总时间开销中所占的比例大大降低，P_CABOSFV获得的加速比更接近线性理想加速比；同时随着节点数的增加，分配给每个计算节点的数据越来越少，通信时间在总时间开销中所占比例增加，导致算法执行时间下降减缓并且加速比增长速度逐

步放缓。鉴于P_CABOSFV具有良好的扩展性，其可运用于大规模数据聚类，通过增加计算节点数目可以有效地提高聚类效率。

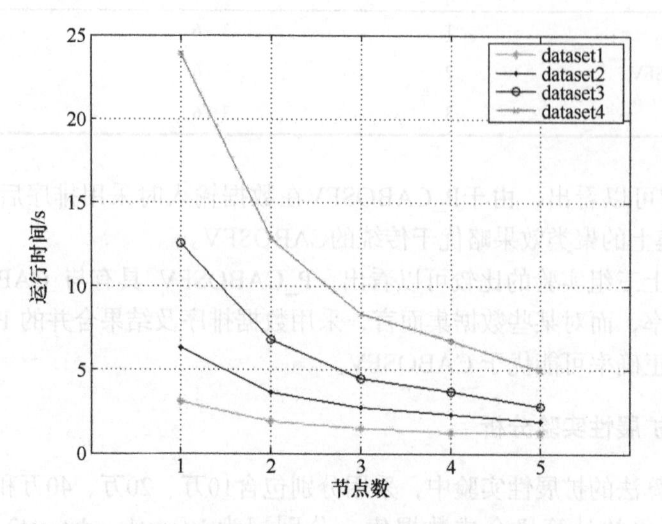

图 8-3　P_CABOSFV 不同计算节点数运行时间比较

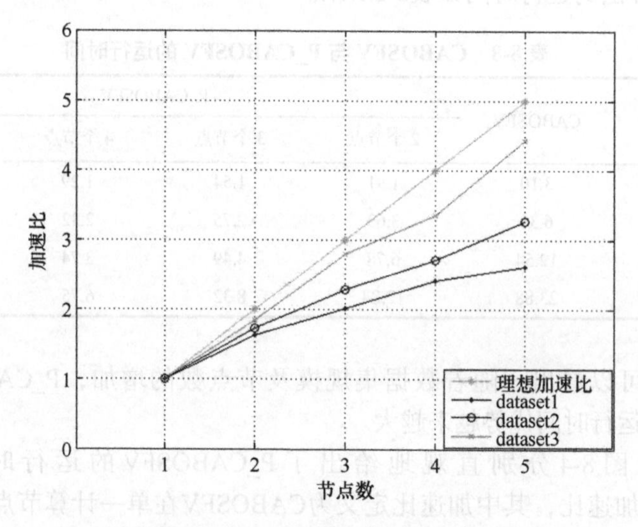

图 8-4　P_CABOSFV 获得的加速比

针对大规模高维稀疏数据聚类问题给出的基于高维数据稀疏性指数排序划分的并行聚类算法P_CABOSFV，基于CABOSFV聚类根据高维数据稀疏性指数排序对数据进行划分，该数据划分策略有效地将大规模数据对象集合划分为若干子集，并且降低了数据输入顺序对CABOSFV聚类结果的影响。算法进一步给出了集合稀疏特征差异度聚类结果合并策略，将各并行计算节点的多个聚类结果进行合并得到最终聚类结果。通过选取UCI数据集中真实数据集和计算机合成数据集进行实验，利用聚类正确率、运行时间及并行算法加速比等指标，验证了该并行算法良好的聚类质量，具有很强的数据规模可扩展性。

8.3 本章要点

本章详细给出了高维稀疏数据聚类在大规模数据的拓展推广，包括基于抽样的聚类和并行聚类等大规模高维稀疏数据聚类算法。

(1) 系统总结了基于抽样进行大规模数据聚类的常用方法，针对二值属性高维稀疏数据聚类问题给出了类特征的确界表示法，能够非常简洁、明确地表达二值属性高维稀疏数据聚类结果。而且，在根据样本聚类结果得到类的确界表示后，能够基于该确界表示顺利完成非样本到各个类的分配，从而实现采用抽样的方法处理大规模数据聚类的问题。

(2) 针对大规模高维稀疏数据聚类问题给出了基于高维数据稀疏性指数排序划分的并行聚类算法 P_CABOSFV，根据高维数据稀疏性指数排序对数据进行划分，将大规模数据对象集合划分为若干子集，并且降低了数据输入顺序对聚类结果的影响。算法进一步给出了集合稀疏特征差异度聚类结果合并策略，将各并行计算节点的多个聚类结果进行合并得到最终聚类结果。通过选取 UCI 机器学习数据集中真实数据集和计算机合成数据集进行实验，利用聚类正确率、运行时间及并行算法加速比等指标，验证了 P_CABOSFV 良好的聚类质量，具有很强的数据规模可扩展性。

第 9 章 参数自适应的高维稀疏数据聚类

聚类算法一般都有输入参数要求，聚类结果往往受输入参数的影响较大。本章拓展参数自适应的高维稀疏数据聚类算法，给出稀疏差异度启发式聚类、拓展位集差异度聚类、无参数聚类。无参数聚类给出的阈值参数确定方法适用于高维稀疏数据聚类系列任何需要设置该阈值参数的算法。

9.1 稀疏差异度启发式聚类

CABOSFV_C 是一种针对分类属性高维数据的高效聚类算法，该算法采用集合的稀疏差异度进行距离计算，聚类效果受集合的稀疏差异度阈值参数的影响。针对该问题给出基于集合稀疏差异度的启发式分类属性数据层次聚类算法[74] (heuristic hierarchical clustering algorithm of categorical data based on sparse feature dissimilarity，HABOS)，简称稀疏差异度启发式聚类，其能消除阈值参数的影响，提高聚类准确性和稳定性。

9.1.1 启发式聚类思想

CABOSFV_C 分类属性高维数据聚类算法应用集合的稀疏差异度进行差异度计算，并采用稀疏特征向量来存储数据对象，数据被有效压缩精简。该聚类算法不仅能够处理分类属性高维稀疏数据，也能够处理一般分类属性高维数据。然而 CABOSFV_C 存在两方面不足：一是对数据输入顺序敏感，不同的输入顺序可能会得到不同的聚类结果；二是需要人为给定集合的稀疏差异度上限参数，该参数直接影响最终的聚类结果。

此外，聚类分析的应用还涉及对聚类结果的评价问题，即聚类有效性评价，聚类相关的研究和应用需要一种客观公正的质量评价方法来评判聚类结果的有效性[75]。有效性评价包括外部聚类有效性评价、内部聚类有效性评价和相对聚类有效性评价，其中内部聚类有效性评价不借助于类标识、参数等外部信息。在实际应用聚类分析时所面对的数据并不都含有类标签，因此内部聚类有效性评价被认为是聚类分析中一个重要而又较难解决的问题。

HABOS 从应用和改进聚类内部有效性评价方法的角度出发，给出了适合 CABOSFV_C 及其改进算法的基于 SFD 的聚类有效性评价指标(clustering validation index based on sparse feature dissimilarity，CVI-SFD)，并结合聚结型层次聚类思想，针对 CABOSFV_C 的不足，试图消除集合的稀疏差异度上限参数对聚类结果的影响，提出了相应的改进思路。该算法从聚结型层次聚类思想的角度出发，应用新的基于 SFD 的内部聚类有效性评价指标 CVI-SFD 进行启发式度量，从而实现对聚类层次的自动选取，有效提高了聚类准确性和稳定性。

HABOS 算法首先计算任意两个类合并后集合的稀疏差异度，根据定义的多类合并规则将得到集合稀疏差异度最小的类进行合并，然后继续根据多类合并规则将取得最小集合稀疏差异度的类进行合并，直至所有类被合并成一个类或不能再合并为止。算法采用层次聚类思想，所以需要确定聚类数上限参数 $\mathrm{nc}_{\max}$，对于聚类个数小于 $\mathrm{nc}_{\max}$ 的层次结果，利用 CVI-SFD 进行启发式度量，自动地选择聚类效果最优的结果。该算法可以有效消除集合的稀疏差异度上限对聚类结果的影响，从全局角度选择最合适的类进行合并。HABOS 的聚类结果对聚类数上限参数 $\mathrm{nc}_{\max}$ 的敏感性较低，该参数的选取对聚类结果的影响较小。

9.1.2 内部有效性评价指标

以内部有效性评价指标 DB*[76]为基础，结合集合的稀疏差异度，给出 CVI-SFD，以适应分类属性数据的聚类算法对有效性评价的需要。

内部有效性评价指标 DB*具体计算公式如下：

$$\mathrm{DB}^{*}(\mathrm{nc})=\frac{1}{\mathrm{nc}}\sum_{i=1}^{\mathrm{nc}}\frac{\max\limits_{j,j\neq i}\left(\dfrac{1}{n_i}\sum\limits_{x\in C_i}d(x,c_i)+\dfrac{1}{n_j}\sum\limits_{x\in C_j}d(x,c_j)\right)}{\min\limits_{l=1,\cdots,\mathrm{nc},l\neq i}d(c_i,c_l)} \tag{9-1}$$

其中，nc 为聚类结果的类个数；C_i 为聚类结果的第 i 个类；x 为一个划分中的某一数据对象；c_i 和 c_l 分别为类 i 和类 l 的聚类中心；$d(x,c_i)$ 为对象间的距离，而距离的度量方法则可根据实际情况而定；$\sum\limits_{x\in C_i}d(x,c_i)$ 为类内距离；$d(c_i,c_l)$ 为两个类的类间距离。对于分类属性数据，可以采用集合的稀疏差异度来度量类内距离，并且采用两个类中任意两对象之间的最小稀疏差异度来度量类间距离。由此，本节提出新的聚类内部有效性评价指标 CVI-SFD，具体定义如下：

$$\text{CVI-SFD}(\mathrm{nc})=\frac{1}{\mathrm{nc}}\sum_{i=1}^{\mathrm{nc}}\frac{\max\limits_{j,j\neq i}\left(\dfrac{1}{n_i}\mathrm{SFD}_i+\dfrac{1}{n_j}\mathrm{SFD}_j\right)}{\min\limits_{x\in C_i,y\notin C_i}\mathrm{SFD}_{x,y}} \tag{9-2}$$

其中，SFD_i 为第 i 类中所有数据对象集合的稀疏差异度，代表类内距离；

$\min\limits_{x \in C_i, y \notin C_i} \mathrm{SFD}_{x,y}$ 为计算类 C_i 中的每个对象 x 和非 C_i 中每个对象 y 的集合稀疏差异度，并选择最小的 $\mathrm{SFD}_{x,y}$ 作为类 C_i 与其他类的类间距离。

CVI-SFD 值越小，表示类内的差异度越小，且类与类之间的差异度越大，从而对应最佳的聚类结果。

举例说明 CVI-SFD 指标评价的过程。假设某聚类结果为 3 个划分，每个类中有 5 个数据对象，如图 9-1 所示。图中以距离代表对象与对象的差异度以及类内的集合稀疏差异度，距离越远，对象之间的差异度越大，也表明类内紧密度越差。图 9-1(a)中，对类 2 来说，除其自身外，类 1 的类内紧密度最差，即类 1 的类内差异度 SFD_1 最大，因此关于类 2 的 CVI-SFD 公式的分子就是类 2 的类内平均差异度与类 1 的类内平均差异度之和，即 $\frac{1}{5}\mathrm{SFD}_2 + \frac{1}{5}\mathrm{SFD}_1$。类 2 中的对象 x 与类 3 中对象 y 的距离较类 2 中各个对象与其他非类 2 对象的距离最小，因此类 2 的类间差异度(类间距离)为对象 x 与对象 y 的距离 SFD_{xy}，其结果构成 CVI-SFD 公式的分母。于是，类 2 的 CVI-SFD 评价值可以求出，即为

$$\text{CVI-SFD}_2 = \frac{\frac{1}{5}\mathrm{SFD}_2 + \frac{1}{5}\mathrm{SFD}_1}{\mathrm{SFD}_{xy}}$$

同理可得到其他各类的 CVI-SFD 值，最终聚类结果的 CVI-SFD 评价值是所有类的 CVI-SFD 平均值，即 $\text{CVI-SFD} = \frac{1}{3}\sum\limits_{i=1,2,3} \text{CVI-SFD}_i$。

图 9-1(b)中对类 2 来说，除自身外，类 3 拥有最大类内差异度，图 9-1(b)中类 2 的 CVI-SFD 公式的分子是类 2 的类内平均差异度与类 3 的类内平均差异度之和，而图 9-1(b)中类 3 的类内平均差异度小于图 9-1(a)中类 1 的类内平均差异度，由此可得图 9-1(b)中类 2 的 CVI-SFD 公式的分子所得小于图 9-1(a)，而图 9-1(b)中类 2 的类间差异度和图 9-1(a)一样，即关于类 2 的 CVI-SFD 公式的分母不变。分子变小，分母不变，则整体变小，所以图 9-1(b)中类 2 的 CVI-SFD 评价值小于图 9-1(a)，即 $\text{CVI-SFD}_2^b < \text{CVI-SFD}_2^a$，仅对类 2 来说，图 9-1(b)中的聚类结果优于图 9-1(a)。

图 9-1(c)中类 2 的类间距离变为对象 x 和对象 z 之间的集合稀疏差异度 SFD_{xz}，较图 9-1(a)中类 2 的类间差异度有所增加，因此图 9-1(c)中类 2 的 CVI-SFD 公式的分母所得大于图 9-1(a)。又因为图 9-1(c)中关于类 2 的 CVI-SFD 公式的分子与图 9-1(a)一样。分子不变，分母变大，则整体变小，所以图 9-1(c)中类 2 的 CVI-SFD 小于图 9-1(a)，即 $\text{CVI-SFD}_2^c < \text{CVI-SFD}_2^a$，仅对类 2 来说，图 9-1(c)中的聚类效果优于图 9-1(a)。

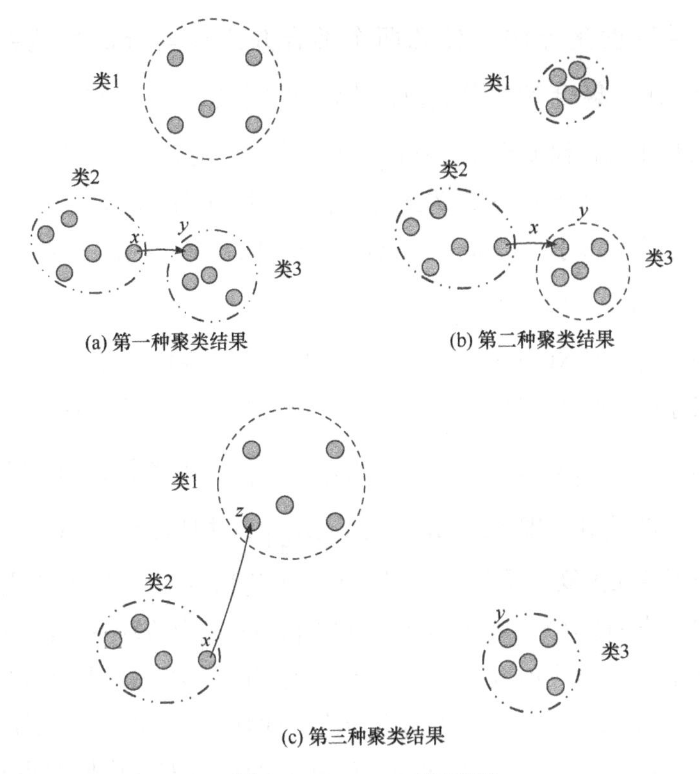

图 9-1　CVI-SFD 指标评价

9.1.3　概念基础

传统层次聚类算法通过计算两两类间的差异度，选择最相似的两个类进行合并，其中两个类之间差异度的度量方法一般通过两个类之间的距离进行计算。在此采用集合的稀疏差异度作为差异度计算方法，将合并后能获得集合稀疏差异度最小的两个集合作为最相似的两个类进行合并。然而在实际应用中，取得最小集合稀疏差异度的类组合可能多于 1 个，因此在给出如下最小 SFD 集合对的基础之上，进一步给出了多类合并规则。

定义 9-1(最小 SFD 集合对)：假设给定分类属性数据对象集合 X，其划分为 $X=\{X_1,X_2,\cdots,X_n\}$，即共有 n 个类，计算任意两个集合合并后 $\mathrm{SFD}(X_i\cup X_j)$，$i,j=1,2,\cdots,n,i\neq j$，得到合并后的最小集合稀疏差异度 $\mathrm{SFD}_{\min}$，合并后将得到最小集合稀疏差异度 $\mathrm{SFD}_{\min}$ 的两个集合 X_u,X_v，$X_u\subset X,X_v\subset X,u\neq v$ 称为最小 SFD 集合对，以集合的形式记为 $\{X_u,X_v\}$。

规则 9-1(多类合并规则)：在聚结型层次聚类过程中，假设当前分类属性数据对象集合的划分为 $X=\{X_1,X_2,\cdots,X_n\}$，即包含 n 个类，采用集合的稀疏差异度作为差异度度量方法，任意两个类合并之后集合的稀疏差异度记为 $\mathrm{SFD}(X_u \cup X_v)$，集合 $\mathrm{XC}=\left\{\left\{X_{i_1},X_{i_2}\right\},\left\{X_{i_3},X_{i_4}\right\},\left\{X_{i_5},X_{i_6}\right\},\cdots,\left\{X_{i_{2s-1}},X_{i_{2s}}\right\}\right\},1\leqslant s\leqslant \frac{n}{2}$ 为 s 个取得最小集合稀疏差异度 $\mathrm{SFD}_{\min}$ 的集合对，则规定合并步骤如下。

步骤 1：定义集合 $X'_c=\varnothing$ 为最终应予以合并的类的集合，令 $k=1$。

步骤 2：任意选择一个最小 SFD 集合对 $\left\{X_{i_a},X_{i_b}\right\}\in \mathrm{XC}$，将该集合对记为 X'_{c_k}，令 $\mathrm{XC}=\mathrm{XC}-\left\{\left\{X_{i_a},X_{i_b}\right\}\right\}$。

步骤 3：若此时 $\mathrm{XC}\neq\varnothing$，则遍历 XC 中的最小 SFD 集合对。

(1) 当存在其他某一最小 SFD 集合对 $\left\{X_{i_c},X_{i_d}\right\}\in \mathrm{XC}$ 中的任一类元素出现在 X'_{c_k} 中，即 $\left|X'_{c_k}\cup\left\{X_{i_c},X_{i_d}\right\}\right|<\left|X'_{c_k}\right|+\left|\left\{X_{i_c},X_{i_d}\right\}\right|$，则将该最小 SFD 集合对 $\left\{X_{i_c},X_{i_d}\right\}$ 与 X'_{c_1} 合并，即 $X'_{c_k}=X'_{c_k}\cup\left\{X_{i_c},X_{i_d}\right\}$，并且有 $\mathrm{XC}=\mathrm{XC}-\left\{\left\{X_{i_c},X_{i_d}\right\}\right\}$。

(2) 当不存在重复类元素时，$X'_c=X'_c\cup\{X'_{c_k}\}$，$k=k+1$，转步骤 2。

步骤 4：若 $\mathrm{XC}=\varnothing$，则 $X'_c=X'_c\cup\{X'_{c_k}\}$，将 X'_c 中的每一个集合进行合并。

举例来说，假设当前数据对象集合 X 有 10 个类，其划分可以表示为 $X=\left\{\{a\},\{b\},\{c\},\{d\},\{e\},\{f\},\{g\},\{h\},\{i\},\{j\}\right\}$，计算类与类的稀疏差异度。已知类 a 和 b、a 和 c、b 和 e、f 和 g、i 和 j 的稀疏差异度同时取最小值，即 $\mathrm{XC}=\left\{\{a,b\},\{a,c\},\{b,e\},\{f,g\},\{i,j\}\right\}$。该最小值可能为 0，取值为 0 意味着两个类的稀疏特征值完全相同，应予以合并。假设该数据对象集合当前的划分情况如图 9-2 所示，为了形象地表示多类合并的情况，图中用距离表示集合的稀疏差异度。多类合并的情况意味着其分别合并的优先级同时是最高的，理应同时进行合并。

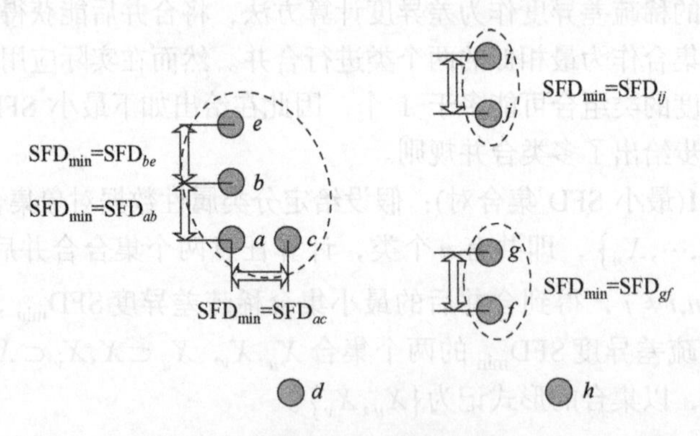

图 9-2 多最小 SFD 情况示例

首先选择第一个最小 SFD 集合对 $X'_{c_1}=\{a,b\}$，在剩余集合 $\mathrm{XC}=\mathrm{XC}-\{\{a,b\}\}=\{\{a,c\},\{b,e\},\{f,g\},\{i,j\}\}$ 中搜索，发现最小 SFD 集合对 $\{a,c\}$ 中类 a 出现在 X'_{c_1} 中，因此将 X'_{c_1} 与 $\{a,c\}$ 合并，形成 $X'_{c_1}=\{a,b,c\}$。然后重新在集合 $\mathrm{XC}=\mathrm{XC}-\{\{a,c\}\}=\{\{b,e\},\{f,g\},\{i,j\}\}$ 中搜索，发现最小 SFD 集合对 $\{b,e\}$ 中的类 b 出现在 X'_{c_1} 中，因此将 X'_{c_1} 与 $\{b,e\}$ 合并，形成 $X'_{c_1}=\{a,b,c,e\}$。此时集合 $\mathrm{XC}=\mathrm{XC}-\{\{b,e\}\}=\{\{f,g\},\{i,j\}\}$ 中已无与 X'_{c_1} 有交集的最小 SFD 集合对，因此在集合 XC 中再次任意选择一个最小 SFD 集合对 $\{f,g\}$，令 $X'_{c_2}=\{f,g\}$。然而在集合 $\mathrm{XC}=\mathrm{XC}-\{\{f,g\}\}=\{\{i,j\}\}$ 中没有与 X'_{c_2} 相交集的最小 SFD 集合对，所以转向集合 XC 中下一个最小 SFD 集合对 $\{i,j\}$。令 $X'_{c_3}=\{i,j\}$，此时集合 $\mathrm{XC}=\mathrm{XC}-\{\{i,j\}\}=\varnothing$，已无可搜索的集合对，最终形成的应合并类的集合为 $X'_c=\{X'_{c_1},X'_{c_2},X'_{c_3}\}=\{\{a,b,c,e\},\{f,g\},\{i,j\}\}$。

因此，根据多类合并规则，图 9-2 中类 g 和 f、类 i 和 j 应同时合并。对于多组最小 SFD 集合对中出现重复的问题，如图 9-2 中的类 a、b、c 和 e，根据多类合并规则，应将取最小 SFD 值集合对中涉及重复类的组合全部合并在一起，即将类 a、b、c 和 e 一次性合并为一个类。

若考虑极端情况，假设当前有 7 个类划分，若类 a、b、c、d、e、f、g 中任意两个类合并后集合的稀疏差异度最小值为 d，则根据多类合并规则产生的最终合并集合为 $X'_c=\{a,b,c,d,e,f,g\}$，如图 9-3 所示，该情况下将任何类与其他类分开都是没有依据的，因此按照多类合并规则，此时会将所有对象归入同一个类中。

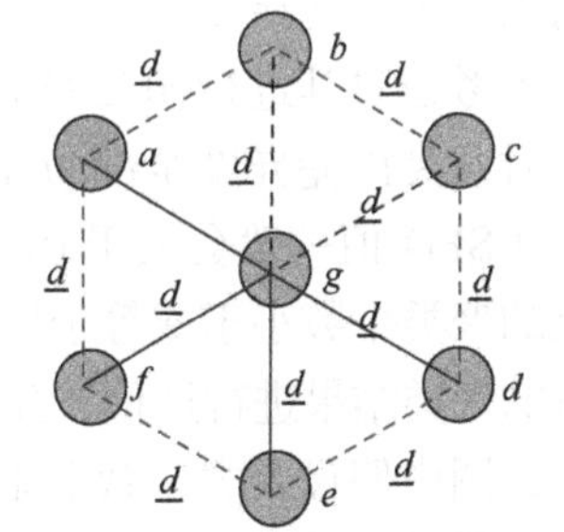

图9-3　多最小SFD极端情况示例

9.1.4　聚类过程

HABOS 首先为每个数据对象建立一个类，形成层次 0。然后计算任意两个类合并后集合的稀疏差异度，根据规则 9-1(多类合并规则)将得到最小集合稀疏差异度的类进行合并，形成层次 1。重新计算当前层次中任意两个类之间的集合稀疏差异度，再次根据多类合并规则将取得最小集合稀疏差异度的类合并，形成新的层次，反复操作，直到所有的类被合并到唯一类中，或者类与类之间不能再合并(即任意两个类都不存在取值全为 1 的属性)为止。该过程示意图如图 9-4 所示。

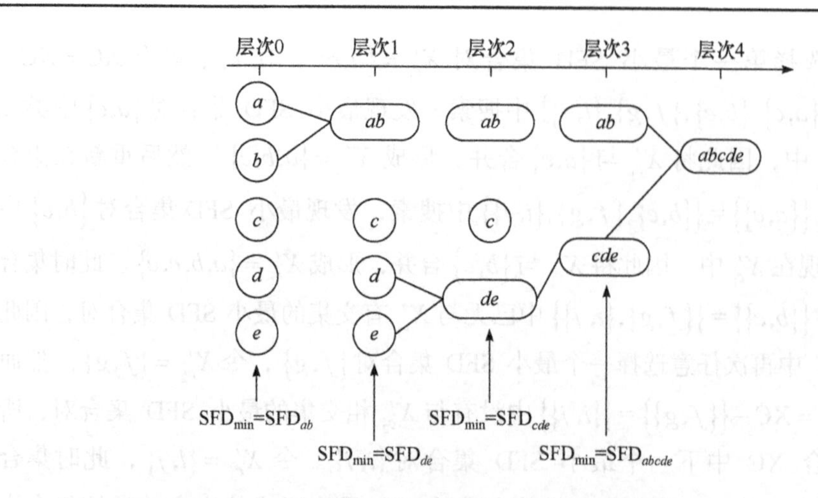

图 9-4　HABOS 聚类过程示意图

HABOS 聚类过程结束后，关键在于如何选取最优的聚类层次结果。在此采用专门针对分类属性数据设计的内部有效性评价指标 CVI-SFD 来对聚类结果的层次进行有效评价，从而启发式地选择最佳划分。启发式就是借助于数据本身特征或对问题的具体分析，从而得到问题的满意解。

聚类开始阶段的层次结果大多以一个数据对象作为一个类，而在实际应用中，聚类个数 nc 远远小于数据对象个数 n，即 $\mathrm{nc} \ll n$，因此 HABOS 需要人工输入一个所能接受的聚类个数上限 $\mathrm{nc}_{\max}$。对于聚类个数大于 $\mathrm{nc}_{\max}$ 的层次，算法将不考虑对其进行相关评价，从而节省大量运算资源。当一个数据对象作为一个类时，类内差异度全部为 0，使得 CVI-SFD 指标值取最小值 0，而正确层次的 CVI-SFD 值一般会大于 0，这也是算法需要引入聚类个数上限的原因之一。当层次的聚类个数小于或等于聚类个数上限 $\mathrm{nc}_{\max}$ 时，算法将应用 CVI-SFD 指标对此时的聚类结果进行评价，并给出评价指标值。HABOS 评价过程示意图如图 9-5 所示，图中假设聚类个数上限 $\mathrm{nc}_{\max}=3$。

另外，值得注意的是，聚类分析的目的在于将 n 个数据对象划分为类，在实际应用中若将所有数据对象划分为一个类，则丧失了聚类的意义，因此也将不考虑对形成 1 个类的层次进行评价。

综上所述，假设 X 是具有 n 个数据对象的集合，每个对象共有 m 个属性，$\mathrm{nc}_{\max}$ 为聚类数上限，算法的整体操作过程如下。

输入：数据对象集合 X(具有 n 个对象，m 个属性)；聚类个数上限 $\mathrm{nc}_{\max}$。

输出：由 HABOS 生成的 nc 个类。

步骤 1：为每一个对象建立一个集合，即每一个对象就是一个类。

步骤 2：计算任意两个类之间的集合稀疏差异度。

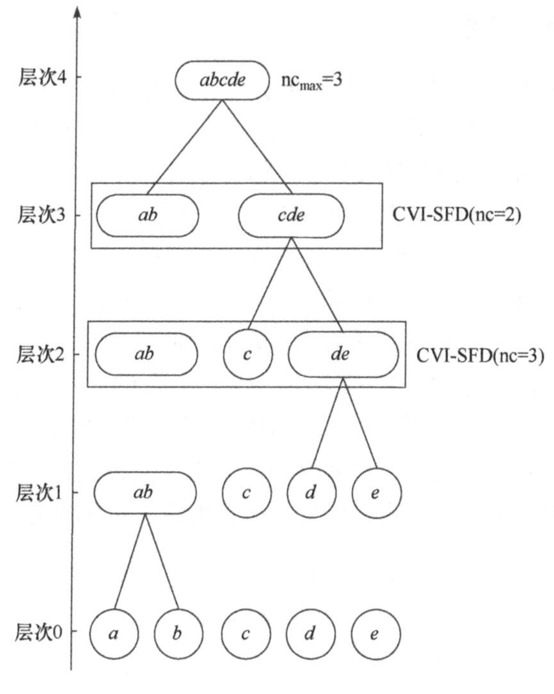

图 9-5　HABOS 评价过程示意图

步骤 3：根据多类合并规则(规则 9-1)，将产生 SFD 最小值的类进行合并。

步骤 4：如果此时聚类个数nc 在 2～nc_{max} 范围内，即$1 < nc \leqslant nc_{max}$，则计算 CVI-SFD 评价指标值，记为$\text{CVI-SFD}_{nc}$。

步骤 5：重复步骤 2～4，直至所有类被合并为一个类，或各类之间已经不能够再合并，即任意两个类合并后没有同时为 1 的属性值为止。

步骤 6：选择取得最小 CVI-SFD 指标值的聚类层次结果为最终聚类结果，相应的聚类个数为$nc, 1 < nc \leqslant nc_{max}$，认为该结果为最佳划分。

9.2　拓展位集差异度聚类

本节给出基于高维稀疏数据 CABOSFV 改进的拓展位集差异度聚类算法[77]。该算法引入了调整指数p，对原始稀疏差异度进行拓展；同时用位集的方式实现，使算法的运算效率明显提升。基于多个 UCI 标准数据集进行聚类实验，结果表明拓展位集差异度聚类算法在聚类效果和时间效率上均优于原始 CABOSFV，并基于实验结果讨论选取调整指数p的参考范围，给出确定差异度上限b的方法。

9.2.1 拓展位集差异度

在 CABOSFV 中，集合的稀疏差异度是计算相似度的基础，由于集合内的差异度决定了是否将当前对象加入到某一类，所以其在算法流程中起到至关重要的作用。通过分析传统 CABOSFV 中稀疏差异度计算公式的局限性，发现问题主要在于算法的执行过程中稀疏差异度公式中数据对象$|X|$变化幅度过大，调节趋势过度，而e/a这一项的变化趋势缓慢。为了解决该问题，拓展位集差异度聚类算法通过调整指数p，对原始稀疏差异度进行拓展，同时用位集的方式实现算法，使算法的聚类质量得到改善且运算效率明显提升。

定义 9-2(调整指数)：设具有n个对象的二值属性数据对象集合$\{x_1,x_2,\cdots,x_n\}$，X为其中的一个对象子集，其中的对象个数记为$|X|$，在该子集中所有对象稀疏特征取值皆为 1 的属性个数为a，稀疏特征取值不全相同的属性个数为e，p为大于等于 1 的常整数，拓展集合X的稀疏差异度表示为

$$\mathrm{SFD}(X)=\frac{e}{|X|^{\frac{1}{p}}\times a},\quad p\geqslant 1 \tag{9-3}$$

则p称为调整指数。拓展后的稀疏差异度通过给定调整指数p，调整稀疏差异度公式中分母的变化幅度。传统 CABOSFV 的稀疏差异度是该拓展定义$p=1$时的一种特殊情况。

假设$\{x_1,x_2,\cdots,x_{10}\}$是由属性$\{a_1,a_2,\cdots,a_5\}$描述的数据对象，每个数据对象的各属性取值以及外部类标签如表 9-1 所示。给定差异度上限$b=0.5$，分别使用原始差异度计算公式($p=1$)和其他拓展后的差异度计算公式($p\geqslant 1$)进行聚类。使用原稀疏差异度聚类的过程如下：

(1) 将每个数据对象视作一个集合$X_i^{(0)}$。

(2) 计算$\mathrm{SFD}(X_1^{(0)}\cup X_2^{(0)})=1/(2\times 2)<b$，将集合$X_1^{(0)}$和$X_2^{(0)}$合并到一个新类$X_1^{(1)}$中，即$X_1^{(1)}=\{x_1,x_2\}$。

(3) 计算$\mathrm{SFD}(X_3^{(0)}\cup X_1^{(1)})=5/(3\times 0)=\infty>b$，将$X_3^{(0)}$视作一个新的类$X_2^{(1)}$，即$X_2^{(1)}=\{x_3\}$。

(4) 计算$\mathrm{SFD}(X_4^{(0)}\cup X_1^{(1)})=1/(3\times 2)<\mathrm{SFD}(X_4^{(0)}\cup X_2^{(1)})=5/(2\times 0)$，且$\mathrm{SFD}(X_4^{(0)}\cup X_1^{(1)})<b$，因此将集合$X_4^{(0)}$加入类$X_1^{(1)}$中，即$X_1^{(1)}=\{x_1,x_2,x_4\}$。

(5) 对于集合$X_5^{(0)}$、$X_6^{(0)}$，进行类似于过程(4)的操作，可得$X_1^{(1)}=\{x_1,x_2,x_4,x_5,x_6\}$。

(6) 对于集合$X_7^{(0)}$，计算$\mathrm{SFD}(X_7^{(0)}\cup X_1^{(1)})=3/(6\times 1)<\mathrm{SFD}(X_7^{(0)}\cup X_2^{(1)})=$

$2/(2\times1)$，且 $\mathrm{SFD}(X_7^{(0)}\cup X_1^{(1)})<b$，因此将 $X_7^{(0)}$ 加入类 $X_1^{(1)}$ 中，$X_1^{(1)}=\{x_1,x_2,x_4,x_5,x_6,x_7\}$。

表 9-1　10 个数据对象取值描述

对象	a_1	a_2	a_3	a_4	a_5	标签
x_1	1	0	1	0	1	1
x_2	1	0	1	0	0	1
x_3	0	1	0	1	0	2
x_4	1	0	1	0	1	1
x_5	1	0	1	0	1	1
x_6	1	0	1	0	1	1
x_7	0	1	1	0	0	3
x_8	0	1	1	0	1	3
x_9	0	1	0	1	0	2
x_{10}	0	1	1	0	0	3

此时发现使用原始差异度聚类，前 6 个数据对象分配结果和实际情况相符，然而随着类内对象个数的增加，对象 x_7 被误分到了标签为 1 的类中，实际上 x_7 和标签为 1 的对象(如 x_6)并不相似。与原差异度公式中 p 仅能取 1 不同，当使用拓展的差异度度量方式进行聚类时，调整指数 p 可取大于等于 1 的常整数，此处以 $p=2$ 为例，前 6 个数据对象的分配结果和使用原始差异度聚类的结果是一致的。对于对象 x_7，计算 $\mathrm{SFD}(X_7^{(0)}\cup X_1^{(1)})=3/(\sqrt{6}\times1)<\mathrm{SFD}(X_7^{(0)}\cup X_2^{(1)})=2/(\sqrt{2}\times1)$，但 $\mathrm{SFD}(X_7^{(0)}\cup X_1^{(1)})>b$，因此将 $X_7^{(0)}$ 视作一个新的类 $X_3^{(1)}$，即 $X_3^{(1)}=\{x_7\}$，与实际情况相符。通过进一步分析发现，p 取 3、4 等值时也能得到正确的聚类结果，这说明与 p 仅能取 1 的计算方式相比，拓展稀疏差异度具有调整分母的变化幅度的能力，从而能够更加准确地进行对象的分配。

位集是一种特殊的数据结构，由二进制位构成，保存 1、0 信息。拓展位集差异度聚类算法适用于二值属性高维稀疏数据，结合二值属性仅有 1 和 0 两种取值的特殊性，以及位集保存 1 和 0 信息这种特殊的数据结构，所以用位集的方式实现算法，把对象用位集表示，继而所有的稀疏差异度的计算也通过位集运算完成，从而保证整个算法用位集实现。另外，由于位集的大小按需增长，数据维度的增加对位集的构建与运算没有影响，分类属性可以转化为二值属性没有信息的损失，所以拓展位集差异度聚类算法同样适用于分类属性聚类问题。

为了有效地运用位集运算进行二值属性数据对象聚类，需要将描述每个对象的所有二值属性数据全部存入位集中。假设具有 n 个对象的二值属性数据对象集合 $X=\{x_1,x_2,\cdots,x_n\}$ ，描述对象的 m 个属性集合为 $A=\{a_1,a_2,\cdots,a_m\}$ ，属性 $a_q,q\in\{1,2,\cdots,m\}$ 均有两种取值，即 1 或 0。对于每一个对象 $x_i,i\in\{1,2,\cdots,n\}$ ，将其所有属性值按位存储到位集中，记为 $B(x_i)$ ，称为对象 x_i 的位集表示。其中，第 1 位存储属性 a_1 取值的信息；第 2 位存储属性 a_2 取值的信息，以此类推。存储一个对象的位集所需的位数为 m 。按照这种方式将描述每个对象的所有二值属性数据以二进制形式全部存储到位集中，不同的对象对应不同的位集，且不损失任何属性信息，继而可以有效地运用位集运算进行二值属性高维稀疏数据聚类。

为将拓展后的稀疏差异度计算公式 $\mathrm{SFD}(X)=e\Big/\left(|X|^{\frac{1}{p}}\times a\right)$ 用位集的方式表示，先给出拓展位集差异度的定义。

定义 9-3(拓展位集差异度)：设二值属性数据对象集合表示为 $X=\{x_1,x_2,\cdots,x_n\}$ ，$B(x_i)$ 和 $B(x_j)$ 分别为对象 x_i 和 x_j 的位集表示，则这两个对象之间的拓展位集差异度 $d(x_i,x_j)$ 定义为

$$d(x_i,x_j)=\frac{\left|B(x_i)\ \mathrm{OR}\ B(x_j)\right|-\left|B(x_i)\ \mathrm{AND}\ B(x_j)\right|}{2^{\frac{1}{p}}\times\left|B(x_i)\ \mathrm{AND}\ B(x_j)\right|} \tag{9-4}$$

其中，$B(x_i)$ OR $B(x_j)$ 和 $B(x_i)$ AND $B(x_j)$ 分别表示对应的位进行逻辑或(OR)和逻辑与(AND)运算，结果仍然是位集；| |表示取值为 1 的位数。根据该拓展位集差异度定义，两对象间取值不同的位数越多，且取值皆为 1 的位数越少，两个对象具有的差异性越大。根据逻辑与(AND)和逻辑或(OR)运算满足幂等率和交换率，拓展位集差异度满足性质：

(1) $d(x_i,x_j)=0$;

(2) $d(x_i,x_j)=d(x_j,x_i)$ 。

定义 9-4 (拓展位集差异度推广)：$X=\{x_1,x_2,\cdots,x_n\}$ 为二值属性数据对象集合，设 $B(x_i)$ 为对象 $x_i,i\in\{1,2,\cdots,n\}$ 的位集表示，且记 $B_{\mathrm{OR}}(x_1,x_2,\cdots,x_n)$ 和 $B_{\mathrm{AND}}(x_1,x_2,\cdots,x_n)$ 分别为

$$B_{\mathrm{OR}}(x_1,x_2,\cdots,x_n)=B(x_1)\mathrm{OR}\ B(x_2)\mathrm{OR}\cdots\mathrm{OR}\ B(x_n) \tag{9-5}$$

$$B_{\mathrm{AND}}(x_1,x_2,\cdots,x_n)=B(x_1)\mathrm{AND}\ B(x_2)\mathrm{AND}\cdots\ \mathrm{AND}\ B(x_n) \tag{9-6}$$

其中，$B_{\mathrm{OR}}(x_1,x_2,\cdots,x_n)$ 和 $B_{\mathrm{AND}}(x_1,x_2,\cdots,x_n)$ 仍然是位集，将两个对象之间的拓

展位集差异度定义推广到集合 $X=\{x_1,x_2,\cdots,x_n\}$ 内各对象之间拓展位集差异度的定义为

$$d(x_1,x_2,\cdots,x_n)=\frac{|B_{\mathrm{OR}}(x_1,x_2,\cdots,x_n)|-|B_{\mathrm{AND}}(x_1,x_2,\cdots,x_n)|}{n^{\frac{1}{p}}\times|B_{\mathrm{AND}}(x_1,x_2,\cdots,x_n)|} \tag{9-7}$$

根据拓展位集差异度推广的定义，n 个对象取值不同的位数越多，以及取值皆为 1 的位数越少，代表这 n 个对象间的差异越大。其中，两个对象之间的拓展位集差异度是拓展位集差异度推广的定义在集合中只包含两个对象时的一种特殊情况。下面给出计算任意两个非空子集合并后的差异度公式。

设二值属性数据对象集合表示为 $X=\{x_1,x_2,\cdots,x_n\}$，Y 和 Z 为 X 的任意两个非空子集，则 Y 和 Z 合并后的差异度表示为

$$d(Y\cup Z)=\frac{|B_{\mathrm{OR}}(Y)\mathrm{OR}\,B_{\mathrm{OR}}(Z)|-|B_{\mathrm{AND}}(Y)\mathrm{AND}\,B_{\mathrm{AND}}(Z)|}{|Y\cup Z|^{\frac{1}{p}}\times|B_{\mathrm{AND}}(Y)\mathrm{AND}\,B_{\mathrm{AND}}(Z)|} \tag{9-8}$$

式(9-8)表明，当 X 的任意两个非空子集 Y 和 Z 合并时，可以根据关于 Y 的位集 $B_{\mathrm{OR}}(Y)$ 和 $B_{\mathrm{AND}}(Y)$ 及关于 Z 的位集 $B_{\mathrm{OR}}(Z)$ 和 $B_{\mathrm{AND}}(Z)$ 直接计算得到关于合并后集合的位集 $B_{\mathrm{OR}}(Y\cup Z)$ 和 $B_{\mathrm{AND}}(Y\cup Z)$ 及拓展位集差异度 $d(Y\cup Z)$。特别地，当 $Y=Z$ 时，$d(Y\cup Z)=d(Y)=d(Z)$。

9.2.2 算法步骤

拓展位集差异度聚类算法步骤如下。

输入：对象 x_i 的位集表示为 $B(x_i),i=1,2,\cdots,n$；阈值 b；调整指数 p。

输出：由拓展位集差异度聚类算法聚成的 k 个类。

步骤 1：计算 $B_{\mathrm{OR}}(x_1,x_2)$ 和 $B_{\mathrm{AND}}(x_1,x_2)$，根据定义 9-3 中的式(9-4)得到 x_1 和 x_2 的拓展位集差异度，若合并后的拓展位集差异度不大于阈值 b，则类为 $X_1=\{x_1,x_2\}$，类的个数 $k=1$；否则，将两个对象分别作为一个初始类，即 $X_1=\{x_1\}$、$X_2=\{x_2\}$，类的个数 $k=2$。

步骤 2：对于 $B(x_3)$，分别计算 $B_{\mathrm{OR}}(X_c\cup\{x_3\})$ 和 $B_{\mathrm{AND}}(X_c\cup\{x_3\})$，$c\in\{1,2,\cdots,k\}$，根据式(9-8)得到集合 $X_c\cup\{x_3\}$ 内所有对象间的拓展位集差异度 $d(X_c\cup\{x_3\})$，寻找使得该拓展位集差异度最小的 c_0，对应的类为 X_{c_0}。若求得的最小的拓展位集差异度不大于阈值 b，则类 X_{c_0}=$X_{c_0}\cup\{x_3\}$，此时类的个数 k 不变；否则，新建一个类 $X_{k+1}=\{x_3\}$，类的个数更新为 $k=k+1$。

步骤 3：对于 $B(x_i),i\in\{4,5,\cdots,n\}$，重复进行类似于步骤 2 的操作。

步骤 4：输出类 $X_1, X_2, \cdots, X_k$。

从上述算法步骤可知，拓展位集差异度聚类算法的流程和原 CABOSFV 是一致的，因此计算时间复杂度没有变化，两者的区别在于 CABOSFV 在执行过程中计算差异度时需要对数据对象的所有属性维分别进行计算，而拓展位集差异度聚类算法使用位集只需进行一次运算，数据维度对位集的构建并没有影响，因此能够提升算法的运算效率。

拓展位集差异度聚类算法综合考虑了聚类准确性和时间性能，一方面对稀疏差异度计算公式进行拓展，调整公式中分母的变化幅度，能够提高聚类过程对象分配的准确性；另一方面利用位集定义集合差异度并快速实现算法，进一步提高了算法的时间效率。综合算法的聚类效果和运算效率可知，其更能有效地解决大规模高维稀疏数据聚类问题。

9.2.3　差异度调整指数分析

拓展位集差异度聚类算法引入调整指数 p 拓展了集合的稀疏差异度，调整指数 p 影响着稀疏差异度分母的调整幅度，进而影响算法聚类质量，因此选取合适的 p 对算法至关重要。不同数据集 100 组随机实验的最优调整指数 p 的分布呈现出了不同的规律。

图 9-6 显示了在六个数据集上最优调整指数 p 的分布，其中 ZO、SS、LYM、DER 四个数据集的分布较为类似，它们的最优 p 值为 2 的次数在总实验次数中占比最高。LYM 的最优 p 值集中分布在[1,4]，在 100 次实验中占比 100%。DER 的最优 p 值集中分布在[2,3]，在总实验次数中占比 99%。ZO 最优

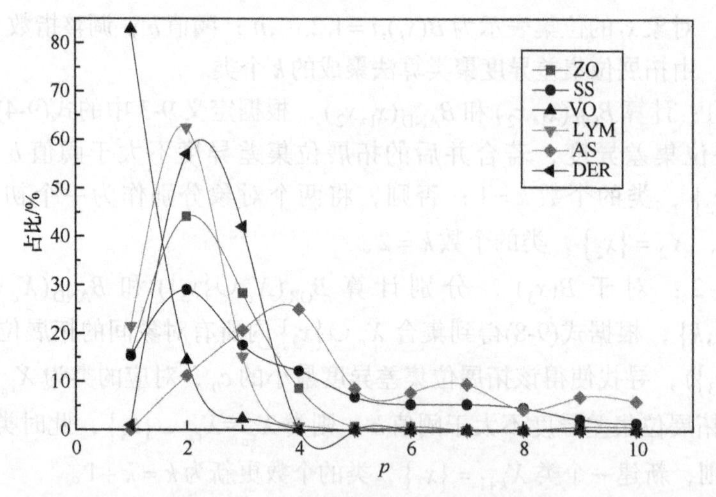

图 9-6　六个数据集上最优 p 值的分布

p 值集中分布在[1,4]，在 100 次实验中占比 97%。SS 数据集上最优 p 值的分布相对分散，主要集中在[1,4]，在实验中占比 74%。AS 数据集在 p =4 时取得最优值的次数最多，其最优 p 值分布也相对分散，主要集中于[2,4]，在实验中占比 57%。对于 VO 数据集，p =1 时取得最佳结果的次数最多，最优 p 值集中在[1,2]，在总实验次数中占比 97%。

由上述分析可知，同一数据集的最优 p 值分布相对集中，对于不同数据集，最优 p 值的分布略有差异，但多集中于[1,4]，在实际应用中可在此范围中选择合适的 p 值。

9.2.4　阈值确定方法

阈值 b 是集合稀疏差异度上限，在本实验中为了检验所提算法的性能采用带有外部类标签信息的标准数据集，通过比较不同参数下聚类结果的外部评价指标选取合适的 b 值。然而实际聚类应用中的数据通常没有类标签，此时可利用内部评价指标来确定 b 。CVTAB(clustering validation index based on type of attributes for binary data)[78]是一种二值数据内部评价指标，CVTAB 取值越大，表明类间差异度越大，聚类效果越好。

利用 CVTAB 确定阈值 b 的具体步骤如下。

输入：数据集 data；b 可选取值 $\{b_1,b_2,\cdots,b_z\}$ ，其中 $b_i\in[0.125,3]$， $i\in\{1,2,\cdots,z\}$ ；调整指数 p 。

输出：最佳 b 值。

步骤 1：将 (b_1,p,data) 输入拓展位集差异度聚类算法中，得到数据集 data 的一个划分 π_1 ；

步骤 2：计算划分 π_1 的内部有效性评价指标 CVTAB_1 ；

步骤 3：对于 $b_i,i\in\{2,3,\cdots,z\}$ ，重复步骤 1、2 的操作，得到对应的 CVTAB_i ；

步骤 4：寻找 z_0 使得 $\text{CVTAB}_{z_0}=\max\limits_{i\in\{1,2,\cdots,z\}}(\text{CVTAB}_i)$ ；

步骤 5：输出最佳 b 值 b_{z_0} 。

拓展位集差异度聚类算法对稀疏差异度度量方式进行了拓展，引入差异度调整指数 p ，从而降低了稀疏差异度公式中对象个数的影响，使对象分配更加准确合理。在此基础上，结合位集具有运算速度快这一优势，将二值属性数据对象和稀疏差异度都用位集进行存储和计算，提高算法处理大规模数据时的运算效率。在六个 UCI 标准数据集上进行实验，结果表明拓展位集差异度聚类算法获得了比 CABOSFV 更好的聚类结果，且时间效率明显提高，更适用于数据规模较大的实际应用场景。最后基于实验结果讨论了选取调整指数 p 的参考范围，并给出了确定稀疏差异度上限 b 的方法。

9.3 无参数聚类

CABOSFV 需要提前设定阈值参数，该参数直接影响了最终的聚类结果，如何更合理地确定阈值对于 CABOSFV 系列算法是一项重要且富有挑战性的任务。本节给出一种基于稀疏特征向量的无参数聚类算法[79](clustering algorithm based on sparse feature vector without specifying parameter)，简称无参数 CABOSFV，该算法包含了参数决策过程，不需要用户指定阈值参数。

9.3.1 稀疏差异度阈值范围的确定

阈值 b 代表集合稀疏差异度的上限，如果阈值过大，不相似的集合可能被合并到同一个类中；阈值过小，比较相似的集合难以被合并到同一个类中。阈值在聚类过程中起到至关重要的作用。针对不同数据对象集合计算出的稀疏差异度是不同的，一个固定的阈值不适用于所有数据集。也就是说，阈值 b 的选择并不具有统一的经验标准，需要根据给定数据对象集合确定合适的阈值。

如何确定数据对象集合自适应的阈值呢？在利用 CABOSFV 进行聚类时，选取不同的阈值 b 会得到不同的划分结果。随着 b 从小到大变化，最开始划分结果会不断变化，当 b 取到某一特别大的值时，划分结果就不随着 b 的变化而变化，在这种情况下，阈值 b 对集合的稀疏差异度已经没有约束作用，也就是说，可以找到这样一个较大的 b 值作为阈值的上限。假设某数据对象集合任意子集的稀疏差异度最大值为 $\mathrm{SFD}_{\max}$，我们希望找到一个等于或略大于 $\mathrm{SFD}_{\max}$ 的值作为阈值的上限。根据稀疏差异度的定义：$\mathrm{SFD}(x)=e/(|X|\times a)$，分子中的 e 越大，分母中的 $|X|$ 和 a 越小，$\mathrm{SFD}(x)$ 越大。从这个角度来看，定义稀疏差异度阈值范围上限的计算方法如下。

定义 9-5 (稀疏差异度阈值上限)：给定一个数据对象集合 X 包含 n 个对象，每个对象由 m 个属性描述，取值为 0 或 1。X 中所有对象取值皆为 1 的属性个数记为 a，X 中所有对象取值皆为 0 的属性个数记为 z，则稀疏差异度阈值上限(an upper bound of the SFD threshold，TUB)定义为

$$\mathrm{TUB}=\begin{cases}\dfrac{m-z-a}{2\times a}, & a>0\\[2ex] \dfrac{m-z-1}{2\times 1}, & a=0\end{cases} \tag{9-9}$$

其中，分母中的“2”代表当两个集合合并时，新集合中最少有 2 个对象；a 表

示数据对象集合 X 中取值全为 1 的属性个数。

若 $a>0$，则当两个集合合并时，新集合中取值全为 1 的属性至少有 a 个。“$m-z-a$”表示数据对象集合 X 中取值不全相同的属性个数，那么对于合并后的新集合(数据对象集合 X 的某个子集)，取值不全相同的属性个数不超过 $m-z-a$。

若 $a=0$，则当两个集合能够被合并为一个新集合时，新集合中至少有一个取值全为 1 的属性，否则，认为这两个集合完全不相同，不能进行合并。在合并后的新集合中，取值不全相同的属性个数不超过 $m-z-1$。

稀疏差异度阈值上限代表了一个数据对象集合的某个子集可能取得的最大稀疏差异度。显而易见，当一个集合只包含一个对象时，能取得最小稀疏差异度为 0，因此稀疏差异度阈值的范围可以确定为[0, TUB]。

示例：假设数据对象集合包含 5 个对象 $X=\{x_1,x_2,\cdots,x_5\}$，每个数据对象由 11 个属性描述，属性取值为 0 或 1，如表 9-2 所示。根据式(9-9)，$\mathrm{TUB}(X)=(11-0-1)/(2\times 1)=5$，因此数据对象集合 X 的阈值范围为[0, 5]。

表 9-2　数据对象集合

对象	a_1	a_2	a_3	a_4	a_5	a_6	a_7	a_8	a_9	a_{10}	a_{11}
x_1	1	0	0	1	0	0	0	1	0	1	0
x_2	1	0	0	0	1	0	0	1	0	0	1
x_3	0	1	0	0	0	1	0	1	1	0	0
x_4	0	0	1	0	0	0	1	1	0	0	1
x_5	1	0	0	0	1	0	0	1	1	0	0

9.3.2　考虑数据排序的调整稀疏特征向量

由于传统的 CABOSFV 对数据输入顺序敏感，首先采用稀疏性指数对数据排序。

设一个数据对象集合 X 有 n 个对象，描述每个对象的属性为二值属性或分类属性，则对于第 i 个对象，其对象稀疏性指数定义为

$$q=m_1+m_2 \tag{9-10}$$

其中，m_1 表示第 i 个对象二值属性中取值为 1 的属性个数；m_2 表示第 i 个对象分类属性转换为二值属性后其中取值为 1 的属性个数。

对于数据对象集合 X，计算每个对象的稀疏性指数并按照升序排序，排序后的数据对象集合记作 X_{sort}。基于排序后的数据对象集合，定义调整的稀疏特

征向量如下。

定义 9-6 (调整稀疏特征向量)：对于排序后的数据对象集合 X_{sort}，X_{sub} 是它的一个子集，X_{sub} 中对象的数量记为 $|X_{\text{sub}}|$。X_{sub} 中所有对象取值全为 1 的属性个数为 A，对应的属性集合为 S；X_{sub} 中取值不全相同的属性个数为 E，对应的属性集合为 NS。调整指数 p 是一个大于等于 1 的常整数，调整稀疏特征向量(adjusted sparse feature vector，ASFV)定义为

$$\text{ASFV}(X_{\text{sub}}) = (|X_{\text{sub}}|, S(X_{\text{sub}}), \text{NS}(X_{\text{sub}}), \text{ASFD}(X_{\text{sub}})) \tag{9-11}$$

其中，$\text{ASFD}(X_{\text{sub}})$ 表示集合 X_{sub} 的调整稀疏差异度，定义为

$$\text{ASFD}(X_{\text{sub}}) = \frac{E}{\sqrt[p]{|X_{\text{sub}}|} \times A} \tag{9-12}$$

其中，指数 p 可以调整稀疏差异度公式中分母的变化幅度，降低类中对象个数对对象分配的影响。经过实验验证，p 的常用取值为 1～4。

当两个集合 X' 和 Y' 合并时，新集合的 ASFV 可以直接按照式(9-13)计算得出：

$$\begin{aligned}
&\text{ASFV}(X' \cup Y') \\
&= \text{ASFV}(X') + \text{ASFV}(Y') \\
&= (N, S(X' \cup Y'), \text{NS}(X' \cup Y'), \text{ASFD}(X' \cup Y')
\end{aligned} \tag{9-13}$$

其中，

$$N = |X'| + |Y'|$$

$$S(X' \cup Y') = S(X') \cap S(Y')$$

$$\text{NS}(X' \cup Y') = (\text{NS}(X') \cup \text{NS}(Y') \cup S(X') \cup S(Y')) \setminus (S(X') \cap S(Y'))$$

$$\text{ASFD}(X' \cup Y') = |\text{NS}(X' \cup Y')| / (\sqrt[p]{N} \times |S(X' \cup Y')|)$$

调整后的稀疏特征向量主要针对传统 CABOSFV 对数据输入顺序敏感以及倾向于将数据对象分配到更大的类中的问题进行改进，以提高算法的稳定性和准确性。

9.3.3 无参数聚类过程

前面介绍了阈值范围的确定方法，那么如何从这一范围中选取一个合适的阈值呢？在给定范围内选取不同的阈值 b 会取得不同的划分结果，找到其中最优的划分结果，对应的阈值就是要选取的阈值。前面确定的阈值区间是一个无限集合，无法遍历所有阈值，因此采用了一种近似搜索策略，能够快速高效地寻找到一个合适的阈值。这一阈值搜索策略在如下所示的算法步骤中有所体现。

无参数聚类过程步骤如下。

输入：数据对象集合 X (具有 n 个对象，描述每个对象的属性为二值属性)。

输出：阈值和聚类结果。

步骤 1：调整指数 p 初始化为 1。根据式(9-9)对数据对象集合 X 计算阈值上限，记为 TUB 。

步骤 2：根据式(9-10)计算每个数据对象的稀疏性指数，对数据对象按照稀疏性指数升序排列，排序后的数据对象集合记为 X_{sort} 。

步骤 3：将区间[0, TUB]10 等分，等分点记为 $b=\{b_0,b_1,\cdots,b_{10}\}$ 。根据参数 (p,b_i) 对数据对象集合 X_{sort} 执行基于 ASFV 的聚类程序得到划分结果 π_i 。对划分结果进行聚类有效性评价，记为 $\text{CVI}_i, i\in\{0,1,\cdots,10\}$ 。

步骤 4：计算 $I_i=(\text{CVI}_i+\text{CVI}_{i+1})/2$ ， $I=\{I_i,i=0,1,\cdots,9\}$ ，对 I 降序排序记为 I' ， $I'=\{I'_i,i=0,1,\cdots,9\}$ 。 I'_1 和 I'_2 对应的阈值区间分别为[$b_{\min1}$ ， $b_{\max1}$]和[$b_{\min2}$ ， $b_{\max2}$]。如果区间长度 $b_{\max1}-b_{\min1}$ 趋向于 0，则转到步骤 6，否则，转到步骤 5。

步骤 5：分别将区间[$b_{\min1}$ ， $b_{\max1}$]和[$b_{\min2}$ ， $b_{\max2}$]5 等分，执行类似于步骤 3 和步骤 4 的操作。

步骤 6：当前的最优阈值是 $b_{\min1}$ ，记为 B_p 。记录此阈值下的划分结果为 π_p ，评价指标值为 CVI_p^1 。

步骤 7：判断 p 是否等于 4。若是，则转到步骤 8，否则， $p=p+1$ ，转到步骤 3。

步骤 8：寻找 p_0 使得 $\text{CVI}_{p_0}^1=\max\limits_{p\in\{1,2,3,4\}}\text{CVI}_p^1$ 。最终的聚类结果和阈值分别是 π_{p_0} 和 B_{p_0} 。

9.3.4　算法计算时间复杂度

无参数 CABOSFV 的计算时间复杂度是 $O(Ikn)$ ， I 是迭代次数， k 是聚类个数， n 是数据对象个数。I 一般很小，k 远小于 n ，算法的计算时间复杂度接近线性，这表明算法是简洁、高效的。

在实验部分，利用 UCI 标准数据集进行验证得出该算法的以下几个特征：

(1) 能够确定合适的阈值，从而得出稳定可靠的聚类结果；

(2) 提出的阈值确定方法适用于 CABOSFV 系列任何需要设置该阈值参数的算法；

(3) 具有较低的时间复杂度，在解决阈值参数问题的同时保持了传统 CABOSFV 的效率优势。

在 CABOSFV 系列的聚类算法中，阈值参数的确定是一个关键而困难的步骤，它直接影响聚类的稳定性。通过定义 SFD 阈值上限的计算方法，可以从理论上而不是从经验上确定阈值范围。另外，定义了调整后的稀疏特征向量 ASFV，将稀疏性指数和调整指数相结合，提高了聚类的稳定性和准确性。在使用无参数 CABOSFV 进行聚类时，只需要输入数据集即可得到最终的聚类结果，使算法更简单实用。

9.4 本章要点

本章拓展参数自适应的高维稀疏数据聚类算法，实现不需要输入差异度阈值参数的要求，给出了稀疏差异度启发式聚类、拓展位集差异度聚类、无参数聚类。

(1) 稀疏差异度启发式聚类从聚类内部有效性评价方法的角度出发，给出了适合基于稀疏差异度的聚类有效性评价指标 CVI-SFD。结合聚结型层次聚类思想，应用基于稀疏差异度的内部聚类有效性评价指标 CVI-SFD 进行启发式度量，从而实现对聚类层次的自动选取，消除集合的稀疏差异度上限参数对聚类结果的影响，有效提高了聚类的准确性和稳定性。

(2) 拓展位集差异度聚类算法引入调整指数 p，对原始稀疏差异度进行拓展，从而提升了聚类效果。在此基础上，结合位集具有运算速度快这一优势，应用位集方式实现算法，运算效率明显提升。在 6 个 UCI 标准数据集上进行实验，基于实验结果讨论了选取调整指数 p 的参考范围，给出了确定差异度上限 b 的方法。

(3) 无参数聚类通过定义稀疏差异度阈值上限的计算方法，从理论上而不是从经验上确定阈值范围，聚类时只需要输入数据集即可得到最终的聚类结果。另外，调整后的稀疏特征向量 ASFV 将稀疏性指数和调整指数相结合，提高了聚类的稳定性和准确性，同时保持了传统高维稀疏数据聚类算法的效率优势。

第 10 章　高维稀疏数据调整聚类

经典的高维稀疏数据聚类算法 CABOSFV 仅需一次数据扫描就生成聚类结果，但聚类过程的每一次集合归并都是不可逆的。本章给出高维稀疏数据双向聚类和高维稀疏数据优化调整聚类，可以调整用高维稀疏数据聚类形成的中间结果集合，使得同一类中的对象更加相似。

10.1　高维稀疏数据双向聚类

本节给出基于稀疏特征向量的双向聚类算法 B-CABOSFV[80]，定义的双向稀疏特征向量 B-SFV 不仅具有可加性，而且具有可减性，在聚类过程中进行集合的归并和分解时可以通过定义的加法和减法运算方便地进行双向稀疏特征向量 B-SFV 的计算，使得 B-CABOSFV 的聚类结果可以通过双向稀疏特征向量 B-SFV 进行调整，剔除集合中不合适的对象，并将剔除的对象分配到更合适的集合中。

10.1.1　集合的双向稀疏特征向量

定义 10-1 (属性计数向量)：假设有 n 个对象，描述每个对象的属性有 m 个，皆为二值属性，记为 $A_1, A_2, \cdots, A_m$，X 为其中的一个对象子集，其中的对象个数记为 $|X|$，$X=\{x_1, x_2, \cdots, x_{|X|}\}$，$J_{ij}(X)$ 表示对象 x_j 在属性 A_i 上的取值，$C_1(X), C_2(X), \cdots, C_m(X)$ 表示集合 X 中每个属性取值为 1 的统计次数，则集合 X 的属性计数向量(attribute counting vector，ACV)定义为

$$T(X)=(C_1(X), C_2(X), \cdots, C_m(X)) \tag{10-1}$$

其中，

$$C_i(X)=\sum_{j=1}^{|X|} J_{ij}(X),\ \ i\in\{1,2,\cdots,m\} \tag{10-2}$$

为了减少数据处理量，B-CABOSFV 对数据进行了有效的压缩精简，通过定义的概念“集合的双向稀疏特征向量”来实现。

定义 10-2 (集合的双向稀疏特征向量)：假设有 n 个对象，描述每个对象的属性有 m 个，皆为二值属性，X 为其中的一个对象子集，其中的对象个数记为

$|X|$，$T(X)$ 是集合 X 的属性计数向量，S 为集合 X 中所有对象稀疏特征取值皆为 1 的属性集合，NS 为集合 X 中所有对象稀疏特征取值不全相同的属性集合，$\text{SFD}(X) = |\text{NS}|/(|X| \times |S|)$ 为集合 X 的稀疏差异度(详见定义 3-2)，则集合 X 的双向稀疏特征向量(bidirectional sparse feature vector，B-SFV)定义为

$$\text{B-SFV}(X) = (|X|, T(X), S(X), \text{NS}(X), \text{SFD}(X)) \tag{10-3}$$

双向稀疏特征向量概括了一个对象集合的所有双向聚类相关特征及该集合内所有对象间的稀疏差异度。这样，对于一个对象集合，只需存储其双向稀疏特征向量，而不必保存该集合中所有对象的信息。双向稀疏特征向量不仅减少了数据量，而且稀疏特征向量还具有特别好的性质，即在两个集合合并时双向稀疏特征向量具有可加性。

10.1.2　双向稀疏特征向量的可加性

定义 10-3 (双向稀疏特征向量的加法)：假设有 n 个对象，描述每个对象的属性有 m 个，皆为二值属性，记为 $A_1, A_2, \cdots, A_m$，X 和 Y 为其中不相交的两个对象子集，相应的双向稀疏特征向量分别为

$$\text{SFV}(X) = (|X|, T(X), S(X), \text{NS}(X), \text{SFD}(X))$$

$$\text{SFV}(Y) = (|Y|, T(Y), S(Y), \text{NS}(Y), \text{SFD}(Y))$$

定义双向稀疏特征向量的加法为

$$\text{SFV}(X) + \text{SFV}(Y) = (N, T, S, \text{NS}, \text{SFD}) \tag{10-4}$$

其中，

$$N = |X| + |Y|$$

$$T = T(X) + T(Y)$$

$$S = \{A_i \mid C_i = C_i(X) + C_i(Y) = N\}$$

$$\text{NS} = \{A_i \mid 0 < C_i = C_i(X) + C_i(Y) < N\}$$

$$\text{SFD} = \frac{|\text{NS}|}{\text{N} \times |S|}$$

下面的定理表明，根据上述公式定义的双向稀疏特征向量加法，在两个集合合并时具有可加性。

定理 10-1 (可加性定理)：假设有 n 个对象，描述每个对象的属性有 m 个，皆为二值属性，X 和 Y 为其中不相交的两个对象子集，X 和 Y 合并后的集合为 $X \cup Y$，相应的稀疏特征向量分别为

$$\text{SFV}(X) = (|X|, T(X), S(X), \text{NS}(X), \text{SFD}(X))$$

$$\text{SFV}(Y) = (|Y|, T(Y), S(Y), \text{NS}(Y), \text{SFD}(Y))$$

$$\mathrm{SFV}(X \cup Y) = (|X \cup Y|, T(X \cup Y), S(X \cup Y), \mathrm{NS}(X \cup Y), \mathrm{SFD}(X \cup Y))$$

$$\mathrm{SFV}(X) + \mathrm{SFV}(Y) = (N, T, S, \mathrm{NS}, \mathrm{SFD})$$

则有

$$\mathrm{SFV}(X \cup Y) = \mathrm{SFV}(X) + \mathrm{SFV}(Y)$$

证明：

(1) 因为集合 X 和 Y 不相交，且其中的元素个数分别为 $|X|$ 和 $|Y|$，所以集合 $X \cup Y$ 中的元素个数为 $|X|+|Y|$，即 $|X \cup Y|=|X|+|Y|=N$。

(2) 记 $X=\{x_1, x_2, \cdots, x_{|X|}\}$，$Y=\{y_1, y_2, \cdots, y_{|Y|}\}$，描述每个对象的 m 个属性记为 $A_1, A_2, \cdots, A_m$，$J_{ij}(X)$ 表示对象 x_j 在属性 A_i 上的取值，$J_{ij}(Y)$ 表示对象 y_j 在属性 A_i 上的取值，$C_1(X), C_2(X), \cdots, C_m(X)$ 表示集合 X 中每个属性对所有对象取值为 1 的统计次数，$C_1(Y), C_2(Y), \cdots, C_m(Y)$ 表示集合 Y 中每个属性对所有对象取值为 1 的统计次数，根据定义 10-1(属性计数向量)有

$$T(X)+T(Y)=\sum_{j=1}^{|X|} J_{1j}(X)+\sum_{j=1}^{|Y|} J_{1j}(Y), \sum_{j=1}^{|X|} J_{2j}(X)+\sum_{j=1}^{|Y|} J_{2j}(Y),$$
$$\cdots, \sum_{j=1}^{|X|} J_{mj}(X)+\sum_{j=1}^{|Y|} J_{mj}(Y)$$

因为集合 X 和 Y 不相交，所以集合 $X \cup Y$ 中每个属性对所有对象取值为 1 的统计次数为 $C_i(X \cup Y)=\sum_{j=1}^{|X|} J_{ij}(X)+\sum_{j=1}^{|Y|} J_{ij}(Y), i \in \{1,2,\cdots,m\}$。因此，有

$$T(X)+T(Y)=(C_1(X \cup Y),\ C_2(X \cup Y),\ \cdots,\ C_m(X \cup Y))=T$$

(3) 运用反证法。假设 $\exists A_i^* \in S$ 使得 $C_i(X)+C_i(Y) \neq N$。根据定义 10-1(属性计数向量)及定义 10-2(集合的双向稀疏特征向量)有 $C_i(X)=|X|$，$C_i(Y)=|Y|$。

再根据前面证明 $|X|+|Y|=N$ 有 $C_i(X)+C_i(Y)=N$，与假设矛盾，所以 $S=\{A_i \mid C_i=C_i(X)+C_i(Y)=N\}$；类似地，$\mathrm{NS}=\{A_i \mid 0<C_i=C_i(X)+C_i(Y)<N\}$。

(4) 根据定义 3-2(稀疏特征差异度)，$\mathrm{SFD}=\dfrac{|\mathrm{NS}|}{N \times |S|}$。

得证。

该定理的结论表明，两个不相交集合合并时双向稀疏特征向量 B-SFV 具有可加性。根据双向稀疏特征向量的这种可加性，可以在对象集合进行合并时方便地计算双向稀疏特征向量，得到新集合的双向稀疏差异度。

10.1.3 双向稀疏特征向量的可减性

定义 10-4 (双向稀疏特征向量的减法)：假设有n个对象，描述每个对象的属性有m个，皆为二值属性，记为$A_1, A_2, \cdots, A_m$，X为其中的一个对象子集，Y是X的真子集，相应的双向稀疏特征向量分别为

$$\mathrm{SFV}(X) = (|X|, T(X), S(X), \mathrm{NS}(X), \mathrm{SFD}(X))$$

$$\mathrm{SFV}(Y) = (|Y|, T(Y), S(Y), \mathrm{NS}(Y), \mathrm{SFD}(Y))$$

定义双向稀疏特征向量的减法为

$$\mathrm{SFV}(X) - \mathrm{SFV}(Y) = (N, T, S, \mathrm{NS}, \mathrm{SFD}) \tag{10-5}$$

其中，

$$N = |X| - |Y|$$

$$T = T(X) - T(Y)$$

$$S = \{A_i \mid C_i = C_i(X) - C_i(Y) = N\}$$

$$\mathrm{NS} = \{A_i \mid 0 < C_i = C_i(X) - C_i(Y) < N\}$$

$$\mathrm{SFD} = \frac{|\mathrm{NS}|}{N \times |S|}$$

下面的定理表明，根据上述公式定义的双向稀疏特征向量减法，在一个集合分解时具有可减性。

定理 10-2 (可减性定理)：假设有n个对象，描述每个对象的属性有m个，皆为二值属性，X为其中的一个对象子集，Y是X的真子集，相应的稀疏特征向量分别为

$$\mathrm{SFV}(X) = (|X|, T(X), S(X), \mathrm{NS}(X), \mathrm{SFD}(X))$$

$$\mathrm{SFV}(Y) = (|Y|, T(Y), S(Y), \mathrm{NS}(Y), \mathrm{SFD}(Y))$$

$$\mathrm{SFV}(X-Y) = (|X-Y|, T(X-Y), S(X-Y), \mathrm{NS}(X-Y), \mathrm{SFD}(X-Y))$$

$$\mathrm{SFV}(X) - \mathrm{SFV}(Y) = (N, T, S, \mathrm{NS}, \mathrm{SFD})$$

则有

$$\mathrm{SFV}(X-Y) = \mathrm{SFV}(X) - \mathrm{SFV}(Y)$$

证明：

(1) 因为Y是X的真子集，且其中的元素个数分别为$|X|$和$|Y|$，所以集合$X-Y$中的元素个数为$|X|-|Y|$，即$N = |X-Y| = |X| - |Y|$。

(2) 记 $X=\{x_1, x_2,\cdots, x_{|X|}\}$，$Y=\{y_1, y_2,\cdots, y_{|Y|}\}$，描述每个对象的 m 个属性记为 $A_1,A_2,\cdots,A_m$，$J_{ij}(X)$ 表示对象 x_j 在属性 A_i 上的取值，$J_{ij}(Y)$ 表示对象 y_j 在属性 A_i 上的取值，$C_1(X), C_2(X), \cdots, C_m(X)$ 表示集合 X 中每个属性对所有对象取值为 1 的统计次数，$C_1(Y), C_2(Y), \cdots, C_m(Y)$ 表示集合 Y 中每个属性对所有对象取值为 1 的统计次数，根据定义 10-1(属性计数向量)有

$$T(X)-T(Y)=\sum_{j=1}^{|X|}J_{1j}(X)-\sum_{j=1}^{|Y|}J_{1j}(Y),\sum_{j=1}^{|X|}J_{2j}(X)-\sum_{j=1}^{|Y|}J_{2j}(Y),$$
$$\cdots,\sum_{j=1}^{|X|}J_{mj}(X)-\sum_{j=1}^{|Y|}J_{mj}(Y)$$

因为 Y 是 X 的真子集，所以集合 $X-Y$ 中每个属性对所有对象取值为 1 的统计次数为 $C_i(X-Y)=\sum_{j=1}^{|X|}J_{ij}(X)-\sum_{j=1}^{|Y|}J_{ij}(Y),i\in\{1,2,\cdots,m\}$。所以，有

$$T(X)-T(Y)=(C_1(X-Y),\ C_2(X-Y),\cdots,\ C_m(X-Y))=T$$

(3)运用反证法。假设 $\exists A_i^*\in S$ 使得 $C_i(X)-C_i(Y)>N$ 或 $C_i(X)-C_i(Y)<N$。假设 $C_i(X)-C_i(Y)>N$，因为 Y 是 X 的真子集，则根据定义 10-2(集合的双向稀疏特征向量)及定义 10-1(属性计数向量)有 $J_{ij}(X)=1, j\notin\{1,2,\cdots,|X|\}$，那么 $C_i(X)>|X|$，与属性计数向量定义矛盾，所以 $C_i(X)-C_i(Y)>N$ 不成立，类似地，可以证明 $C_i(X)-C_i(Y)<N$ 也不成立，所以 $S=\{A_i\,|\,C_i=C_i(X)-C_i(Y)=N\}$；类似地，$\mathrm{NS}=\{A_i\,|\,0<C_i=C_i(X)-C_i(Y)<N\}$。

(4) 根据定义 3-2(稀疏特征差异度)，$\mathrm{SFD}=\dfrac{|\mathrm{NS}|}{N\times|S|}$。

得证。

上面的定理表明，根据上述公式定义的双向稀疏特征向量减法，在一个集合分解时具有可减性。根据双向稀疏特征向量的这种可减性，在一个集合进行分解时，可以方便地计算双向稀疏特征向量，得到新集合的稀疏差异度。这样，在 B-CABOSFV 聚类时，可以降低数据存储量和计算量。

10.1.4　聚类过程

SFD 阈值 b 的调整是 B-CABOSFV 聚类的关键步骤。在正常情况下，在调整过程中，该值的设定如下：

$$\begin{cases}b_t>0, & t=1\\ 0<b_t<b_{t-1}, & t\geqslant 2\end{cases}$$

其中，t 为调整次数；b_t 为第 t 次调整的 SFD 阈值。B-CABOSFV 是一种双向聚

类算法，既进行类的集合归并，也进行类的集合拆分，每次调整都是在前面的调整结果集合上进行。

在第 t 次调整时，记 $S_{t,1}^{(0)},S_{t,2}^{(0)},\cdots,S_{t,k}^{(0)}$ 为前面调整的结果集合，SFD 阈值为 b_{t-1}。$S_{t,1}^{(1)},S_{t,2}^{(1)},\cdots,S_{t,k+1}^{(1)}$ 为新的待聚类集合，是 SFD 阈值降至 b_t 后，通过双向稀疏特征向量 B-SFV 的减法拆分生成的。$S_{t,1}^{(2)},S_{t,2}^{(2)},\cdots,S_{t,k}^{(2)}$ 是当前的结果集合，通过双向稀疏特征向量 B-SFV 的加法合并生成。

具体来说，当 SFD 阈值从 b_{t-1} 减小到 b_t 时，依次查看前面每个结果集合的 SFD。例如，如果 $\mathrm{SFD}(S_{t,1}^{(0)})>b_t$，则剔除 $S_{t,1}^{(0)}$ 的最后一个对象 X_n；如果 SFD 仍然大于 b_t，则继续剔除该集合的对象 $X_{n-1},X_{n-2},\cdots$，直到 SFD 低于 b_t，将 $S_{t,1}^{(0)}$ 和 $\{X_n\},\{X_{n-1}\},\{X_{n-2}\},\cdots$ 以及其他前面的结果集合视为新的待聚类集合。

给定 n 个对象或集合，B-CABOSFV 聚类的第 t 次调整的具体步骤如下。

输入：上一次的调整结果集合 $S_{t,i}^{(0)}$，$i\in\{1,2,\cdots,n\}$；初始参数 SFD 阈值 b_t。

输出：当前聚类结果 $S_{t,i}^{(2)}$，$i\in\{1,2,\cdots,k\}$。

步骤 1：设置初始参数 SFD 阈值 b_t。

步骤 2：为 n 个对象或集合分别创建一个集合，表示为 $S_{t,i}^{(0)}$，$i\in\{1,2,\cdots,n\}$，视为前面的调整结果集合。

步骤 3：计算每个集合的 SFD，如果所有集合的 SFD 都不大于 b_t，则在集合的上标上加 1，表示为 $S_{t,i}^{(1)}$，$i\in\{1,2,\cdots,n\}$，视为新的待聚类集合，并转到步骤 5；如果 $\mathrm{SFD}(S_{t,i^*}^{(0)})>b_t$，则剔除集合中的最后一个对象，为被剔除的对象创建一个新的待聚类集合，表示为 $S_{t,n+1}^{(1)}$，然后转到步骤 4。

步骤 4：通过双向稀疏特征向量 B-SFV 的减法，计算 $\mathrm{SFV}(S_{t,i^*}^{(0)})=\mathrm{SFV}(S_{t,i^*}^{(0)}-S_{t,n+1}^{(1)})=\mathrm{SFV}(S_{t,i^*}^{(0)})-\mathrm{SFV}(S_{t,n+1}^{(1)})$，赋值 $n=n+1$，然后回到步骤 3。

步骤 5：与经典的 CABOSFV 类似，通过双向稀疏特征向量 B-SFV 的加法，合并集合形成聚类结果，使得合并后每个类的 SFD 都不大于阈值 b_t，得到的当前聚类结果记为 $S_{t,i}^{(2)}$，$i\in\{1,2,\cdots,k\}$。

10.1.5　算法示例

$x_1,x_2,\cdots,x_6$ 为 6 个客户，$A_1,A_2,\cdots,A_8$ 为 8 种产品订单情况对应的客户属性，有产品订单则为 1，无产品订单则为 0。按照订单情况对这些客户进行聚类，这是一个包含 8 个属性 6 个对象的聚类问题，客户订购产品情况数据详见表 10-1。

表 10-1　客户订购产品情况

客户	产品							
	1	2	3	4	5	6	7	8
1	0	1	0	1	0	1	0	1
2	1	0	0	1	0	1	0	1
3	1	1	0	1	0	1	0	1
4	0	0	1	0	1	1	1	1
5	0	0	1	0	1	0	1	1
6	1	1	0	1	0	0	0	1

解决该问题的双向高维稀疏数据聚类算法 B-CABOSFV 步骤如下。

1. 第一次调整步骤

步骤 1：设置初始参数 SFD 阈值 $b_1 = 1$。

步骤 2：为每个客户创建一个集合，表示为 $S_{1,i}^{(0)}$，$i \in \{1,2,\cdots,6\}$。

步骤 3：计算 SFD 值，显然，作为第一次调整，所有集合 $\mathrm{SFD}(S_{1,i}^{(0)}) = 0 < b_1$，$i \in \{1,2,\cdots,6\}$，不需要做减法，将所有集合视为新的待聚类集合，表示为 $S_{1,i}^{(1)}$，$i \in \{1,2,\cdots,6\}$，则转步骤 5。

步骤 4：跳过。

步骤 5：通过双向稀疏特征向量 B-SFV 的加法，合并集合形成聚类结果，使得合并后每个类的 SFD 都不大于阈值 b_1，得到的当前聚类结果记为 $S_{1,1}^{(2)} = \{x_1, x_2, x_3, x_4\}$，$S_{1,2}^{(2)} = \{x_5\}$，$S_{1,3}^{(2)} = \{x_6\}$，相应的稀疏差异度为 $\mathrm{SFD}(S_{1,1}^{(2)}) = 0.75$，$\mathrm{SFD}(S_{1,2}^{(2)}) = 0$，$\mathrm{SFD}(S_{1,3}^{(2)}) = 0$。

步骤 6：对结果不满意，需要再次调整。

2. 第二次调整步骤

步骤 1：将参数 SFD 阈值重置为 $b_2 = 0.5$。

步骤 2：为前面调整的每个结果集合创建一个集合 $S_{2,1}^{(0)} = \{x_1, x_2, x_3, x_4\}$，$S_{2,2}^{(0)} = \{x_5\}$，$S_{2,3}^{(0)} = \{x_6\}$。

步骤 3：若 $\mathrm{SFD}(S_{2,1}^{(0)}) = 0.75 > b_2$，则剔除集合中的最后一个对象 x_4，为被剔除的对象 x_4 创建一个新的待聚类集合，表示为 $S_{2,4}^{(1)}$，然后转到步骤 4。

步骤 4：计算被剔除对象 x_4 后的 $\mathrm{SFD}(S_{2,1}^{(0)})$ 为

$$\mathrm{SFD}(S_{2,1}^{(0)}) = \mathrm{SFD}(S_{2,1}^{(0)} - \{x_4\}) = \mathrm{SFD}(\{x_1, x_2, x_3, x_4\} - \{x_4\})$$
$$= \frac{|\mathrm{NS}|}{N \times |S|} = \frac{2}{3 \times 3} = 0.222$$

因 $\mathrm{SFD}(S_{2,1}^{(0)}) = \mathrm{SFD}(\{x_1, x_2, x_3\}) = 0.222 < b_2$，$\mathrm{SFD}(S_{2,2}^{(0)}) = \mathrm{SFD}(\{x_5\}) = 0 < b_2$，$\mathrm{SFD}(S_{2,3}^{(0)}) = \mathrm{SFD}(\{x_6\}) = 0 < b_2$，不需要做减法，将所有集合视为新的待聚类集合，表示为 $S_{2,i}^{(1)}$，$i \in \{1,2,3,4\}$，即 $S_{2,1}^{(1)} = \{x_1, x_2, x_3\}$，$S_{2,2}^{(1)} = \{x_5\}$，$S_{2,3}^{(1)} = \{x_6\}$，$S_{2,4}^{(1)} = \{x_4\}$。

步骤 5：通过双向稀疏特征向量 B-SFV 的加法，合并集合形成聚类结果，使得合并后每个类的 SFD 都不大于阈值 b_2，得到第二次调整后的聚类结果，详见表 10-2。

表 10-2　客户订购产品情况(第二次调整后聚类结果)

类	全部订购产品	部分订购产品	SFD
$\{x_1, x_2, x_3, x_6\}$	4, 8	1, 2, 6	0.375
$\{x_4, x_5\}$	3, 5, 7, 8	6	0.125

10.2　高维稀疏数据优化调整聚类

经典的高维稀疏数据聚类算法 CABOSFV 一旦生成集合就不再进行调整，仅需一次数据扫描就生成聚类结果，使得最终的聚类结果受到聚类过程中集合归并结果的影响。本节给出基于稀疏特征向量的优化调整聚类算法[81]ADJ-CABOSFV，在不增加参数数量的情况下，可以优化调整 CABOSFV 聚类形成的中间结果集合，使得同一类中的对象更加相似。

10.2.1　聚类思想

经典的基于稀疏特征向量的 CABOSFV 可以有效地对高维稀疏数据进行聚类。该算法定义了集合的稀疏特征差异度，直接对一个集合内所有对象的总体差异程度进行度量，不必计算两两对象之间的距离，利用稀疏特征向量对数据进行有效压缩精简，并通过一次数据扫描得到聚类结果。该算法计算复杂度低，效率高。但是一个对象一旦被归并入一个集合，就不再进行调整，最终的结果可能受聚类过程中集合归并结果的影响。

高维稀疏数据双向聚类算法 B-CABOSFV 提出了双向稀疏特征向量 B-SFV，

该向量不仅具有可加性，而且具有可减性，即在聚类过程中进行集合的归并和集合的分解时，可以通过定义的加法和减法运算进行双向稀疏特征向量 B-SFV 的计算，使得 B-CABOSFV 的聚类结果可以通过双向稀疏特征向量 B-SFV 进行调整，剔除集合中不合适的对象，并将剔除的对象分配到更合适的集合中。

虽然 B-CABOSFV 使得聚类结果可以进行调整，但是 B-CABOSFV 在进行聚类结果调整的过程中需要重新设置稀疏特征差异度的阈值 b 来控制集合的分解和集合的归并，增加了参数的数量，并且调整过程受到对象初始顺序的影响，B-CABOSFV 的不足详细说明如下。

1. 新阈值 b 的确定比较复杂

B-CABOSFV 增加了参数数量，需要确定新的稀疏特征差异度的阈值 b，并且确定工程比较复杂。如果确定了一个不合适的稀疏特征差异度阈值 b，可能需要多次调整才能得到满意的聚类结果，甚至不能得到满意的聚类结果。

2. 被剔除的对象可能不合适

当 B-CABOSFV 对一个集合进行分解调整时，只剔除集合中最后一个对象，因此有可能将最适合被剔除的对象保留在集合中，调整结果对对象的初始顺序比较敏感。

本节给出的高维稀疏数据优化调整聚类算法 ADJ-CABOSFV，可以优化调整 CABOSFV 聚类形成的中间结果集合，使同一类中的对象更加相似，体现在如下几个方面。

(1) ADJ-CABOSFV 与经典 CABOSFV 一样只保留一个输入参数，即稀疏特征差异度的阈值 b，在不增加参数数量的情况下，可以将前面形成的集合中的一些对象剔除，然后调整到其他集合，使得调整后的集合具有更小的稀疏差异度，集合内的对象更相似，被剔除的对象也可以归并到更合适的集合中。

(2) 在 ADJ-CABOSFV 进行调整的过程中，每次剔除对象的选择都是寻找最适合被剔除的对象，逐一剔除集合中最不适合的对象，使调整集合中对象的相似度最大化。调整方法不受集合中对象初始顺序的影响，调整过程与对象的初始顺序无关，聚类结果更加稳定。

(3) ADJ-CABOSFV 在聚类过程中，将数据对象集合分成相等的两部分，先对每一部分数据对象集合进行经典的 CABOSFV 聚类，再对这部分聚类结果进行剔除和归并，之后在第一部分数据对象 ADJ-CABOSFV 聚类结果的基础上，继续进行第二部分数据对象的 ADJ-CABOSFV 聚类，得到全部数据对象的最终聚类结果，可以尽早发现聚类过程中集合归并结果的偏差，避免影响后续的聚类。

10.2.2 聚类过程

假设有n个对象，描述第i个对象的m个二值属性值为$x_{i1},x_{i2},\cdots,x_{im}$，类内对象集合的稀疏差异度上限为$b$，则 ADJ-CABOSFV 处理步骤如下。

输入：包含n个对象的数据对象集合，每个对象由m个二值属性描述；稀疏差异度上限b。

输出：由 ADJ-CABOSFV 聚成的k个类。

步骤 1：将数据对象集合群分成相等的两部分。

步骤 2：对第一部分数据对象通过使用经典的 CABOSFV 进行聚类，创建生成k个集合。

步骤 3：对第一部分数据对象创建生成的k个集合，计算集合的平均对象数目$a=(|C_1|+|C_2|+\cdots+|C_k|)/k$，其中$|C_1|,|C_2|,\cdots,|C_k|$分别表示$k$个集合中的对象数目，对象数目大于$a$的集合需要进行调整，从$k$个集合中选择需要调整的集合。

步骤 4：对于第一个需要调整的集合，剔除最适合被剔除的对象，即剔除该对象后使该集合的稀疏差异度下降最多，得到更新后的第一个集合。对于更新后的第一个集合，剔除最适合被剔除的对象，即剔除该对象后使该集合的稀疏差异度下降最多，得到再次更新后的第一个集合。对于再次更新后的第一个集合继续进行类似的调整，直到满足下面两个条件之一而停止调整：①剔除任何对象都不能使该集合的稀疏差异度下降；②该集合中的对象数目减少到a。

步骤 5：将在步骤 4 被剔除的对象归并入已生成的k个集合中，每个被剔除的对象都是归并入使得归并入后的稀疏差异度不大于稀疏差异度上限b且最小的集合中，如果被剔除的对象归并入任何一个集合后的稀疏差异度都大于稀疏差异度上限b，则为其创建一个新的集合，$k=k+1$。

步骤 6：对于其他需要调整的集合，采用步骤 4 和步骤 5 的类似过程进行剔除和归并。

步骤 7：在前面聚类过程中集合归并结果的基础上，对第二部分数据对象继续使用经典的 CABOSFV 进行聚类，创建生成的全部集合个数记为k。

步骤 8：采用步骤 3 的方法从k个集合中选择需要调整的集合，采用步骤 4～步骤 6 的类似过程进行剔除和归并。

步骤 9：得到的k个集合为最终的聚类结果。

ADJ-CABOSFV 将数据对象集合分为两部分，先对第一部分数据对象进行聚类及调整，然后在第一部分数据对象聚类调整后结果的基础上继续对第二部分数据对象进行聚类，再对创建生成的全部数据对象集合进行调整。这样，ADJ-CABOSFV 可以尽早发现聚类过程中集合归并结果的偏差，避免影响后续的聚类，进而提高聚类质量。

10.2.3　算法示例

设有 15 个客户对象，客户序号记为O_i，$i \in \{1,2,\cdots,15\}$，描述每个客户的属性有 48 个，即该客户对 48 种产品的订购情况，产品序号记为A_j，$j \in \{1,2,\cdots,48\}$，客户订购产品的情况如表 10-3 所示。现在需要根据这 15 个客户对 48 种产品订购的相似情况进行客户的聚类，这是一个 15 个对象 48 个属性维的聚类问题。

表 10-3　15 个客户对 48 种产品的订购情况

客户对象序号		订购产品序号
第一部分客户对象	1	1, 3, 4, 5, 6, 7, 8, 10, 11, 12, 22, 23, 25, 26, 34, 35, 36, 37, 43
	2	1, 3, 4, 5, 6, 7, 8, 10, 11, 12, 20, 21, 22, 26, 28, 35, 39
	3	1, 3, 6, 7, 22, 24
	4	1, 3, 4, 6, 7, 8, 10, 22, 24, 26, 29, 35, 42
	5	1, 3, 4, 5, 6, 8, 10, 11, 15, 22, 23, 26, 28
	6	1, 8, 22, 23
	7	1, 3, 4, 6, 7, 8, 10, 11, 22, 26
第二部分客户对象	8	1, 3, 4, 5, 6, 8, 10, 17, 18, 22, 23, 28
	9	1, 3, 4, 5, 8, 22, 26, 28, 29
	10	1, 3, 4, 6, 7, 8, 10, 11, 12, 14, 16, 17, 22, 23, 24, 26, 28, 29, 30, 35, 47
	11	1, 3, 4, 5, 6, 8, 10, 16, 18, 20, 23, 28, 29, 34, 48
	12	1, 3, 4, 5, 6, 7, 8, 10, 11, 13, 22, 28, 41, 45
	13	1, 3, 4, 5, 6, 7, 8, 10, 11, 16, 19, 22, 26, 28, 29, 30, 35, 36, 37, 43, 44, 45
	14	1, 2, 3, 4, 5, 8, 22, 23, 24, 26, 27, 28, 39
	15	1, 3, 4, 5, 6, 8, 10, 11, 22, 26, 28

稀疏特征差异度的阈值b设定为 0.5，采用 CABOSFV 得到的聚类结果如表 10-4 所示。在形成的类中，类$X_2^{(1)}$、$X_4^{(1)}$、$X_6^{(1)}$、$X_7^{(1)}$、$X_8^{(1)}$都仅包含一个客户，为孤立对象类，从形成的类中除去。由 CABOSFV 得到的最终聚类结果为$X_1^{(1)}$、$X_3^{(1)}$、$X_5^{(1)}$ 3 个类，包含的客户分别为{1, 2, 5, 12}、{4, 7, 10}和{8, 9, 15}。

表 10-4　采用 CABOSFV 得到的聚类结果

类	客户	客户数	SFD
$X_1^{(1)}$	1, 2, 5, 12	4	0.5000
$X_2^{(1)}$	3	1	0

续表

类	客户	客户数	SFD
$X_3^{(1)}$	4, 7, 10	3	0.4815
$X_4^{(1)}$	6	1	0
$X_5^{(1)}$	8, 9, 15	3	0.3810
$X_6^{(1)}$	11	1	0
$X_7^{(1)}$	13	1	0
$X_8^{(1)}$	14	1	0

稀疏特征差异度的阈值b设定为 0.5，采用 ADJ-CABOSFV 得到的聚类结果如表 10-5 所示。在形成的类中，类$X_2^{(1)}$、$X_4^{(1)}$、$X_7^{(1)}$、$X_8^{(1)}$、$X_9^{(1)}$都仅包含一个客户，为孤立对象类，从形成的类中除去。由 ADJ-CABOSFV 得到的最终聚类结果为$X_1^{(1)}$、$X_3^{(1)}$、$X_5^{(1)}$、$X_6^{(1)}$ 4 个类，包含的客户分别为{5, 8, 15}、{2, 4, 7}、{1, 13}和{9, 14}。

表 10-5　采用 ADJ-CABOSFV 得到的聚类结果

类	客户	客户数	SFD
$X_1^{(1)}$	5, 8, 15	3	0.2222
$X_2^{(1)}$	3	1	0
$X_3^{(1)}$	2, 4, 7	3	0.4074
$X_4^{(1)}$	6	1	0
$X_5^{(1)}$	1, 13	2	0.3667
$X_6^{(1)}$	9, 14	2	0.3750
$X_7^{(1)}$	11	1	0
$X_8^{(1)}$	12	1	0
$X_9^{(1)}$	10	1	0

可以看出，ADJ-CABOSFV 的聚类结果中集合的稀疏差异度总体上比 CABOSFV 的聚类结果中集合的稀疏差异度小，表明 ADJ-CABOSFV 聚类效果更好。

针对 CABOSFV 聚类结果无法调整的问题，ADJ-CABOSFV 将数据对象集合分成两部分，先后分两次对数据对象聚类后，选取合适的集合进行调整，并逐一剔除会使集合的 SFD 优化变小的对象。这种调整过程不受对象顺序的影响，可以消除初始聚类偏差对最终聚类结果的影响，而且不需要增加参数的数量，聚类的质量得到了提升。在 UCI 中选取三个标准数据集进行实验，也验证了 ADJ-CABOSFV 的聚类质量。

10.3　本 章 要 点

本章给出了高维稀疏数据双向聚类和高维稀疏数据优化调整聚类，解决了经典高维稀疏数据聚类算法每一次集合归并都不可逆而影响最终聚类结果的问题，可以调整高维稀疏数据聚类形成的中间结果集合，使得同一类中的所有对象间更加相似。

(1) 基于稀疏特征向量的双向聚类算法定义了双向稀疏特征向量 B-SFV，不仅具有可加性，而且具有可减性，在聚类过程中进行集合的归并和分解时双向稀疏特征向量 B-SFV 可以通过定义的加法和减法运算分别进行增量和减量的计算，使得双向聚类的结果可以通过双向稀疏特征向量 B-SFV 进行调整，剔除集合中不合适的对象，并将剔除的对象分配到更合适的集合中。

(2) 基于稀疏特征向量的优化调整聚类算法，可以优化调整聚类形成的中间结果集合，使得同一类中的所有对象间更加相似，进而使聚类的质量得到提升。这种调整过程会选取合适的中间结果集合，并逐一剔除对象使集合的稀疏差异度优化变小，不受对象顺序的影响，并可以消除初始聚类偏差对最终聚类结果的影响。

第 11 章　聚类趋势发现

本章给出聚类趋势发现问题及基于距离趋势的聚类趋势发现 (clustering tendency discovery by distance tendency，CTDDT)算法。CTDDT 算法利用 1, 2, ⋯, τ 时刻稳定原子类之间的距离确定对象在 $\tau+1$ 时刻的聚类情况，可以避免大量不必要的计算。而且，CTDDT 算法可以用于分析对象群体的聚类趋势及奇异个体的聚类趋势。

11.1　聚类趋势发现问题

本节首先给出聚类趋势发现问题，然后讨论求解该问题的难点，最后针对聚类趋势发现问题的特点给出 CTDDT 算法的主要思想。

11.1.1　问题提出

聚类是把一组对象按照相似性归成若干类别，目的是使得属于同一类别的对象之间具有尽可能相似的特征，而属于不同类别中的对象之间具有尽可能的相对独立性。在传统的聚类算法研究和应用上，一般以聚类算法的有效性和高效性作为研究的重点，而不考虑数据的时间特征。在此介绍的聚类趋势发现问题，是在考虑数据的时间特征的基础上研究聚类问题，根据历史聚类情况预测对象在未来的聚类趋势。

聚类趋势发现问题可以描述为假设有 n 个对象，描述每个对象的属性有 m 个，描述第 i 个对象第 j 个属性在时刻 t 的取值为 $x_{ij}(t)$ ，$t=1,2,\cdots,\tau$ ，在已知时刻 t ，$t=1,2,\cdots,\tau$ 聚类情况的条件下，预测该 n 个对象在时刻 $\tau+1$ 的聚类情况。

聚类趋势发现问题研究的意义体现在如下几个方面。

(1) 适应了具有时间特征的数据分析要求。万物都是不断地发展变化的，时间特征是一个固有的属性，许多研究问题都要考虑数据的时间特征。事物的聚类也不是一成不变的，一些聚类问题需要研究其随着时间而发生变化的情况。例如，在营销分析中客户的聚类会随着时间的推移而发生变化；在城市发展研究中城市的聚类也会随着经济的发展而逐渐发生变化等。

(2) 有利于聚类知识发现技术与数据仓库更紧密的结合。数据仓库面向分析型应用，时间属性是数据仓库非常重要的一个基本特征。数据仓库的时间特征使得数据量增大，数据结构也更加复杂，但同时为数据挖掘提供了更为广阔的空间。聚类趋势发现可以充分利用数据仓库中具有时间特征的数据，研究对象未来的聚类趋势。

(3) 分析研究归入一个类的群体的变动趋势。聚类是将满足相似性条件的对象划分在一个类中，不满足相似性条件的对象划分在不同的类中，归入一个类中的对象具有共性。有时，需要对形成的各个类的变动趋势进行研究，而不仅是研究对象个体。例如：在客户关系管理中，不仅要分析具体客户的行为，而且要研究客户群的行为特点及变动趋势。

(4) 研究发现变动趋势奇异的个体。通过对聚类趋势的研究，不仅能分析归入一个类的群体的变动趋势，而且能够发现变动趋势奇异的个体。变动趋势奇异个体的出现可能是正常的情况，但在很多情况下意味着这是非常重要的值得关注的信息，如金融业务中出现了欺诈、企业营销中出现了客户流失等。

11.1.2　问题难点

聚类趋势发现问题的求解存在着一定的难度。每一个对象个体在 $\tau+1$ 时刻的属性取值是未知的，在 $\tau+1$ 时刻对象间的相似程度更是未知的，因此无法直接进行 $\tau+1$ 时刻对象的聚类。

比较朴素的求解思路是：首先针对每一个对象的每一个属性取值进行预测，得到在 $\tau+1$ 时刻所有对象在各属性维上的取值，然后进行对象间差异度的计算，从而进行聚类。该方法存在着一定的可行性。先进行对象属性取值预测，然后研究聚类趋势问题，可以说是既研究了个体变动趋势，也研究了群体变动趋势。这是该方法的一个优点。但是，从方法的可行性和必要性上，该方法都存在着许多不足，主要体现在如下几个方面。

(1) 在对象数目很大且描述对象的属性数目很多的情况下，针对每一个对象的每一个属性取值进行预测，计算量非常大。如果能够找到新的方法，不必针对每一个对象的每一个属性取值进行预测，那么计算量将大大减少。

(2) 在对象数目非常大的情况下，人们往往更为关注群体行为，以及行为奇异的个体，而并不对所有的对象个体给予同等的关注。如果能够直接进行群体的划分及发现行为奇异的个体，那么就没有必要针对每一个对象的每一个属性取值进行预测。

(3) 对象在 $\tau+1$ 时刻的聚类情况与 $1,2,\cdots,\tau$ 时刻的聚类情况存在着一定的联系。在采用上述方法求解 $\tau+1$ 时刻的聚类时，没有利用 $1,2,\cdots,\tau$ 时刻的聚类信息，而是通过大量的计算所有对象在 $\tau+1$ 时刻的属性值来确定 $\tau+1$ 时刻的聚类。

基于以上几个方面的不足，给出 CTDDT 算法。该方法不必预测每一个对象每一个属性在$\tau+1$时刻的取值，而是利用$1,2,\cdots,\tau$时刻的聚类信息求解对象在$\tau+1$时刻的聚类情况。

11.1.3 聚类趋势发现思想

针对聚类趋势发现问题的特点，给出 CTDDT 算法的主要思想。CTDDT 算法利用$1,2,\cdots,\tau$时刻的相似度情况及其他聚类信息求解对象在$\tau+1$时刻的聚类情况，其主要思想体现在如下几个方面。

(1) 聚类算法不必预测每一个对象的各属性在$\tau+1$时刻的取值，而是利用$1,2,\cdots,\tau$时刻对象的相似度情况，直接通过预测的方法得到$\tau+1$时刻对象间的相似程度用于聚类分析。对象间的相似程度是通过对象间的距离来衡量的，只要得到了$\tau+1$时刻对象间的差异度，就可以进行聚类分析的相关处理，而并不需要得到每一个对象的各属性在$\tau+1$时刻的取值，因此采用 CTDDT 算法可以节省不必要的计算时间。

(2) 采用预测的方法得到$\tau+1$时刻对象间的差异度是可行的。对象在$1,2,\cdots,\tau$时刻的聚类情况是已知的，只要选择一种合适的趋势预测方法(如移动平均法、指数平滑法、最小二乘法等)，就可以根据对象在$1,2,\cdots,\tau$时刻的差异度数据，计算得到$\tau+1$时刻的对象差异度情况。

(3) 在对象数目很大的情况下，预测$\tau+1$时刻对象间差异度的计算量很大。为了降低计算量，CTDDT 聚类并不计算在$\tau+1$时刻所有对象间的差异度，而是通过定义的“稳定原子类”的概念减小了问题的规模。一个稳定原子类(nonvolatile atomic cluster，NAC)为在时刻t，$t=1,2,\cdots,\tau$一直归入在同一个类中的对象集合。在确定$\tau+1$时刻的聚类问题时，每一个原子类可以作为一个初始子类，从而将问题转化为初始子类的聚类问题。由于原子类的个数一般小于全部对象的个数n，所以转化后聚类问题的规模比原问题小。

11.2 概 念 基 础

首先给出稳定原子类的定义，然后讨论距离趋势的计算方法。稳定原子类和距离趋势是 CTDDT 聚类的概念基础。

11.2.1 稳定原子类

定义 11-1(稳定原子类)：假设有n个对象，并已知该n个对象在时刻t，$t=1,2,\cdots,\tau$的聚类相关信息，对象O_i在时刻t所归入的类标记为$\text{cluster}(i,t)$，那么一个稳定原子类为在时刻t，$t=1,2,\cdots,\tau$一直归入在同一个类中的对象集合，

简称为原子类，记为 NAC ，即对一个稳定原子类中的任意两个对象 O_i 和 O_j ，满足

$$\text{cluster}(i,t)=\text{cluster}(j,t)\,,\qquad t=1,2,\cdots,\tau$$

由稳定原子类的定义可知：一个稳定原子类中的对象个数⩾1。如果一个对象在时刻 t ， $t=1,2,\cdots,\tau$ 没有同任何一个其他对象一直归入在同一个类中，那么该对象自身构成的就是一个只包含一个对象的稳定原子类。

在 CTDDT 算法中，针对稳定原子类给出如下假定：在时刻 t ， $t=1, 2, \cdots, \tau$ 的一个稳定原子类中的对象在 $\tau+1$ 时刻仍然在同一个原子类中，即

$$\text{cluster}(i,\tau+1)=\text{cluster}(j,\tau+1)$$

根据上述原子类的稳定性假定，在确定 $\tau+1$ 时刻的聚类问题时，每一个原子类可以作为一个初始子类，从而将问题转化为初始子类的聚类问题。原子类的个数一般小于全部对象的个数 n ，因此转化后聚类问题的规模比原问题小。当然，在每一个原子类都只包含一个对象的情况下，原子类的聚类问题就是全部 n 个对象的聚类问题。

11.2.2 距离趋势的计算

定义 11-2 (对象间的距离趋势)：假设有 n 个对象，并已知该 n 个对象在时刻 t ， $t=1,2,\cdots,\tau$ 的聚类相关信息，在时刻 t 对象 O_i 和 O_j 之间的距离记为 $d(O_i,O_j,t)$ ， $i\in\{1,2,\cdots,n\}$ ， $j\in\{1,2,\cdots,n\}$ ， $t=1,2,\cdots,\tau$ ，那么对象 O_i 和 O_j 在时刻 $\tau+1$ 的距离趋势为时间序列 $d(O_i,O_j,t)$ ， $t=1, 2, \cdots, \tau$ 在时刻 $\tau+1$ 的预测值。

定义 11-3(原子类间的距离趋势)：假设有 n 个对象，并已知该 n 个对象在时刻 t ， $t=1,2,\cdots,\tau$ 的聚类相关信息，稳定原子类记为 $c(\tau)$ 个，分别记为 NAC_r ， $r=1, 2, \cdots, c(\tau)$ ，在时刻 t 稳定原子类 NAC_i 和 NAC_j 之间的距离记为 $d(\text{NAC}_i,\text{NAC}_j,t)$ ， $i=1,2,\cdots,c(\tau)$ ， $j=1, 2, \cdots, c(\tau)$ ， $t=1,2,\cdots,\tau$ ，那么稳定原子类 NAC_i 和 NAC_j 在时刻 $\tau+1$ 的距离趋势为时间序列 $d(\text{NAC}_i,\text{NAC}_j,t)$ ， $t=1,2,\cdots,\tau$ 在时刻 $\tau+1$ 的预测值。

在计算原子类间的距离趋势时，需要重点考虑两个问题：一是如何根据 $t=1, 2, \cdots, \tau$ 的时间序列得到在时刻 $\tau+1$ 的预测值；二是稳定原子类之间的距离如何进行计算。

对于时间序列预测值的计算，可以根据具体问题选择适合的预测方法。算术移动平均法、加权移动平均法、指数平滑法、最小二乘法等是比较常见的趋势预测方法。那么，两个稳定原子类之间的距离如何计算呢？假设 NAC_i 和 NAC_j 是两个稳定原子类， n_i 和 n_j 分别是 NAC_i 和 NAC_j 两个稳定原子类中的对象数目，

O_i为NAC_i中的任意一个对象，O_j为NAC_j中的任意一个对象，f_i为NAC_i中对象的平均值，f_j为NAC_j中对象的平均值，可以采用下面四种距离来计算两个稳定原子类之间的差异度。

(1) 平均值距离：$d_{\mathrm{mean}}(\mathrm{NAC}_i,\mathrm{NAC}_j)=d(f_i,f_j)$。

(2) 平均距离：$d_{\mathrm{average}}(\mathrm{NAC}_i,\mathrm{NAC}_j)=\dfrac{1}{n_i n_j}\sum\limits_{O_i\in \mathrm{NAC}_i,O_j\in \mathrm{NAC}_j} d(O_i,O_j)$。

(3) 最大距离：$d_{\max}(\mathrm{NAC}_i,\mathrm{NAC}_j)=\max\limits_{O_i\in \mathrm{NAC}_i,O_j\in \mathrm{NAC}_j} d(O_i,O_j)$。

(4) 最小距离：$d_{\min}(\mathrm{NAC}_i,\mathrm{NAC}_j)=\min\limits_{O_i\in \mathrm{NAC}_i,O_j\in \mathrm{NAC}_j} d(O_i,O_j)$。

在 CTDDT 算法中，在确定了时间序列的预测方法及稳定原子类之间距离的计算方法之后，就能够以距离趋势作为差异度判断标准，求解稳定原子类在时刻$\tau+1$的聚类情况。

11.3 聚 类 过 程

本节给出 CTDDT 算法的详细算法步骤，并讨论在 CTDDT 算法中主要用到的四部分数据间的关系。

11.3.1 算法步骤

假设有n个对象，在已知该n个对象在时刻t，$t=1,2,\cdots,\tau$的聚类信息的情况下，预测该n个对象在时刻$\tau+1$聚类的 CTDDT 算法处理流程见图 11-1，具体步骤如下。

输入：n个对象，第i个对象O_i在时刻t所归入的类标记为$\mathrm{cluster}(i,t)$，$i=1,2,\cdots,n$，$t=1,2,\cdots,\tau$。

输出：n个对象在时刻$\tau+1$的聚类情况。

步骤 1：根据稳定原子类的定义确定稳定原子类，稳定原子类有$c(\tau)$个，分别记为NAC_r，$r=1,2,\cdots,c(\tau)$。

步骤 2：按指定的原子类间距离的计算方法计算原子类间的距离，在时刻t稳定原子类NAC_i和NAC_j之间的距离记为$d(\mathrm{NAC}_i,\mathrm{NAC}_j,t)$，$i=1,2,\cdots,c(\tau)$，$j=1,2,\cdots,c(\tau)$，$t=1,2,\cdots,\tau$。

步骤 3：按指定的时间序列预测方法，计算稳定原子类NAC_i和NAC_j在时刻$\tau+1$的距离趋势，即时间序列$d(\mathrm{NAC}_i,\mathrm{NAC}_j,t)$，$i=1,2,\cdots,c(\tau)$，$j=1,2,\cdots,c(\tau)$，$t=1,2,\cdots,\tau$在时刻$\tau+1$的预测值。

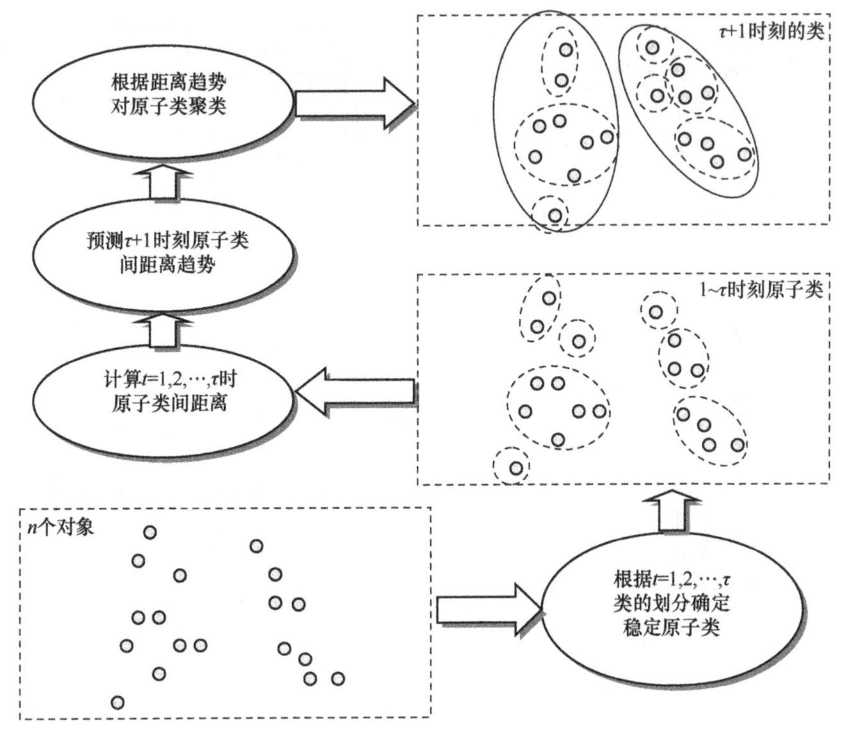

图 11-1　CTDDT 算法的处理流程示意图

步骤 4：以每一个稳定原子类作为一个初始子类，根据 $t=\tau+1$ 时刻原子类间的距离趋势，求解聚类趋势，即时刻 $\tau+1$ 的聚类情况。

11.3.2　数据关系

在 CTDDT 算法中，主要用到下面四部分数据：

(1) 在时刻 $t=1,2,\cdots,\tau$ 类的划分；

(2) 在时刻 $t=1,2,\cdots,\tau$ 对象间的距离；

(3) 在时刻 $t=1,2,\cdots,\tau$ 稳定原子类间的距离；

(4) 在时刻 $t=\tau+1$ 稳定原子类间的距离趋势。

这四部分数据间的关系如图 11-2 所示：全部 n 个对象在时刻 $t=1,2,\cdots,\tau$ 类的划分和对象间的距离是已知的聚类信息；根据在时刻 $t=1,2,\cdots,\tau$ 类的划分情况可以确定在时刻 $t=1,2,\cdots,\tau$ 的稳定原子类；根据稳定原子类的划分及在时刻 $t=1,2,\cdots,\tau$ 对象间的距离可以确定稳定原子类间的距离；根据在时刻 $t=1,2,\cdots,\tau$ 稳定原子类间的距离可以预测在时刻 $t=\tau+1$ 稳定原子类间的距离趋势，该距离趋势为在时刻 $t=\tau+1$ 稳定原子类聚类的差异度判断标准。

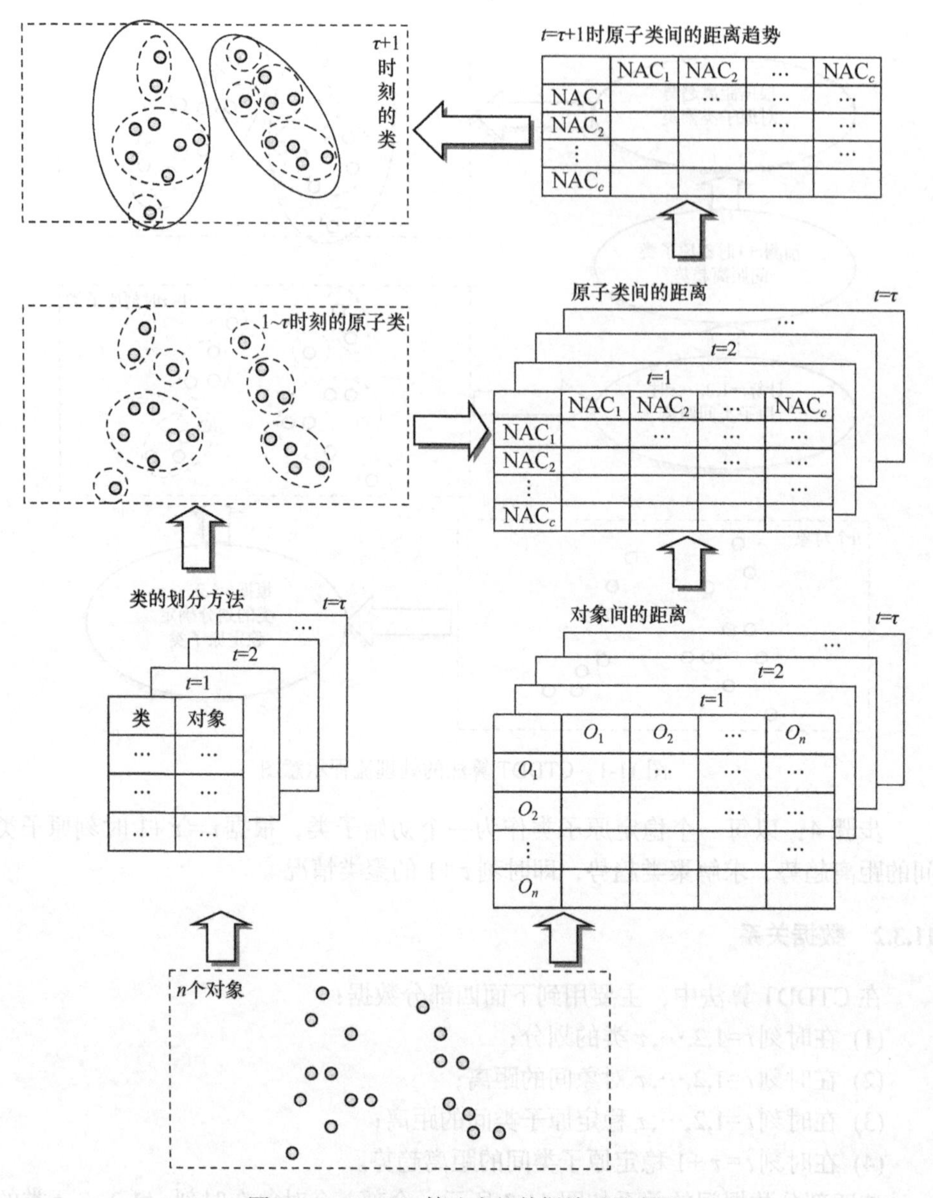

图 11-2　CTDDT 算法中的数据关系示意图

CTDDT 算法利用 1,2,⋯,τ 时刻原子类间的距离确定对象在 $\tau+1$ 时刻的聚类情况，不必对每一个对象的各属性预测在 $\tau+1$ 时刻的取值，因此可以避免大量不必要的计算。而且，CTDDT 算法将每一个原子类作为一个初始子类，从而将问题转化为初始子类的聚类问题。原子类的个数一般小于全部对象的个数 n，转化后聚类问题的规模比原问题小，进一步降低了计算量。另外，CTDDT 算法通过对所有子类进行再聚类得到在$\tau+1$ 时刻的聚类情况，可以用于分析对象群体的聚类趋势及奇异个体的聚类趋势。

11.4 算 法 示 例

通过一个数值例子，给出聚类趋势发现问题描述，并进一步给出 CTDDT 算法的详细聚类过程及结果。

11.4.1 问题描述

假设有 5 个对象，并已知该 5 个对象在时刻$t=1,2,\cdots,6$ 的聚类相关信息，包括在时刻$t=1,2,\cdots,6$ 对象间的距离及类的划分情况，分别如表 11-1 和表 11-2 所示。现在需要根据上述信息预测在时刻$t=7$ 时的聚类情况。

表 11-1　时刻 t=1, 2, …, 6 的对象间距离

对象	t=1					t=2				
	1	2	3	4	5	1	2	3	4	5
1	0	3.2	2.4	4.2	3.1	0	3.1	2.5	4.2	3.2
2		0	2.8	1.0	1.8		0	2.8	1.1	1.9
3			0	4.3	2.8			0	4.4	2.8
4				0	3.5				0	3.6
5					0					0

对象	t=3					t=4				
	1	2	3	4	5	1	2	3	4	5
1	0	2.8	2.5	3.8	3.3	0	2.5	3.0	4.0	3.4
2		0	2.6	1.5	2.2		0	2.7	1.6	2.6
3			0	4.5	2.6			0	4.7	2.5
4				0	3.7				0	3.9
5					0					0

对象	t=5					t=6				
	1	2	3	4	5	1	2	3	4	5
1	0	2.8	2.9	3.6	3.6	0	1.8	3.2	3.6	3.6
2		0	2.6	1.9	2.9		0	2.8	1.8	2.9
3			0	4.8	2.5			0	4.9	2.3
4				0	3.8				0	4.0
5					0					0

表 11-2 时刻 t=1, 2, …, 6 时的类划分

时刻 t	类划分
t=1	{2, 4, 5}, {1, 3}
t=2	{2, 4, 5}, {1, 3}
t=3	{2, 4, 5}, {1, 3}
t=4	{1, 2, 4}, {3, 5}
t=5	{1}, {2, 4}, {3, 5}
t=6	{1, 2, 4}, {3, 5}

11.4.2 过程及结果

首先针对上述问题确定稳定原子类。针对表 11-2 在时刻 t =1,2,…,6 的类的划分情况，可知：由对象 2 和对象 4 组成一个原子类，其他对象独自组成一个原子类，因此共有 4 个原子类，分别为{1}、{2,4}、{3}和{5}。采用最小距离进行原子类间距离的计算，计算结果见表 11-3。

表 11-3 时刻 t=1, 2, …, 6 稳定原子类间的距离

类	t=1				t=2			
	{1}	{2,4}	{3}	{5}	{1}	{2,4}	{3}	{5}
{1}	0	3.2	2.4	3.1	0	3.1	2.5	3.2
{2,4}		0	2.8	1.8		0	2.8	1.9
{3}			0	2.8			0	2.8
{5}				0				0

类	t=3				t=4			
	{1}	{2,4}	{3}	{5}	{1}	{2,4}	{3}	{5}
{1}	0	2.8	2.5	3.3	0	2.5	3.0	3.4
{2,4}		0	2.6	2.2		0	2.7	2.6
{3}			0	2.6			0	2.5
{5}				0				0

类	t=5				t=6			
	{1}	{2,4}	{3}	{5}	{1}	{2,4}	{3}	{5}
{1}	0	2.8	2.9	3.6	0	1.8	3.2	3.6
{2,4}		0	2.6	2.9		0	2.8	2.9
{3}			0	2.5			0	2.3
{5}				0				0

然后，选择时间序列预测方法，根据在时刻 $t=1, 2, \cdots, 6$ 时原子类间的距离预测 $t=7$ 时原子类间的距离趋势。在采用算术移动平均法，每一次求平均数的时间跨度为 3 的情况下，求得 $t=7$ 时原子类间的距离趋势如表 11-4 所示。

最后，根据计算所得 $t=7$ 时原子类间的距离趋势，确定聚类趋势。在本例中，若将距离小于 2.5 的原子类划归在一个类中，则可得 $t=7$ 时原子类{1}和{2，4}在一个类中，原子类{3}和{5}在一个类中，因此在 $t=7$ 时聚类趋势为{1，2，4}和{3，5}两个类。

表 11-4　t=7 时刻原子类间的距离趋势

类	{1}	{2,4}	{3}	{5}
{1}		1.71	3.49	3.73
{2,4}			2.84	3.26
{3}				2.23
{5}				

11.5　本 章 要 点

本章给出了聚类趋势发现问题及基于距离趋势的 CTDDT 算法。CTDDT 算法可用于分析对象群体的聚类趋势及奇异个体的聚类趋势。

(1) CTDDT 算法利用 $1,2,\cdots,\tau$ 时刻原子类间的距离确定对象在 $\tau+1$ 时刻的聚类情况，不必预测每一个对象的各属性在 $\tau+1$ 时刻的取值，而是利用 $1,2,\cdots,\tau$ 时刻对象的相似度情况，直接通过预测方法得到 $\tau+1$ 时刻对象间的相似程度用于聚类过程。对象间的相似程度通过对象间的距离来衡量，只要得到了 $\tau+1$ 时刻对象间的差异度，就可以进行聚类过程的相关处理，而并不需要得到每一个对象的各属性在 $\tau+1$ 时刻的取值，节省计算时间。

(2) CTDDT 算法通过定义的“稳定原子类”减小问题的规模。一个稳定原子类为在时刻 t，$t=1,2,\cdots,\tau$ 一直归在同一个类中的对象集合。在确定 $\tau+1$ 时刻的聚类问题时，每一个原子类可以作为一个初始子类，从而将问题转化为初始子类的聚类问题。由于原子类的个数一般小于全部对象的个数，进一步降低了计算量。

(3) CTDDT 算法通过对所有子类进行再聚类的方法得到在 $\tau+1$ 时刻的聚类情况，可以用于分析对象群体的聚类趋势及奇异个体的聚类趋势。

第 12 章　高维稀疏数据聚类知识发现应用

本章将介绍高维稀疏聚类知识发现面向管理问题的应用、面向数据组织的应用及相关实现技术。

12.1　面向管理问题的应用

12.1.1　高维稀疏客户数据存储

客户关系管理(customer relationship management，CRM)是一个获取、保持和增加可获利客户的过程。CRM 能帮助企业掌握客户的需求趋势，加强与客户的联系，有效地发掘和管理客户资源，获得市场竞争优势。客户细分是有效地进行 CRM 的基础，是 CRM 的核心内容之一。

客户知识的多元性与多源性决定了客户知识的高维特性，而个性化与离散化又决定其稀疏特性。一方面，客户知识难以定量，如客户的偏好程度、客户的忠诚度等对于企业决策具有重要意义的客户信息往往难以定量描述，并且即使能定量描述也不一定是必要的，有时档次的划分反而要比精确描述具有更重要的决策借鉴意义。另一方面，企业在决策时有时参考的不是客户数据的大小，而是客户数据的有无，如客户在近 2 个月内是否有购买企业产品、是否有浏览企业主页、是否向企业咨询有关信息等，这些客户数据对企业来说，重要的不是次数多少，而是事件是否发生。对于此类高维稀疏数据，企业的知识管理系统完全可以采取 0、1 变量[82]。

为了对客户知识的高维稀疏特性进行描述，引入稀疏判断阈值 b_j，$j \in \{1,2,\cdots,m\}$，将描述 n 个客户 m 个数值属性值 $x_{i1}, x_{i2}, \cdots, x_{im}$ 转换为二值属性值，表示为 $y_{i1}, y_{i2}, \cdots, y_{im}$，公式如下：

$$y_{ij} = \begin{cases} 1, & x_{ij} > b_j \\ 0, & x_{ij} \leqslant b_j \end{cases} \tag{12-1}$$

y_{ij}，$i \in \{1,2,\cdots,n\}$，$j \in \{1,2,\cdots,m\}$ 表明了各对象在各属性上的稀疏情况，称为第 i 个对象在第 j 个属性上的稀疏特征。实际上，从客户的角度来看，y_{ij}=1 表明第 i 个客户在第 j 个属性上订购企业产品、购买企业产品、浏览企业主页或向企业咨询有关信息等；如果 $y_{ij}=0$，则表明第 i 个客户在第 j 个属性上没有订购企业产品、没有购买企业产品、没有浏览企业主页、没有向企业咨询有关信息等。

对于客户知识所表现出的高维稀疏特性，引入 CABOSFV，求解二值属性高维稀疏数据的客户聚类问题。针对客户知识的高维稀疏特性，借助稀疏特征向量及其可加性原理，给出基于客户知识的客户 CABOSFV 聚类，并利用其进行实例分析。采用的营销数据来自某钢铁集团销售公司，由于客户订购的产品品种共有 121 个，即描述一个客户对象订购产品情况的属性共有 121 个，而每一个客户仅订购个别产品，故这是一个高维稀疏数据聚类问题，可以应用 CABOSFV 进行客户聚类。

实际上，为了提高算法的效率，可以充分利用位运算的特点使得 CABOSFV 的优势得到充分发挥。现假设待聚类数据如表 12-1 所示，给出应用位运算提高算法效率的方法。

表 12-1　待聚类数据

客户码	产品码
1	2
1	4
1	5
1	6
1	9
1	10
1	11
2	2
2	4
2	9
…	…

在表 12-1 中数据的基础上，做进一步的应用变换处理，不仅可以使数据得到进一步的精简，而且可以充分利用位运算的特点使得 CABOSFV 的优势得到充分发挥。对于表 12-1 中的数据，客户订购产品的稀疏特征应用二进制形式进行数据存储，转换关系及转换后保存稀疏特征的长整型数据 L 如表 12-2 所示。

表 12-2　客户订购产品的稀疏特征应用二进制形式进行的数据存储

客户码	客户订购产品的稀疏特征											转换关系	L
	1	2	3	4	5	6	7	8	9	10	11		
1	0	1	0	1	1	1	0	0	1	1	1	$2^1+2^3+2^4+2^5+2^8+2^9+2^{10}$	1850
2	0	1	0	1	0	0	0	0	1	0	0	$2^1+2^3+2^8$	266
…					…							…	…

这样，CABOSFV 直接处理的输入数据见表 12-3。

表 12-3　CABOSFV 直接处理的输入数据

客户码	L
1	1850
2	266
…	…

表 12-3 中的数据信息能够充分地支持 CABOSFV。这是因为，在 CABOSFV 中，最关键的是在对象归并时求对象稀疏特征皆为 1 的数据对象集合 S 和对象稀疏特征不全相同的数据对象集合 NS，而对于表 12-3 中的数据可以直接应用位运算进行集合的运算。例如，对于表 12-1 中的数据，采用集合的形式描述为

$$S(1)=\{2,4,5,6,9,10,11\},\qquad \mathrm{NS}(1)=\varnothing$$

$$S(2)=\{2,4,9\},\qquad \mathrm{NS}(2)=\varnothing$$

当客户 1 和客户 2 进行归并时，有

$$S(\{1,2\})=S(1)\cap S(2)=\{2,4,9\}$$

$$\mathrm{NS}(\{1,2\})=(S(1)\cup S(2))\setminus(S(1)\cap S(2))=\{5,6,10,11\}$$

用“&”表示“位与”运算；“|”表示“位或”运算；“～”表示“位补”运算。对于表 12-3 中的数据，采用位运算的计算过程如下：

$$\begin{aligned}S(\{1,2\})&=L(1)\,\&\,L(2)\\&=1850\ \&\ 266=(01011100111)_2\,\&\,(01010000100)_2\\&=(01010000100)_2=266\end{aligned}$$

$$\begin{aligned}\mathrm{NS}(\{1,2\})&=(L(1)\,|\,L(2))\,\&\,(\sim(L(1)\,\&\,L(2)))\\&=(1850\,|\,266)\,\&\,(\sim(1850\ \&\ 266))\\&=((01011100111)_2\,|\,(01010000100)_2)\,\&\\&\quad(\sim((01011100111)_2\,\&\,(01010000100)_2))\end{aligned}$$

$$
\begin{aligned}
&=(01011100111)_2 \,\&\, (\sim(01010000100)_2)\\
&=(01011100111)_2 \,\&\, (10101111011)_2\\
&=(00001100011)_2\\
&=1584
\end{aligned}
$$

应用位运算所得的计算结果与一般集合运算的计算结果是完全相同的。另外，许多程序语言直接支持位运算，而且运算速度非常快。所以，在此所做的进一步的应用变换处理，应用二进制形式进行数据存储，不仅使数据得到了进一步的精简，而且可以充分利用程序语言中位运算的特点使得 CABOSFV 的优势得到充分发挥。

12.1.2　图书馆读者群划分

图书馆读者群是具有相似兴趣和知识爱好的读者集合。科学合理地对读者群进行划分，了解读者群的文献需求，可为读者服务工作提供有用的信息。传统的读者群划分方法是以读者院系、专业、地区、性别、年龄等为条件，将读者归类为一个个虚拟的同属性群体，并未考虑读者的日常图书借阅行为，无法合理、有机地把具有相似借阅特征的各类读者予以重组。在读者图书借阅事务中，读者借阅图书的种类繁多，因此读者借阅图书信息的记录就成了高维数据。假定某个图书馆有 2 万名读者和 50 万种图书，为了分析读者的借阅行为，需要根据读者的借阅行为对读者进行聚类。读者是聚类的对象，各种图书的借阅情况是描述读者特征的属性。在该问题中，聚类属性个数为 50 万，但每个读者只可能借阅其中非常小的一部分图书。也就是说，每个读者对象都有很大一部分借阅属性的取值为零。这是一个 50 万维的高维稀疏聚类问题。引入 CABOSFV，用于求解二值属性的读者高维稀疏聚类问题[83]。

图书馆自动化管理系统中积累了大量的读者数据、图书数据和借阅历史记录等。这些数据是读者对文献需求的真实写照并且数据量还在不断地增长。这些数据具有数据集大、维度高、稀疏的特性，正是 CABOSFV 所解决的问题。以某高校图书馆自动化管理系统中的借阅历史数据为例，基于 CABOSFV 来说明借阅行为相似读者群发现的过程[83]。

(1) 从图书馆自动化管理系统中导出挖掘相关数据。图书馆自动化管理系统中包括了读者信息、书目信息和流通信息等。这些信息的数据结构比较庞大，很多属性与分析挖掘无关，这里只需抽取与挖掘事务数据集 D 相关的属性，包括借阅读者和图书类别。从读者信息中抽取的数据字段为读者表 A (读者记录号、读者证号)；从图书信息中抽取的数据字段为图书表 B (书目记录号、分类号)；从借阅信息中抽取的数据字段为借阅关系表 C (读者记录号、借阅书目记录号)。

将这些信息从自动化管理系统中导出到关系型数据库中。

(2) 对导出的数据转换生成事务数据集 D。事务数据集是聚类操作数据的输入。在挖掘事务数据中，由于每种图书存在复本量的限制，读者在借阅不到需要的某种图书时，往往会去借阅同类的其他图书，所以选择“中图法分类”属性层次来进行聚类，可得到有效的聚类结果。表 12-4 为按“中图法分类”属性层次生成的挖掘事务数据集 D，数据来源于所提取的读者表 A、图书表 B 和借阅关系表 C 数据。其中，表中的第一列给出了读者对象序号，第二列给出读者所借阅图书的“中图法分类”号的集合。收集了图书馆自动化管理系统中 23220 名读者在一年半时间所借阅的图书信息，其中图法类别(按中图法分类)有 35762 个。

表 12-4 挖掘事务数据集 D

读者对象序号 O_i	借阅图书类号集 A_j
1	H319.4，P208，TB111，TP312BA，TP312MA，TP7－43，TP722.5，TP75，TP751.1，TP872，TP873，U412.2，U448.14
2	H319.4，TQ0，TQ011，TQ014，TQ015，TQ016，TQ02，TQ02－33，TQ02－43，TQ021.8，TQ028，TQ050，TQ051.302
3	TP312BA，TQ0，TQ011，TQ013.1，TQ014，TQ015，TQ016，TQ016－39，TQ02，TQ02－33，TQ02－43，TQ021.8，TQ028，TQ050，TQ050.7，TQ051.302，TQ07－61，U412.2
…	…

(3) 基于事务数据集 D 完成聚类过程。根据以上信息，设定有 23220 个读者对象，读者对象序号记为 O_i，$i \in \{1, 2, \cdots, 23220\}$，描述每名读者的属性有 35762 个，即读者对 35762 类图书的借阅情况，图书类别序号记为 A_j，$j \in \{1, 2, \cdots, 35762\}$。根据这 23220 名读者对 35762 类图书的借阅情况应用 CABOSFV 进行读者聚类，取集合的稀疏差异度上限 $b = 0.6$。

(4) 实验结果及应用价值分析。应用 CABOSFV 对读者聚类形成的初始类如表 12-5 所示，可以看出，第 1 类中只包含了一名读者对象，它属于孤立对象类，应从形成的类中除去。基于 CABOSFV 的读者聚类结果中，每一个类表明了该类读者具有共同的借阅行为特征，可以对每类读者的借阅情况进行分析，例如：第 2 类的读者群包括了序号为 2、3、901、1923、5979、15790、16980、18984、26870 在内的读者对象，都借阅了 TQ0，TQ011，TQ014，TQ015，TQ016，TQ02，TQ021.8，TQ028，TQ050 化工相关的 9 种类别图书，表明该读者群中的读者对化工类图书存在共同的兴趣。

表 12-5　应用 CABOSFV 对读者聚类形成的初始类

类号	读者序号集	读者数	借阅相同图书类别数量	借阅不同图书类别数量	SFD
1	1	1	13	0	0
2	2，3，901，1923，5979，15790，16980，18984，26870，…	29	9	139	0.533
3	4，698，19609	3	6	8	0.444
4	5，77，91，198，509	5	3	9	0.600
…	…	…	…	…	…

利用基于高维聚类分析的方法，可以从大规模的读者借阅事务中挖掘借阅行为相似读者群，并从中分析出读者群的行为特征。借阅或访问行为相似读者群的识别可为图书馆的读者信息服务工作提供有用信息，如开展个性化推送服务、信息定制、资源订购决策支持和群信息交流等来提升图书馆的服务质量和信息资源利用率。

12.1.3　汉语词汇聚类分析

随着自然语言处理和文本挖掘技术的发展，从非结构化文本中挖掘和抽取相应的专门或通用知识以便更好地服务于基础和应用研究日益成为一种趋势。基于清华汉语树库，通过 CABOSFV 在汉语词汇句法功能分布知识库的基础上，挖掘词汇具体类别知识的研究是在这一趋势下的一种尝试[84]。挖掘的类别知识不仅可以应用到中文信息处理的汉语句法结构歧义消解上，而且对于构建大规模精确度更高的汉语树库具有重要的促进作用。

在 CABOSFV 的基础上，基于调整过的清华汉语词汇句法功能知识库，设定稀疏差异度阈值为 0.3，自动聚类后获得 20 类[84]，具体如表 12-6 所示。

表 12-6　基于清华汉语词汇句法功能知识库的聚类结果

编号	词汇数目	SFD	编号	词汇数目	SFD
1	12757	0.003332	9	2768	0.013975
2	9304	0.003929	10	1468	0.014831
3	8167	0.005842	11	527	0.034622
4	5798	0.006253	12	626	0.049683
5	3690	0.010334	13	303	0.039126
6	3879	0.009094	14	197	0.061237
7	2904	0.010753	15	56	0
8	2802	0.012807	16	45	0.018282

续表

编号	词汇数目	SFD	编号	词汇数目	SFD
17	85	0.022232	19	67	0.027027
18	22	0	20	43	0.017027

SFD 表示集合的稀疏差异度，一个类的 SFD 值越接近于 0，说明该类的内聚性越好，类内的数据密集程度越高。如果 SFD 值等于 0，则说明该聚类所有的对象分布完全一致，也就是该词条的所有句法功能分布完全一致。根据表 12-6 的分布情况可以得出如下结论：

(1) 在统计的所有具有句法功能的词汇中，绝大多数词汇的句法功能倾向于某几类，在这几个类别中汉语词语在语法功能分布上有着很高的一致性。前 3 类词汇数目为词条 30228 个，占了总词数的 54.46%，远超已有研究的比重。

(2) 而在中间的一些聚类出来的词汇，其处于 1000 以下的类比较多，这类词汇在一定程度上充分体现出了在句法上所具有的歧义，是自然语言处理应该重点关注的对象。

(3) 有两类 SFD 都是 0，说明这两类中的词汇句法功能是完全一致的，但数量比较少，这在一定程度上说明了在词汇句法功能上，完全一致的词汇数量确实比较少，这也符合自然语言在句子中的分布序列事实。

表 12-7 给出了基于清华汉语词汇句法功能知识库，在 CABOSFV 的基础上挖掘出来的词汇类别知识的前 10 类。

表 12-7　基于清华汉语词汇句法功能知识库挖掘出来的词汇类别

编号	词汇数目	词汇例证
1	12757	财政/n，国用/n，国家/n，思想/n，时期/n，赋税/n，负担/n，财富/n，原则/n，主张/v
2	9304	增长/vN，就业/vN，实现/v，是/vC，形成/vN，预期/vN，预期/v，改革/vN，能/vM，控制/vN
3	8167	中国/nS，苏联/nS，美国/nS，意大利/nS，法国/nS，C·卓别林/nP，祝福/nR，林家/nP，水平/n，方面/n
4	5798	有/v，结合/v，起来/vB，首当其冲/iV，中断/v，创业/v，停顿/vN，生产/vN，发展/vN，改革/vN
5	3690	成立/v，环境/n，垄断/vN，武装/vN，破坏/vN，借鉴/vN，操作系统/n，电影/n，联系/vN，沟通/vN
6	3879	绘画/n，小说/n，戏剧/n，审美/vN，容纳/vN，消费/vN，继承/vN，优秀/a，有益/a，本土/n
7	2904	新/a，蓬勃/a，一般/a，广泛/a，显著/a，重要/a，强有力/a，蓬勃/aD，迅速/aD，直接/aD

续表

编号	词汇数目	词汇例证
8	2802	别是/d，首次/d，很/dD，最先/d，相继/d，先后/d，更加/dD，特别是/d，大大/d，自动/d
9	2768	应用/vN，看到/v，研制/v，发明/v，问世/v，高/a，完整/a，低/a，点/n，水下/n
10	1468	用/p，将/p，有关/p，按/p，从/p，扩展/v，达/v，对于/p，由于/p，所/u

在对基于汉语词汇句法功能知识库挖掘出的词汇的 20 个类别知识基础上进行分析可以看出，词汇数量分布极为不均匀，这也在一定程度上反映了汉语词汇类别的事实，即汉语词汇主要是集中在名词、动词、形容词和副词等几大类别上，而通过聚类知识获取的类别知识验证了这一事实。对前 3 类和第 10 类结果进行分析如下。

第 1 类中主要是名词和动词这两类，又主要是名词，选取给出的 10 个样例就是一个证明。该类聚集的基本上是词汇句法功能主要出现在宾语这个位置上的词汇，有些动词也会出现在这个位置，所以从词汇句法功能的角度进行词汇归类，势必把一些动词与名词归在一起。

第 2 类充分体现了汉语名词与动词的兼类词问题。从聚类的结果中可以看出，这一类主要是动名兼类的问题比较突出，从具体句法功能分布的角度考虑，如 vN 这类词与动词的相似度更高一些，所以在第 2 类中出现了一定量的动词。

第 3 类的词汇类别知识聚集充分说明虽然人为地对一些词汇进行了细致的划分，但从充当的句法功能上看，这样的划分不一定便于解决问题，尤其是对自然语言处理中的歧义问题解决来说。

第 10 类的词汇分类充分说明了汉语中的介词和动词在句法功能上相似度的值是非常接近的，因此在处理动词的句法歧义问题时，应该在一定程度上借鉴介词的相应知识。

12.1.4　文献知识结构识别

文献是科学知识的载体，基于文献对某一个领域的知识结构进行识别是信息计量学领域的一个重要任务。探寻一个领域的知识结构不但能够揭示该领域的基本特征，而且对该领域研究人员也有重要的指导作用。

知识结构(intellectual structure)是指根据某一领域的科学文献进行分析，通过对基于某种关系构成的文献矩阵进行聚类而得到的组群及其关系。其中，每一组群对应该领域的一个研究子领域(或称研究主题)。

给定某领域的学术研究论文集合 $L=(P,K)$，其中，P 是该领域所有学术研究论文文献的集合，K 是论文包含的关键词的集合。使用二维表对高维稀疏聚类的输入数据进行表示，详见表 12-8。表中的“1”表示该文献使用过该关键词，例如，文献 P_1 关键词列表中没有 K_1，但有关键词 K_2。

表 12-8　“文献-关键词”矩阵示例

文献	K_1	K_2	…	K_m
P_1	0	1	…	1
P_2	1	0	…	1
…	…	…	…	…
P_n	1	1	…	0

假设有 n 个文献，一个文献类内文献集合的稀疏差异度上限为 b，则基于高维稀疏聚类算法 CABOSFV 进行文献聚类的具体过程是：由每一个文献建立一个集合，用稀疏特征向量描述各集合。从第一个开始进行数据扫描，在扫描的过程中完成文献类的创建和文献集合的归并。首先创建文献类 1，将文献 1 归入文献类 1，然后考察是否可以将文献 2 并入文献类 1(若文献 2 并入文献类 1 后形成的新稀疏差异度大于 b，则认为文献 2 并入文献类 1 不可行；否则，认为可行)。如果可行，则将文献 2 并入文献类 1；否则，创建一个新的文献类，将文献 2 归入该新文献类。然后考察是否可以将文献 3 并入已存在的文献类 1 或文献类 2 中，如果可行，则将文献 3 加入使得归入后的稀疏差异度最小的那个文献类中；否则，创建一个新的文献类，将文献 3 归入该新文献类。以此类推，直到所有对象扫描结束。这样，通过对文献数据的一次扫描就完成了全部文献类的创建和文献到文献类的归并。

在中国知网(CNKI)上搜索以“数据挖掘”为关键词的文献，选定范围为期刊，将时间设定为 2009～2018 年，检索得到 18712 条结果。将所有数据中没有关键词的数据都删除。经过三轮聚类，进行必要的孤立点排除和稀疏差异度上限 b 调整，得到 7 个类的研究主题归纳如表 12-9[85]所示。

第 1 类研究主题可以归纳为“基于数据挖掘技术的各类应用”，包含基于数据仓库进行的商业销售、基于关联规则挖掘的 Weka 数据挖掘应用、基于改进遗传算法的 k-means 聚类分析，这类研究很少涉及单纯的数据挖掘方法改进，往往是结合领域进行应用的。

第 2 类研究主题可以归纳为“数据挖掘在客户关系管理中的应用”，包含基于数据挖掘的客户智能分析和研究、数据挖掘细分客户群等文献。

第 3 类研究主题可以归纳为“推荐算法及分类算法研究”，这类文献用到了

“分类算法”“个性化推荐”等，这类文献还包含了数据挖掘在高校图书馆个性化推荐服务中的有效应用。

第 4 类研究主题可以归纳为“时间序列研究及大数据应用”，这类文献用到了“大数据时代”“时间序列”等，这类文献还包含了序列模式挖掘在教学管理上的应用、基于时间序列的模式挖掘研究、大数据时代的数据挖掘技术研究等文献。

第 5 类研究主题可以归纳为“中医数据挖掘”，这类文献用到了“用药规律”“中医传承辅助平台”“组方规律”“医案”等，研究基于数据挖掘方法的用药规律。

第 6 类研究主题可以归纳为“商务智能”，其中 OLAP (online analytical processing)意为联机分析处理，是数据仓库中的一种分析方法，而“商务智能”本身也是依托数据仓库发展起来的。

第 7 类研究主题可以归纳为“推荐系统与物联网应用”。

表 12-9　第三轮聚类结果的关键词词频统计

类	关键词词频
1	关联规则(853)，大数据(477)，数据仓库(378)，决策树(321)，聚类分析(238)，聚类(233)，云计算(217)，数据分析(176)，频繁项集(167)，分类(166)，入侵检测(164)，应用(161)，粗糙集(135)，算法(135)，电子商务(134)，神经网络(114)，图书馆(114)，数据库(111)，聚类算法(106)，关联分析(94)，遗传算法(94)，决策支持系统(90)，联机分析处理(88)，机器学习(84)，隐私保护(82)，决策支持(82)，数据处理(79)，客户关系管理(77)，网络安全(67)，个性化服务(67)，支持向量机(66)，知识发现(66)，预测(61)，企业(57)，数据流(56)，高校图书馆(54)，物联网(54)，支持度(54)，故障诊断(53)，教学评价(51)，商业智能(51)，商务智能(51)，数据预处理(50)，人工智能(50)，数字图书馆(49)，用药规律(48)，成绩分析(47)，可视化(45)，企业管理(42)，模型(41)，异常检测(40)，属性约简(40)，频繁模式(39)，推荐系统(39)，时间序列(36)，分类算法(36)，海量数据(34)，技术(33)，教学管理(33)，客户细分(32)，决策(32)，分析(30)，信息化(28)，研究(28)，数据(26)，大数据时代(25)，信息系统(25)，精准营销(25)，特征选择(24)，关联规则挖掘(23)，医案(22)，大数据技术(21)，综述(21)，学习分析(21)，中医药(20)，特征提取(20)，个性化推荐(20)，中药(19)，贝叶斯网络(18)，组方规律(17)，序列模式(17)，k-means 算法(16)，统计分析(16)，应用研究(14)，大数据分析(12)，计算机(12)，软件工程(10)，Apriori 算法(5)，针灸(5)，Weka(5)，Hadoop(4)，Web(4)，中医传承辅助平台(4)，OLAP(1)，Web 挖掘(1)，MapReduce(1)
2	技术(11)，计算机(8)，数据(7)，Hadoop(4)，客户细分(4)，大数据(3)，可视化(3)，模型(3)，人工智能(2)，MapReduce(2)，分析(2)，软件工程(2)，聚类(1)，支持向量机(1)，k-means 算法(1)，数字图书馆(1)，频繁模式(1)，Web(1)，信息化(1)，信息系统(1)，研究(1)，企业管理(1)，应用研究(1)
3	分类算法(6)，高校图书馆(5)，个性化推荐(5)，中医药(4)，海量数据(3)，推荐系统(2)，特征选择(2)，特征提取(2)，分析(2)，综述(2)，关联规则(1)，聚类分析(1)，应用(1)，图书馆(1)，数据预处理(1)，数字图书馆(1)，商业智能(1)，模型(1)，组方规律(1)，中药(1)，贝叶斯网络(1)，应用研究(1)
4	大数据时代(13)，时间序列(12)，异常检测(8)，序列模式(5)，可视化(4)，网络安全(4)，大数据分析(4)，应用研究(3)，数据库(2)，预测(2)，数字图书馆(2)，研究(2)，教学管理(2)，算法(1)，隐私保护(1)，人工智能(1)，k-means 算法(1)，频繁模式(1)，分类算法(1)，商务智能(1)，模型(1)，技术(1)，成绩分析(1)，海量数据(1)，大数据技术(1)，分析(1)，学习分析(1)，决策(1)，软件工程(1)，个性化推荐(1)

续表

类	关键词词频
5	用药规律(64)，中医传承辅助平台(53)，组方规律(19)，中医药(12)，聚类分析(7)，医案(7)，中药(7)，精准营销(6)，关联分析(5)，针灸(5)，信息化(4)，大数据技术(4)，物联网(2)，大数据分析(2)，聚类(1)，频繁项集(1)，图书馆(1)，客户细分(1)，统计分析(1)，软件工程(1)
6	联机分析处理(1)，商业智能(1)
7	推荐系统(1)，人工智能(1)，信息化(1)

12.2 面向数据组织的应用

数据挖掘与数据库领域的新技术——数据仓库有着密切的关系。数据仓库存储面向分析型应用集成的多年数据。数据仓库在纵向和横向都为数据挖掘提供了更广阔的空间。数据仓库完成了数据的收集、集成、存储、管理等工作，数据挖掘面对经过初步加工的数据，使得数据挖掘能更专注于知识发现。本节面向数据组织，讨论聚类知识发现同数据仓库的结合应用，针对冶金企业销售分析的具体需求，基于高维稀疏数据聚类问题及数据仓库的多维数据建模方法，给出同时支持聚类知识发现及多维数据分析的数据模型。

12.2.1　多维数据建模

从总体上讲，数据仓库的技术体系结构包括前台和后台两大部分内容。后台负责分析型应用的数据准备工作，完成从数据源向数据仓库主题数据的数据变换，一般称为数据的预处理。数据仓库的数据源一般不止一个，而且这些数据源具有异构特征。主题数据是数据仓库中支持分析型应用的存储数据。从数据源到主题数据的预处理工作包含三大步骤：①从数据源进行所需数据的抽取；②完成抽取的数据向主题数据转换；③将转换后的数据载入数据仓库。前台面向数据仓库的最终用户。对于最终用户而言，主题数据是直接的数据来源，他们并不关心后台的数据预处理工作，他们只关心能从数据仓库中得到什么样的知识，并且能方便、快速、灵活地分析理解得到的知识。前台需要安装一些分析型应用工具，协助用户完成主题数据向最终分析结果的数据变换，如报表生成器、OLAP 工具、数据挖掘工具等，最终提供分析报告、报表、图形等可视化的分析结果。

数据仓库一般采用多维数据建模方案来支持分析型应用。多维数据建模以直观的方式组织数据，并且能够支持高性能的分析型数据访问。每一个多维数据模式由一个事实表(fact table)和一组维表(dimension table)组成。事实表的主码是组合编码，维表的主码是简单编码，每一张维表中的简单编码与事实表组合编码中的一个组成部分相对应。图 12-1 为一个企业销售数据的多维数据模式及分析报表的生成图，图中事实表的主码是由时间码、产品码和客户码三部分构成，这三部分又分别是时间维表、产品维表和客户维表的主码(这种排列称为“星型连接”)。事实表中包含一项或多项事实，这些事实由事实表的主码唯一标识。在图 12-1 例子中的事实为销售量、销售额和销售成本。

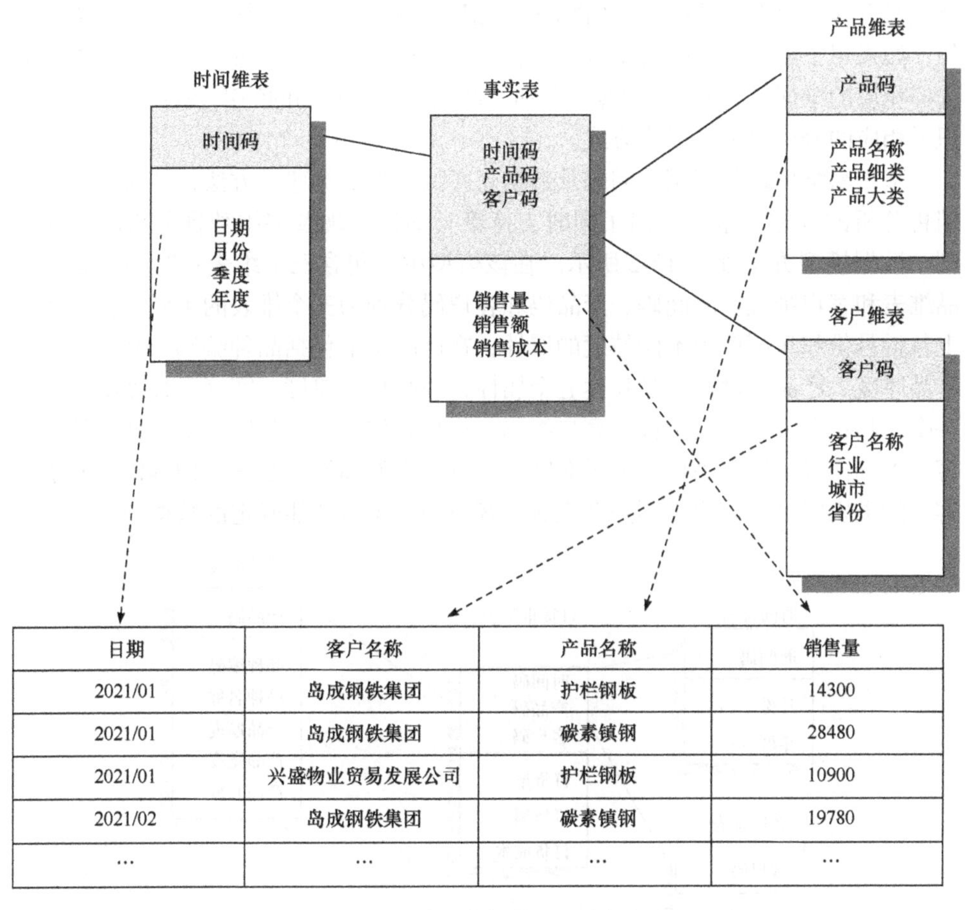

日期	客户名称	产品名称	销售量
2021/01	岛成钢铁集团	护栏钢板	14300
2021/01	岛成钢铁集团	碳素镇钢	28480
2021/01	兴盛物业贸易发展公司	护栏钢板	10900
2021/02	岛成钢铁集团	碳素镇钢	19780
…	…	…	…

图 12-1　销售数据多维数据模式及分析报表的生成

事实表中的事实一般具有数值特征和可加性，这种特征对于分析型应用是非常重要的。在这类应用中人们所关心的不是单一的一条记录，而往往关心汇总的、综合型的数据，因此一次性检索的记录可能是几百条、几千条，甚至可能是几百万条，而且还按不同的粒度组合。与此相反，维表中包含的一般是描述性的文本信息。这些文本信息将成为事实表的检索条件，如按地区分类查询销售信息，或按季度考察销售变化趋势。

由图 12-1 可以看出，多维数据模型非常直观，容易理解，对系统的最终使用者——企业分析决策人员来说，没有任何难度，与人们的思维方式是一致的。

维表中的属性值一般是文本型的、离散的、不具有可加性，它们将最终成为分析型查询的约束条件，是分析型查询的起点。在形成的分析报表中，它们将成为行标题。并且，对于分析型应用的使用者，查询约束条件的选择不局限于某一个或某几个维属性，各个层次的维属性都可以成为分析型查询的约束条件。例如，如果想了解所有产品各个月份在各地区的销售额情况，可以分别从各维表中选择相应的维属性“月份”“客户”和“产品”作为查询的约束条件，图 12-1 标识了相应的分析报表的形成方式。

基于高维稀疏数据聚类问题及数据仓库的多维数据建模方法，针对冶金企业销售分析的具体需求，给出了同时支持聚类知识发现及多维数据分析的数据模型。数据模型方案如图 12-2 所示。在该模型中，包含三个维表：时间维表、产品维表和客户维表。时间码、产品码和客户码分别为三个维表的主码。在时间维上包括月份和年度两个不同粒度的属性；在产品维上包括品种编码、品种名称、产品厚度、产品宽度和产品长度五个属性，由品种、厚度、宽度和长度唯一确定一个产品；在客户维表中包括客户编码、客户名称、客户类别三个属性，其中，客户类别记录了按产品订购情况对客户进行聚类的结果，客户类别具体表明了该客户的类别归属。客户类别是在完成了客户的聚类后才能确定的数据项。

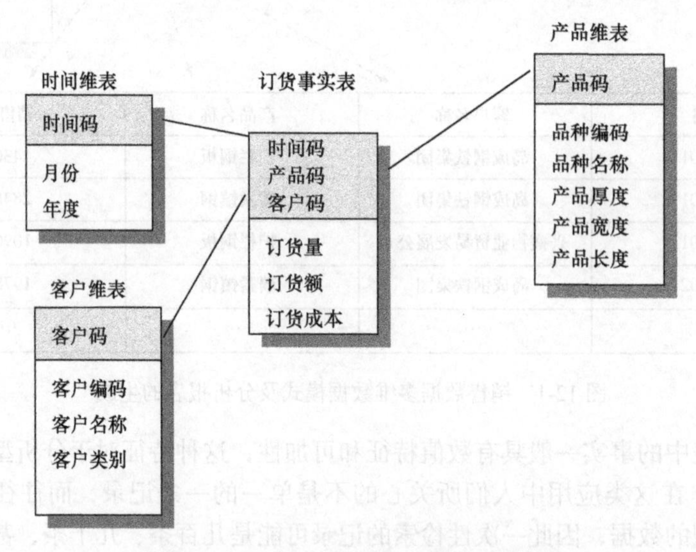

图 12-2 支持客户聚类的多维数据模型

基于该数据模型的数据存储包括客户订购产品信息，能够在支持多维数据分析的同时，作为发现客户聚类知识的数据源。另外，可以在该模型中存储所发现的客户聚类情况，用于进一步的订货分析。

12.2.2　数据准备

为了使得数据挖掘的过程更高效，数据挖掘的结果更合理，用于挖掘的数据应该准确、简洁、易于处理。数据准备工作主要包括如下四个方面。

1. 数据的净化

数据的净化是清除数据源中不正确、不完整等不能达到数据挖掘质量要求的数据。进行数据的净化可以提高数据的质量，从而得到更正确的数据挖掘结果。

2. 数据的集成

数据挖掘所应用的数据不一定源于同一个数据源。数据的集成是从不同的数据源选取所需的数据，并进行统一的存储，而且需要消除其中的不一致性。数据的集成性是数据仓库系统非常重要的一个特征。如果基于数据仓库进行数据的挖掘，那么数据的集成工作在数据仓库系统中已经完成。如果数据挖掘所应用的数据来自一个数据源，一般不需要进行数据的集成，只需要进行数据的选取。

3. 数据的精简

数据的精简是采用一定的方法对数据的数量进行缩减，或从初始特征中找出真正有意义的特征以消减数据的维数。许多数据挖掘算法在数据量比较小或维数比较低的情况下能够得到比较好的结果，却不是很适用于处理大规模数据集或高维的情况。而且，在数据量非常大的情况下，算法的计算效率往往不能满足应用的要求，必须采用一定的方法降低数据量或消减维数以满足需要。如果数据精简采用的方法比较合适，一般不会对数据的质量产生很大的影响，却能使数据挖掘的效率得到非常大的提高。

4. 数据的应用变换

数据的应用变换是为了使数据适用于计算的需要而进行的一种数据转换。不同的算法对数据往往有着不同的要求。为了使得计算的结果更高效、准确，需要对数据进行应用变换。数据应用变换的内容主要包括异常值的处理、数据的标准化、数据的离散化等。例如，将不同度量单位的数据统一转换为[0, 1]范围内的数值。

数据预处理工作中的这四部分内容并不是在所有的数据挖掘中都必需的，而且这四部分工作内容的划分也不是绝对的，例如：在数据来源于一个数据源的情况下，往往不需要进行数据的集成；数据的净化和数据的集成可能存在部分工作的交叉；某些数据预处理方法在完成数据应用变换的同时也使数据得到了精简等。

为完成数据挖掘任务而要处理的经常是巨量数据，这不仅严重影响挖掘算法的效率，而且可能产生错误的挖掘结果。在应用具体的数据挖掘算法之前，一般都需要进行数据的精简。比较常用的数据精简方法包括属性子集选择、主成分分析、小波变换、回归的方法和数据的聚集等。其中，数据的聚集同数据仓库有着密切的联系，它是从数据仓库多维数据立方体的角度提出的。因为本节介绍的聚类知识发现以数据仓库为数据源，所以在此仅讨论采用数据聚集的方法进行数据的精简。

多维数据立方体指由两个或更多个属性，即两个或更多个维来描述或分类的数据。在三维的情况下，如果以图形来表示，该类数据具有立方体结构，一般称为数据立方体。

在数据立方体的每一个维中，往往都存在着维层次，不同的维层次对应着不同的粒度。例如，在时间维中可能存在着日期、月份、季度和年度四个维层次。不同的分析需求，一般对数据粒度有着不同的要求，而基本数据往往为最小粒度，因此需要将数据由小粒度向大粒度进行汇总，这一过程就是数据的聚集。

图 12-3 给出了沿时间维从月份到季度进行数据聚集的例子。在该例中，基本数据的时间维粒度为月份，而进行数据挖掘所需要的数据粒度为季度，因此需要进行数据聚集以达到粒度要求。这种情况是比较常见的，例如在进行长期销售趋势预测时，经常以季度或年度为时间维粒度。

全年	
月份	订货量/t
1	1090
2	2008
3	1870
4	1700
5	1900
6	2108
…	…

→

全年	
季度	订货量/t
一季度	4968
二季度	5708
三季度	6090
四季度	3800

图 12-3　从月份到季度的数据聚集

从数据精简的角度，数据仓库为数据挖掘提供了非常好的数据源。数据仓库提供了非常灵活的方式从各个维度选择不同粒度的分析数据。在选取数据的粒度比较小的情况下，数据的综合程度比较低，数据量就比较大；在选择的数据粒度比较大的情况，数据的综合程度比较高，数据量就比较少，也就实现了数据的精简。

12.2.3　聚类数据预处理

根据客户订购产品的相似性对客户进行聚类。以数据仓库中订货事实表为直接数据源，在时间维粒度为年度、产品维粒度为品种的情况下，聚集事实表中的部分订货数据见图 12-4。

时间维表

时间码	年
…	…
47	2019
48	2020
49	2021
…	…

订货事实表

时间码	客户码	产品码	销售量
…	…	…	…
48	1	2	15228
48	1	4	240
48	1	5	1818
48	1	6	120
48	1	9	60
48	1	10	120
48	1	11	900
48	2	2	1940
48	2	4	690
48	2	9	3500
48	3	1	2940
…	…	…	…

客户维表

客户码	客户名称
1	爱普钢铁工贸集团
2	兴达汽车集团公司
3	宏发金属材料
…	…

产品维表

产品码	品种编码	品种名称
…	…	…
2	418	碳素镇板
3	418	碳素镇卷
4	419	优碳板
5	412	低合金板
…	…	…

图 12-4　时间维粒度为年度、产品维粒度为品种的客户订货情况(单位：t)

其中，时间码、客户码和产品码皆为外码(分别为时间维表、客户维表和产品维表中的主码，皆为从 1 开始取值的自然数代理码)。在按客户订购产品的相似性对客户进行聚类时，每一种产品的订购情况就是一个聚类属性维。一般情况下，企业销售的产品较多，而每一个客户只订购其中的少部分产品，因此这是一个高维稀疏数据聚类问题，可以应用 CABOSFV 进行聚类。

在考虑某年的客户聚类时，从图 12-4 的订货事实表中 CABOSFV 取用的数据见表 12-10。该表中的数据基于数据仓库已经完成了数据的净化、集成和精简。

表 12-10　CABOSFV 从订货事实表中取用的数据

客户码	产品码
1	2
1	4
1	5
1	6
1	9
1	10
1	11
2	2
2	4
2	9
…	…

12.2.4　维表数据生成

采用某钢铁集团销售公司的营销数据，选择客户订货分析作为分析主题，数据组织的实现基于数据仓库的数据建模方案(图 12-2 支持客户聚类的多维数据模型)，包含时间维表、产品维表、客户维表和一个事实表。

(1) 时间维表数据见图 12-5，其中的数据项依次为时间码、年度、月份。时间码为时间维表的主码，是从 1 开始取值的自然数形成的代理码。源数据中的时间区间从 1997 年 1 月起。

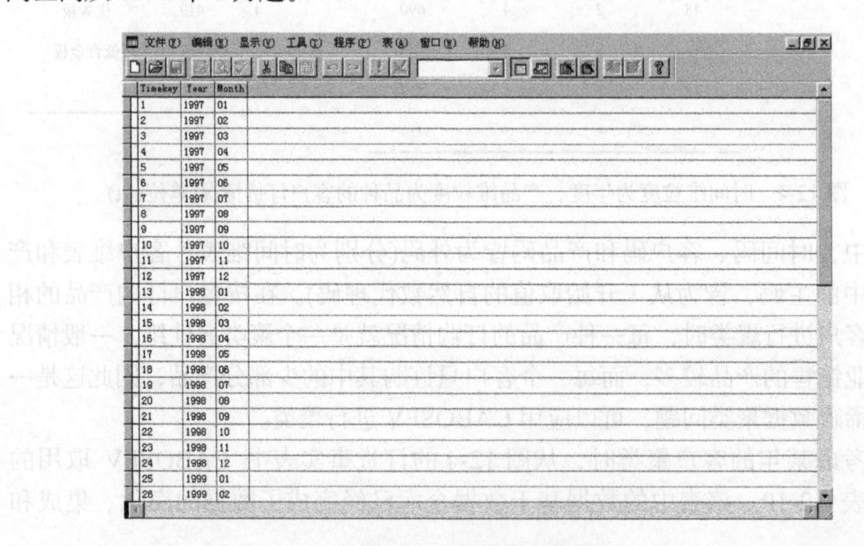

Timekey	Year	Month
1	1997	01
2	1997	02
3	1997	03
4	1997	04
5	1997	05
6	1997	06
7	1997	07
8	1997	08
9	1997	09
10	1997	10
11	1997	11
12	1997	12
13	1998	01
14	1998	02
15	1998	03
16	1998	04
17	1998	05
18	1998	06
19	1998	07
20	1998	08
21	1998	09
22	1998	10
23	1998	11
24	1998	12
25	1999	01
26	1999	02

图 12-5　时间维表数据

(2) 产品维表数据见图 12-6，这是产品维表的一个聚集维表，聚集的粒度为品种。其中的数据项依次为序号、品种编码、品种名称。其中，序号为产品维表的主码，是从 1 开始取值的自然数形成的代理码。产品维表中的记录共有 121 个。

Exp_1	Variety	Cvariety
1	C412	护拦钢板
2	C412	碳素镇板
3	C412	碳素镇卷
4	C413	优碳板
5	C414	低合金板
6	C415	耐候板
7	C416	花纹板
8	C416	耐候花纹板
9	C417	汽车大梁板
10	C418	含钛钢板
11	C419	造船板
12	C41a	HR CUT SHEET
13	C41b	拉延钢板
14	C41C	液化气瓶板
15	C41d	桥梁用钢板
16	C41D	乙炔气瓶板
17	C41e	贝氏体钢板
18	C41E	高强度焊接板
19	C41f	容器板
20	C41F	液压支架用板
21	C41g	船体用结构钢
22	C41G	双相钢板
23	C41h	磁轭钢
24	C41h	磁轭钢板
25	C41j	桥壳用钢板
26	C41K	汽车横梁板

图 12-6　产品维表数据

(3) 客户维表数据。尚无客户类别的客户维表数据见图 12-7。其中的数据项依次为客户序号、客户编码、客户名称。客户序号为客户维表的主码，是从 1 开

Exp_1	Ounit	Counit
325	430010024	南科实业发展总公司
326	430010027	中冶工程材料有限公司
327	430010029	瑞盛废钢铁回收公司
328	430010031	中国阀为总公司
329	430010038	科实发展总公司
330	430010042	建业物资有限公司
331	430010043	明其五联金属材料经营部
332	430010043	柏度金属材料经营部
333	430010046	航空金属材料公司
334	430011003	乎冉静电除尘设备厂
335	430011004	曼斯特航天波纹管有限公司
336	430012005	利方物贸公司
337	430012016	湖北机江贸易公司
338	430012022	武汉梅元物资贸易公司
339	430012033	博兰物资贸易有限公司
340	430012034	辅得车辆工厂附属产品开发公司
341	430012035	资信车辆厂
342	430012127	中业金属材料总公司资源开发公司
343	430012128	武汉德威置业有限公司
344	430012131	华嘉物资有限公司
345	430014001	未木金属材料中南公司
346	430014016	航天模具技术装备公司
347	430014016	山特装备公司
348	430014018	鸣吉机电设备有限责任公司
349	430014023	克微自动控制技术有限责任公司
350	430014024	低压开关厂销售处

图 12-7　无客户类别的客户维表数据

始取值的自然数形成的代理码。客户维表中的记录共有 889 个。

12.2.5 事实表数据生成

在产品维粒度为品种，客户维粒度为客户名称的情况下，聚集事实表中的数据见图 12-8。其中的数据项依次为客户序号、产品序号和订货量。客户序号和产品序号分别为客户维表和产品维表的主码，在订货事实表中组合在一起构成主码。在该事实表中的记录数为 2571。

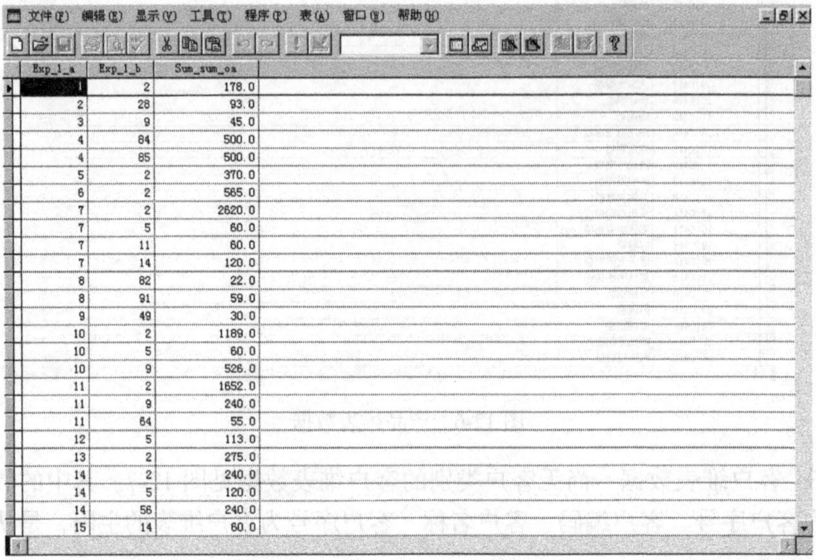

文件(F) 编辑(E) 显示(V) 工具(T) 程序(P) 表(A) 窗口(W) 帮助(H)

Exp_1_a	Exp_1_b	Sum_sum_oa
1	2	178.0
2	28	93.0
3	9	45.0
4	84	500.0
4	85	500.0
5	2	370.0
6	2	565.0
7	2	2620.0
7	5	60.0
7	11	60.0
7	14	120.0
8	82	22.0
8	91	59.0
9	49	30.0
10	2	1189.0
10	5	60.0
10	9	526.0
11	2	1652.0
11	9	240.0
11	64	55.0
12	5	113.0
13	2	275.0
14	2	240.0
14	5	120.0
14	56	240.0
15	14	60.0

图 12-8　订货事实表中的数据

从客户维表和产品维表中的数据可知：客户数为 889，产品品种数为 121。如果每一个客户都订购所有品种的产品，那么订货事实表中的记录数应该为

$$客户数 \times 产品品种数 = 889 \times 121 = 107569$$

订货事实表中的记录数 2571 远小于 107569，在这种情况下根据客户订购产品的情况研究客户的聚类问题就是一个稀疏聚类问题。而且，由于客户订购的产品品种共 121 个，即描述一个客户对象订购产品情况的属性共有 121 个，故这是一个高维的稀疏聚类问题。

针对上述高维稀疏数据聚类问题，可以应用 CABOSFV 进行客户聚类。为此，需要首先从订货事实表中导出所需的数据信息，作为 CABOSFV 的输入数据，数据导出的结果见图 12-9。其中的数据共有 2571 行，与订货事实表中的记录数一致。每一行中有两个数据项，以逗号分隔，第一个数据项表明客户序号，第二个数据项表明该序号客户订购的产品品种的序号。

```
文件(F) 编辑(E) 搜索(S) 帮助(H)
1,2
2,28
3,9
4,84
4,85
5,2
6,2
7,2
7,5
7,11
7,14
8,82
8,91
9,49
10,2
10,5
10,9
11,2
11,9
11,64
12,5
13,2
14,2
14,5
14,56
15,14
16,72
17,2
17,11
17,14
18,2
18,56
19,2
```

图 12-9　为 CABOSFV 聚类应用准备的输入数据

12.2.6　数据分析实现

针对 12.2.5 节准备好的输入数据，在类的稀疏差异度上限为 0.5 的情况下，应用 CABOSFV 得到的聚类的部分输出结果见图 12-10。形成的每一个类中包含 5 项数据，分别为类序号、该类中的客户数、该类中客户都订购的产品序号、该类中客户订购不同的产品序号、该类中所包含的客户序号，以符号“||”或“<<<”进行分隔。

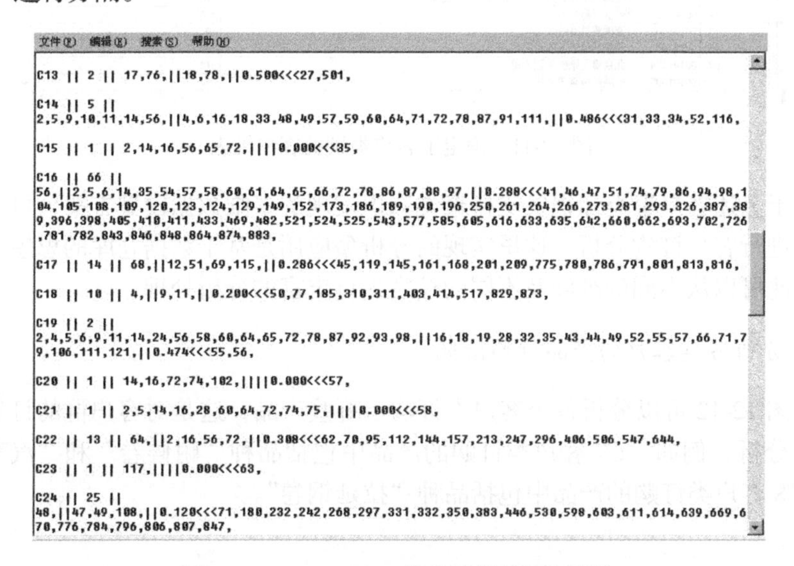

```
文件(F) 编辑(E) 搜索(S) 帮助(H)
C13 || 2 || 17,76,||18,78,||0.500<<<27,501,

C14 || 5 ||
2,5,9,10,11,14,56,||4,6,16,18,33,48,49,57,59,60,64,71,72,78,87,91,111,||0.486<<<31,33,34,52,116,

C15 || 1 || 2,14,16,56,65,72,||||0.000<<<35,

C16 || 66 ||
56,||2,5,6,14,35,54,57,58,60,61,64,65,66,72,78,86,87,88,97,||0.288<<<41,46,47,51,74,79,86,94,98,1
04,105,108,109,120,123,124,129,149,152,173,186,189,190,196,250,261,264,266,273,281,293,326,387,38
9,396,398,405,410,411,433,469,482,521,524,525,543,577,585,605,616,633,635,642,660,662,693,702,726
,781,782,843,846,848,864,874,883,

C17 || 14 || 68,||12,51,69,115,||0.286<<<45,119,145,161,168,201,209,775,780,786,791,801,813,816,

C18 || 10 || 4,||9,11,||0.200<<<50,77,185,310,311,403,414,517,829,873,

C19 || 2 ||
2,4,5,6,9,11,14,24,56,58,60,64,65,72,78,87,92,93,98,||16,18,19,28,32,35,43,44,49,52,55,57,66,71,7
9,106,111,121,||0.474<<<55,56,

C20 || 1 || 14,16,72,74,102,||||0.000<<<57,

C21 || 1 || 2,5,14,16,28,60,64,72,74,75,||||0.000<<<58,

C22 || 13 || 64,||2,16,56,72,||0.308<<<62,70,95,112,144,157,213,247,296,406,506,547,644,

C23 || 1 || 117,||||0.000<<<63,

C24 || 25 ||
48,||47,49,108,||0.120<<<71,180,232,242,268,297,331,332,350,383,446,530,598,603,611,614,639,669,6
70,776,784,796,806,807,847,
```

图 12-10　CABOSFV 聚类应用的输出结果

例如，图 12-10 中第一行的含义为

(1) *C* 13 表明类的序号；

(2) 2 表明该类中共有两个客户；

(3) 17，76 表明该类中的客户都订购品种序号为 17 和 76 的产品；

(4) 18，78 表明该类中只有部分客户订购品种序号为 18 和 78 的产品；

(5) 0.500 表明该类内客户对象间的稀疏差异度为 0.500；

(6) 27，501 表明该类中包含客户对象序号为 27 和 501 的客户。

根据上述聚类输出的客户聚类情况登记客户类别，结果如图 12-11 所示。客户分类属性“Cluster”记录了按产品订购情况对客户进行聚类的结果，每一个客户的类别具体表明了该客户的类别归属。

文件(F) 编辑(E) 显示(V) 工具(T) 程序(P) 表(A) 窗口(W) 帮助(H)

Exp_1	Ounit	Counit	Cluster
26	100015004	北京金联材料有限公司	c12
27	100022002	利华起重机器厂	c13
28	100022004	朔琥航空工业供销储运公司	c8
29	100022005	中航工业供应华北公司	c8
30	100023001	北京海辰工业有限公司	c9
31	100027001	布普工贸集团公司	c14
32	100027001	中鸿工贸集团公司	c0
33	100027001	华玛工贸集团公司	c14
34	100027001	东亮工贸集团公司	c14
35	100027003	伟誉物资供销总公司	c15
36	100029001	博明物资装备公司	c0
37	100029001	瑞波物资装备公司	c0
38	100029003	扬硕实业开发公司	c0
39	100031002	疏航冶金钢材加工公司	c0
40	100037001	中国旭舟物资供销总公司	c0
41	100037001	中国核宇物资供销总公司	c16
42	100045003	北京隆联物资供销有限责任公司	c0
43	100053001	超普实业开发公司	c4
44	100072003	北京方普物资公司	c2
45	100080001	北京夏朴铁运集装箱技术开发有限公司	c17
46	100081005	丝博物资交易中心设备调剂利用开发部	c16
47	100101001	矿业贸易公司	c16
48	100101001	亚澜贸易有限公司	c0
49	100101002	北京朴楠液压件六厂	c0
50	100101004	北京得飞钢铁集团公司	c18
51	100101005	矿展股份有限公司	c16

图 12-11 确定了客户类别的客户维表

基于上述客户聚类知识及支持聚类知识发现的多维数据模型方案，可以方便灵活地进行客户订货分析。这里实现的分析型应用是基于数据仓库的思想来完成的，因此可以从不同的维度及不同的粒度进行丰富的分析处理。

1. 分析各类客户的产品订购情况

由图 12-12 可以分析各个客户类订购了哪些产品，这是对客户群的订货特点进行的分析，例如，*C*7 客户类订购的产品中包括品种“耐候卷”和“汽车大梁板”；*C*8 客户类订购的产品中包括品种“拉延钢卷”。

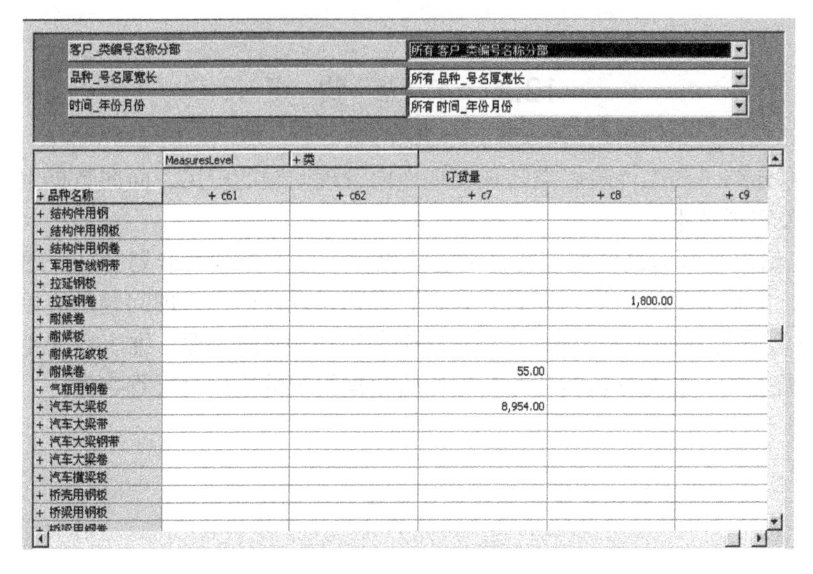

客户_类编号名称分部：所有 客户_类编号名称分部
品种_号名厚宽长：所有 品种_号名厚宽长
时间_年份月份：所有 时间_年份月份

	MeasuresLevel	+类			
	订货量				
+品种名称	+ c61	+ c62	+ c7	+ c8	+ c9
+ 结构件用钢					
+ 结构件用钢板					
+ 结构件用钢卷					
+ 军用管线钢带					
+ 拉延钢板					
+ 拉延钢卷				1,800.00	
+ 耐候卷					
+ 耐候板					
+ 耐候花纹板					
+ 耐候卷			55.00		
+ 气瓶用钢卷					
+ 汽车大梁板			8,954.00		
+ 汽车大梁带					
+ 汽车大梁钢带					
+ 汽车大梁卷					
+ 汽车横梁板					
+ 桥壳用钢板					
+ 桥梁用钢板					

图 12-12　分析各个客户类的产品订购情况

2. 分析一个类内客户的订货信息

分析类内客户订货信息如图 12-13 所示。图 12-13 表明，*C*9 类中客户的特点是都订购“液化气瓶板”，最上面一条记录为 *C*9 类中所有客户订购“液化气瓶板”的总数量，以下各行是类中各客户订购“液化气瓶板”的数量。

Measures：订货量　客户_类编号名称分部：所有 客户_类编号名称分部
产品_编号名称厚宽长：所有 产品_编号名称厚宽长　时间_年月：所有 时间_年月

		品种名称			
-客户类别	客户名称	无取向原卷	液化气瓶板	液化气瓶卷	液压支架卷
- c9	c9 合计		13,818.00		
	北京海辰工业有限公司		330.00		
	达灵工贸有限公司		309.00		
	丰泉阀门厂		60.00		
	广州市帕玛实业发展公司		4,190.00		
	建达钢铁公司开发部		300.00		
	疆石高合器厂		174.00		
	京欧核设备制造厂化工设		4.00		
	凯锋钢铁集团公司		780.00		
	临襄棉纺织厂宏达开发公		60.00		
	淼鑫金属材料有限公司		70.00		
	沙河长城物资股份有限公		180.00		
	实丰物资武汉公司		58.00		
	苏风氟合金泵阀制造有限		174.00		
	遂远供销中南公司		239.00		
	天甲物资开发总公司		2,030.00		
	逸豪造船专用设备厂		200.00		
	永翔工业供销公司		4,000.00		
	中国瑞丰原材料武汉公司		480.00		

图 12-13　分析类内客户订货信息

12.3 本 章 要 点

本章介绍了高维稀疏聚类知识发现面向管理问题的应用、面向数据组织的应用及相关实现技术。

(1) 给出了针对高维稀疏特征的客户聚类、图书馆读者群划分、汉语词汇聚类分析、文献知识结构识别等高维稀疏聚类知识发现面向管理问题的应用。

(2) 给出了多维数据建模、数据准备、聚类数据预处理、维表数据生成、事实表数据生成、数据分析实现等高维稀疏数据组织的应用全过程实例。

参 考 文 献

[1] 程大伟, 牛志彬, 张丽清. 大规模不均衡担保网络贷款的风险研究[J]. 计算机学报, 2020, 43(4): 668-682.

[2] 姜富伟, 马甜, 张宏伟. 高风险低收益? 基于机器学习的动态 CAPM 模型解释[J]. 管理科学学报, 2021, 24(1): 109-126.

[3] Tan P N, Steinbach M, Karpatne A, et al. Introduction to Data Mining[M]. 2nd ed. New York: Pearson Education, 2019.

[4] 武森, 高学东, 巴斯蒂安. 数据仓库与数据挖掘[M]. 北京: 冶金工业出版社, 2003.

[5] Xu R, Wunsch D. Survey of clustering algorithms[J]. IEEE Transanctions on Neural networks, 2005, 16(3): 645-678.

[6] Srinivasarao U, Sharaff A. Email thread sentiment sequence identification using PLSA clustering algorithm[J]. Expert Systems With Applications, 2022, 193: 116475.

[7] 黄丹阳, 毕博洋, 朱映秋. 基于高斯谱聚类的风险商户聚类分析[J]. 统计研究, 2021, 38(6): 145-160.

[8] 刘潇, 王效俐. 基于 k-means 和邻域粗糙集的航空客户价值分类研究[J]. 运筹与管理, 2021, 30(3): 104-111.

[9] 唐黎, 潘和平, 姚一永. 基于 PCA 和 AP 的嵌套式 KNN 金融时间序列预测模型[J]. 预测, 2019, 38(1): 91-96.

[10] Kimball R, Ross M. The Data Warehouse Toolkit: The Definitive Guide to Dimensional Modeling[M]. 3rd ed. Indianapolis: John Wiley & Sons, Inc., 2013.

[11] Inmon W H. 数据仓库(原书第 4 版)[M]. 王志海, 等, 译. 北京: 机械工业出版社, 2006.

[12] Han J W, Kamber M, Pei J. Data Mining Concepts and Techniques[M]. 3rd ed. San Francisco: Morgan Kaufmann Publishers, 2012.

[13] Huang Z X. A fast clustering algorithm to cluster very large categorical data sets in data mining[C]//SIGMOD Workshop on Research Issues on Data Mining and Knowledge Discovery, Tucson, 1997.

[14] Kaufman L, Rousseeuw P J. Finding Groups in Data: An Introduction to Cluster Analysis[M]. New York: John Wiley & Sons, Inc., 1990.

[15] Ng R T, Han J W. Efficient and effective clustering methods for spatial data mining[C]// Proceedings of 20th International Conference on Very Large Data Bases, Santiago, 1994.

[16] 陈植元, 林泽慧, 金嘉栋, 等. 基于时空聚类预测的共享单车调度优化研究[J]. 管理工程学报, 2022, 36(1): 146-158.

[17] Shi D, Zhu L, Li Y K, et al. Robust structured graph clustering[J]. IEEE Transactions on Neural Networks and Learning Systems, 2020, 31(11): 4424-4436.

[18] Pang Y W, Xie J, Nie F P, et al. Spectral clustering by joint spectral embedding and spectral

rotation[J]. IEEE Transactions on Cybernetics, 2020, 50(1): 247-258.

[19] Ma X, Zhang S G, Pena-Pena K, et al. Fast spectral clustering method based on graph similarity matrix completion[J]. Signal Processing, 2021,189:108301.

[20] Bezdek J. Pattern Recognition with Fuzzy Objective Function Algorithms[M]. New York: Plenum Press, 1981.

[21] 雷涛, 张肖, 加小红, 等. 基于模糊聚类的图像分割研究进展[J]. 电子学报, 2019, 47(8): 1776-1791.

[22] Gao Y L, Wang Z H, Xie J X, et al. A new robust fuzzy c-means clustering method based on adaptive elastic distance[J]. Knowledge-Based Systems, 2022, 237: 107769.

[23] Zhang T, Ramakrishnan R, Livny M. BIRCH: An efficient data clustering method for very large databases[C]//Proceedings of the 1996 ACM SIGMOD International Conference on Management of Data, Montreal, 1996.

[24] Guha S, Rastogi R, Shim K. CURE: An efficient clustering algorithm for large databases[C]// Proceedings of the ACM SIGMOD Conference on Management of Data, Seattle, Washington, 1998.

[25] Guha S, Rastogi R, Shim K. ROCK: A robust clustering algorithm for categorical attributes[C]// Proceedings of the 15th IEEE International Conference on Data Engineering, Sydney, Australia, 1999.

[26] Karypis G, Han E H, Kumar V. CHAMELEON: A hierarchical clustering algorithm using dynamic modeling[J]. IEEE Computer, 1999, 32(8): 68-75.

[27] Ester M, Kriegek H P, Sander J, et al. A density-based algorithm for discovering clusters in large spatial databases with noise[C]//Proceeding of the 2nd International Conference on Knowledge Discovery and Data Mining, Portland, 1996.

[28] Sheikholeslami G, Chatterjee S, Zhang A D. Wavecluster: A multi-resolution clustering approach for very large spatial databases[C]//Proceedings of the 24th VLDB Conference, New York, 1998.

[29] Hinneburg A, Keim D A. An efficient approach to clustering in large multimedia databases with noise[C]//Proceedings of the 4th International Conference on Knowledge Discovery and Data Mining, New York, 1998.

[30] Agrawal R, Gehrke J, Gunopulos D, et al. Automatic subspace clustering of high dimensional data for data mining applications[C]//Proceedings of the ACM SIGMOD Conference on Management of Data, Seattle, 1998.

[31] Ankerst M, Breunig M M, Kriegel H P, et al. OPTICS: Ordering points to identify the clustering structure[C]//Proceedings of the ACM SIGMOD International Conference on Management of Data, Philadephia, 1999.

[32] 赛斌, 曹自强, 谭跃进, 等. 基于目标跟踪与轨迹聚类的行人移动数据挖掘方法研究[J]. 系统工程理论与实践, 2021, 41(1): 231-239.

[33] Rodrigurz A, Laion A. Clustering by fast search and find of density peaks[J]. Science, 2014, 344(6191): 1492-1496.

[34] 陈叶旺, 申莲莲, 钟才明, 等. 密度峰值聚类算法综述[J]. 计算机研究与发展, 2020, 57(2):

378-394.

[35] Wang W, Yang J, Muntz R. STING: A statistical information grid approach to spatial data mining[C]//Proceedings of the 23rd VLDB Conference, Athens, 1997.

[36] Mehta V, Bawa S, Singh J. Analytical review of clustering techniques and proximity measures[J]. Artificial Intelligence Review, 2020, (1): 1-29.

[37] Yang M S, Chang-Chien S J, Nataliani Y. Unsupervised fuzzy model-based Gaussian clustering[J]. Information Sciences, 2019, 481: 1-23.

[38] 张美霞，李丽，杨秀，等. 基于高斯混合模型聚类和多维尺度分析的负荷分类方法[J]. 电网技术, 2020, 44(11): 4283-4296.

[39] Cai J Y, Wang S P, Xu C Y. Unsupervised embedded feature learning for deep clustering with stacked sparse auto-encoder[J]. Pattern Recognition, 2022, 123: 108386.

[40] Shlens J A. Tutorial on principal component analysis[J]. International Journal of Remote Sensing, 2014, 51(2): 1-12.

[41] Sun Y N, Mao H, Sang Y S, et al. Explicit guiding auto-encoders for learning meaningful representation[J]. Neural Computing & Applications, 2017, 28 (3): 429-436.

[42] Xie J Y, Girshick R, Farhadi A. Unsupervised deep embedding for clustering analysis[C]// Proceedings of the 33rd International Conference on Machine Learning, New York, 2016.

[43] Figueiredo E, Macedo M, Siqueira H V, et al. Swarm intelligence for clustering—A systematic review with new perspectives on data mining[J]. Engineering Applications of Artificial Intelligence, 2019, 82: 313-329.

[44] Alguliyev R M, Aliguliyev R M, Sukhostat L V. Parallel batch k-means for big data clustering[J]. Computers & Industrial Engineering, 2020, 152: 107023.

[45] Shen P C, Li C G. Distributed information theoretic clustering[J]. IEEE Transactions on Signal Processing, 2014, 62(13): 3442-3453.

[46] Wu S, Feng X D, Zhou W J. Spectral clustering of high-dimensional data exploiting sparse representation vectors[J]. Neurocomputing, 2014, 135: 229-239.

[47] Januzaj E, Kriegel H P, Pfeifle M. DBDC: Density based distributed clustering[C]// Proceedings of International Conference on Extending Database Technology, Crete, 2004.

[48] 王岩，彭涛，韩佳育，等. 一种基于密度的分布式聚类方法[J]. 软件学报, 2017, 28(11): 2836-2850.

[49] Cuomo S, Angelis V D, Farina G, et al. A GPU-accelerated parallel K-means algorithm[J]. Computers & Electrical Engineering, 2019, 75: 262-274.

[50] Chen W Y, Song Y Q, Bai H J, et al. Parallel spectral clustering in distributed systems[J]. IEEE Transactions on Pattern Analysis & Machine Intelligence, 2011, 33(3): 568-586.

[51] Kohonen T. Essentials of the self-organizing map[J]. Neural Networks, 2013, 37: 52-65.

[52] Bai Y, Sun Z Z, Zeng B, et al. A comparison of dimension reduction techniques for support vector machine modeling of multi-parameter manufacturing quality prediction[J]. Journal of Intelligent Manufacturing, 2019, 30(5): 2245-2256.

[53] Elhamifar E, Vidal R. Sparse subspace clustering: Algorithm, theory, and applications[J]. IEEE Transactions on Pattern Analysis and Machine Intelligence, 2013, 35(11): 2765-2781.

[54] 武森, 高学东, 巴斯蒂安. 高维稀疏聚类知识发现[M]. 北京: 冶金工业出版社, 2002.
[55] Wu S, Gao X D. CABOSFV algorithm for high dimensional sparse data clustering[J]. Journal of University of Science and Technology Beijing(English Edtion), 2004, 11(3): 283-288.
[56] Pawlak Z. Rough sets[J]. International Journal of Computer and Information Sciences, 1982, 11: 341-356.
[57] Wu S, Wei G Y. High dimensional data clustering algorithm based on sparse feature vector for categorical attributes[C]//IEEE 2010 International Conference on Logistics Systems and Intelligent Management, Harbin, 2010.
[58] 武森, 魏桂英, 白尘, 等. 分类属性高维数据基于集合差异度的聚类算法[J]. 北京科技大学学报, 2010, 32(8): 1085-1089.
[59] 武森, 叶俞飞, 俞晓莉. 拓展集合差异度高维数据聚类[J]. 计算机应用研究, 2011, (9): 3253-3255.
[60] 武森, 王静, 谭一松. 考虑数据排序的改进 CABOSFV 聚类[J]. 计算机工程与应用, 2011, 47(34): 127.
[61] 武森, 王蔷, 姜敏, 等. 考虑加权排序的分类数据聚类算法[J]. 北京科技大学学报, 2013, 35(8): 1093-1098.
[62] 武森, 张文丽, 黄慧敏, 等. FD-CABOSFV 区间变量高维数据聚类[J]. 信息系统学报, 2012, (1): 77-87.
[63] 武森, 张桂琼, 王莹, 等. 容差集合差异度高维不完备数据聚类[J]. 中国管理科学, 2010, 18: 29-32.
[64] 武森, 冯小东, 单志广. 基于不完备数据聚类的缺失数据填补方法[J]. 计算机学报, 2012, 35(8): 1726-1738.
[65] Garcia-Laencina P J, Sancho-Gomez J L, Figueiras-Vidal A R, et al. K nearest neighbours with mutual information for simultaneous classification and missing data imputation[J]. Neurocomputing, 2009, 72(7-9): 1483-1493.
[66] Nakagawa S, Freckleton R P. Missing inaction: The dangers of ignoring missing data[J]. Trends in Ecology and Evolution, 2008, 23(11): 592-296.
[67] Little R, Rubin D. Statistical Analysis with Missing Data[M]. New York: John Wiley & Sons, Inc., 2002.
[68] 王国胤. Rough 集理论与知识获取[M]. 西安: 西安交通大学出版社, 2001.
[69] 张伟, 廖晓峰, 吴中福. 一种基于 Rough 集理论的不完备数据分析方法[J]. 模式识别与人工智能, 2003, 16(2): 158-163.
[70] Wu S, Chen H, Feng X D. Clustering algorithm for incomplete data sets with mixed numeric and categorical attributes[J]. International Journal of Database Theory and Application, 2013, 6(5): 95-104.
[71] Huang Z X. Clustering large data sets with mixed numeric and categorical values[C]//Proceedings of the 1st Pacific-Asia Conference on Knowledge Discovery & Data Mining, Singapore, 1997: 21-34.
[72] Feng X D, Wu S, Liu Y C. Imputing missing value for mixed numeric and categorical attributes based on incomplete data hierarchical clustering[J]. Lecture Notes in Artificial Intelligence,

2011, 91: 414-424.
[73] 武森, 冯小东, 吴庆海. 基于稀疏指数排序的高维数据并行聚类算法[J]. 系统工程理论与实践, 2011, 31(S2): 13-18.
[74] 武森, 姜丹丹, 王蔷. 分类属性数据聚类算法 HABOS[J]. 工程科学学报, 2016, 38(7): 1017-1024.
[75] Gao X N, Wei G Y, Wu S, et al. Understanding the evaluation abilities of external cluster validity indices to internal ones[J]. Tehnički Vjesnik-Technical Gazette, 2020, 27 (6): 1956-1964.
[76] Kim M, Ramakrishna R S. New indices for cluster validity assessment[J]. Pattern Recognition Letters, 2005, 26(15): 2353.
[77] 武森, 何慧霞, 范岩岩. 拓展差异度的高维数据聚类算法[J]. 计算机工程与应用, 2020, 56(23): 38-44.
[78] 傅立伟. 基于属性值分布特征的分类数据和二值数据聚类研究[D]. 北京: 北京科技大学, 2019.
[79] He H X, Wei G Y, Wu S, et al. Clustering algorithm based on sparse feature vector without specifying parameter[J]. Tehnički Vjesnik-Technical Gazette, 2020, 27(6): 1974-1981.
[80] Gao X D, Yang M H, Li L. Bidirectional CABOSFV for high dimensional sparse data clustering[C]//2016 International Conference on Logistics, Informatics and Service Sciences, Sydney, 2016.
[81] Wu S, Gao X N, Liu L. ADJ-CABOSFV for high dimensional sparse data clustering[C]//2nd Asia-Pacific Management and Engineering Conference, Shanghai, 2016.
[82] 刘希宋, 喻登科, 李玥. 基于客户知识的客户 CABOSFV 聚类[J]. 情报杂志, 2008, (2): 8-11.
[83] 熊拥军. 基于高维聚类分析方法的读者群划分研究[J]. 情报杂志, 2010, 29(1): 42-45.
[84] 王东波, 朱丹浩. 基于 CABOSFV 聚类算法的汉语词汇类别知识挖掘研究[J]. 计算机科学, 2013, 40(7): 211-215.
[85] 黄月, 王鑫. 基于高维稀疏聚类的知识结构识别研究[J]. 现代情报, 2019, 39(12): 72-80.

索　引

B

D

E

F

G

J

K

T

W

X

Y

Z

后　记

本书是作者二十余年研究工作成果的积累。作者针对高维数据普遍具有的稀疏特征，从基础的二值属性高维稀疏数据聚类问题研究开始，逐渐形成了高维稀疏数据聚类知识发现的理论体系。在此感谢研究组所有成员的长期坚持和努力！作者后续将主要结合稀疏表示理论，并从深度学习的角度研究高维数据聚类问题。

本书成果的部分研究工作得到了国家自然科学基金项目(No. 71971025、No. 71271027、No. 70771007、No. 61832012)支持，在此表示感谢！